计算机科学与技术专业核心教材体系建设——建议使用时间

	课程系列	基础系列	电类系列	程序系列	系统系列	应用系列	选修系列
四年级下				软件工程综合实践			机器学习 物联网导论 大数据分析技术 数字图像技术
四年级上					计算机体系结构	计算机图形学	
三年级下				软件工程 编译原理		人工智能导论 数据库原理与技术 嵌入式系统	
三年级上				算法设计与分析	计算机网络		
二年级下				数据结构	计算机系统综合实践		
二年级上	离散数学（下）		数字逻辑设计 数字逻辑设计实验	面向对象程序设计 程序设计实践	操作系统		
一年级下	离散数学（上） 信息安全导论		电子技术基础	计算机程序设计	计算机原理		
一年级上		大学计算机基础					

U0386581

面向新工科专业建设计算机系列教材

基于 Socket
的计算机网络实验

杜庆伟　陈　兵　燕雪峰　赵蕴龙　钱红燕◎编著

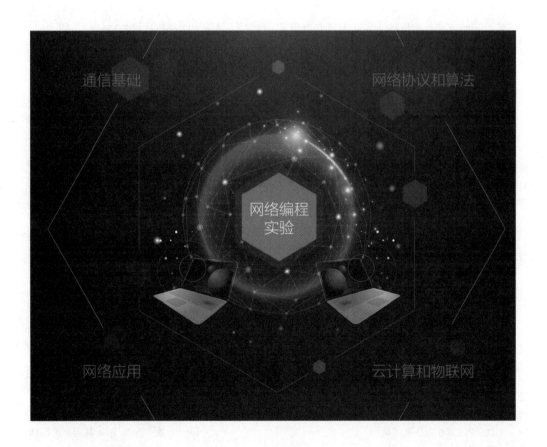

清华大学出版社
北京

内 容 简 介

本书介绍计算机网络相关技术实验。全书共 6 部分。第 1 部分为第 1～3 章,介绍网络实验基础知识,包括基于 Socket 的编程、相关技术和 UML。第 2 部分为第 4～9 章,给出 6 个网络基础技术模拟实验。第 3 部分为第 10～14 章,给出 5 个 IP 及 TCP 相关技术模拟实验。第 4 部分为第 15、16 章,给出两个应用层相关技术模拟实验。第 5 部分为第 17、18 章,介绍当前流行的云计算技术并给出相关模拟实验。第 6 部分为第 19、20 章,介绍当前流行的物联网技术并给出相关模拟实验。

本书对每个实验都进行从分析、设计到实现的引导,使读者深入体会、理解目前主要的计算机网络技术的工作原理,掌握其思想精髓,同时了解和掌握软件工程开发过程,为开发大型软件项目打下良好的基础。

本书可作为高等院校计算机及其相关专业的本科生计算机网络实验课程的教材,也可供从事计算机网络开发、维护、管理工作的专业人员参考。

图书在版编目(CIP)数据

基于 Socket 的计算机网络实验/杜庆伟等编著. —北京:清华大学出版社,2023.1
面向新工科专业建设计算机系列教材
ISBN 978-7-302-61918-5

Ⅰ. ①基… Ⅱ. ①杜… Ⅲ. ①计算机网络－实验－高等学校－教材 Ⅳ. ①TP393-33

中国版本图书馆 CIP 数据核字(2022)第 178344 号

责任编辑:白立军 战晓雷
封面设计:刘 乾
责任校对:郝美丽
责任印制:沈 露

出版发行:清华大学出版社
　　　　　网　　　址:http://www.tup.com.cn, http://www.wqbook.com
　　　　　地　　　址:北京清华大学学研大厦 A 座　　　　邮　　编:100084
　　　　　社 总 机:010-83470000　　　　　　　　　　邮　　购:010-62786544
　　　　　投稿与读者服务:010-62776969, c-service@tup.tsinghua.edu.cn
　　　　　质量反馈:010-62772015, zhiliang@tup.tsinghua.edu.cn
　　　　　课件下载:http://www.tup.com.cn,010-83470236
印 装 者:三河市龙大印装有限公司
经　　销:全国新华书店
开　　本:185mm×260mm　　印　张:24.75　插　页:1　　字　　数:575 千字
版　　次:2023 年 3 月第 1 版　　　　　　　　　　　　印　　次:2023 年 3 月第 1 次印刷
定　　价:69.80 元

产品编号:092740-01

出版说明

一、系列教材背景

人类已经进入智能时代，云计算、大数据、物联网、人工智能、机器人、量子计算等是这个时代最重要的技术热点。为了适应和满足时代发展对人才培养的需要，2017 年 2 月以来，教育部积极推进新工科建设，先后形成了"复旦共识""天大行动"和"北京指南"，并发布了《教育部高等教育司关于开展新工科研究与实践的通知》《教育部办公厅关于推荐新工科研究与实践项目的通知》，全力探索形成领跑全球工程教育的中国模式、中国经验，助力高等教育强国建设。新工科有两个内涵：一是新的工科专业；二是传统工科专业的新需求。新工科建设将促进一批新专业的发展，这批新专业有的是依托于现有计算机类专业派生、扩展而成的，有的是多个专业有机整合而成的。由计算机类专业派生、扩展形成的新工科专业有计算机科学与技术、软件工程、网络工程、物联网工程、信息管理与信息系统、数据科学与大数据技术等。由计算机类学科交叉融合形成的新工科专业有网络空间安全、人工智能、机器人工程、数字媒体技术、智能科学与技术等。

在新工科建设的"九个一批"中，明确提出"建设一批体现产业和技术最新发展的新课程""建设一批产业急需的新兴工科专业"。新课程和新专业的持续建设，都需要以适应新工科教育的教材作为支撑。由于各个专业之间的课程相互交叉，但是又不能相互包含，所以在选题方向上，既考虑由计算机类专业派生、扩展形成的新工科专业的选题，又考虑由计算机类专业交叉融合形成的新工科专业的选题，特别是网络空间安全专业、智能科学与技术专业的选题。基于此，清华大学出版社计划出版"面向新工科专业建设计算机系列教材"。

二、教材定位

教材使用对象为"211 工程"高校或同等水平及以上高校计算机类专业及相关专业学生。

三、教材编写原则

(1) 借鉴 *Computer Science Curricula* 2013(以下简称 CS2013)。CS2013 的核心知识领域包括算法与复杂度、体系结构与组织、计算科学、离散结构、图形学与可视化、人机交互、信息保障与安全、信息管理、智能系统、网络与通信、操作系统、基于平台的开发、并行与分布式计算、程序设计语言、软件开发基础、软件工程、系统基础、社会问题与专业实践等内容。

(2) 处理好理论与技能培养的关系,注重理论与实践相结合,加强对学生思维方式的训练和计算思维的培养。计算机专业学生能力的培养特别强调理论学习、计算思维培养和实践训练。本系列教材以"重视理论,加强计算思维培养,突出案例和实践应用"为主要目标。

(3) 为便于教学,在纸质教材的基础上,融合多种形式的教学辅助材料。每本教材可以有主教材、教师用书、习题解答、实验指导等。特别是在数字资源建设方面,可以结合当前出版融合的趋势,做好立体化教材建设,可考虑加上微课、微视频、二维码、MOOC 等扩展资源。

四、教材特点

1. 满足新工科专业建设的需要

系列教材涵盖计算机科学与技术、软件工程、物联网工程、数据科学与大数据技术、网络空间安全、人工智能等专业的课程。

2. 案例体现传统工科专业的新需求

编写时,以案例驱动,任务引导,特别是有一些新应用场景的案例。

3. 循序渐进,内容全面

讲解基础知识和实用案例时,由简单到复杂,循序渐进,系统讲解。

4. 资源丰富,立体化建设

除了教学课件外,还可以提供教学大纲、教学计划、微视频等扩展资源,以方便教学。

五、优先出版

1. 精品课程配套教材

主要包括国家级或省级的精品课程和精品资源共享课的配套教材。

2. 传统优秀改版教材

对于已经出版、得到市场认可的优秀教材,由于新技术的发展,计划给图书配上新的教学形式、教学资源的改版教材。

3. 前沿技术与热点教材

反映计算机前沿和当前热点的相关教材,例如云计算、大数据、人工智能、物联网、网络空间安全等方面的教材。

六、联系方式

联系人：白立军

联系电话：010-83470179

联系和投稿邮箱：bailj@tup.tsinghua.edu.cn

面向新工科专业建设计算机系列教材编委会

2019 年 6 月

面向新工科专业建设计算机系列教材编委会

FOREWORD

前言

  编者在从事计算机网络教学近 20 年的教学过程中,感觉到计算机网络实验是一门非常有价值的专业基础课,有很好的综合性,融合了数据结构、操作系统、计算机系统结构、通信技术等相关课程的很多内容和思想。学好这门课,可以让读者了解网络技术中涉及的诸多问题,学会许多思想、算法和技术。这些问题、思想、算法和技术可以推广到很多相关领域,例如软件工程。

  但是,想要学好这门课并不太容易,能够在学好这门课的基础上进行升华、提炼和扩展更加不容易,需要一定的努力和深入理解。这对于大学生来说确实要求比较高。

  编者在讲授这门课的时候,特别希望使学生体会到计算机网络技术的一些精髓思想,例如体系结构的思想、分布式计算的思想等。同时,编者也特别希望能够通过这门课帮助学生形成开发软件系统、特别是大型分布式软件系统的能力。南京航空航天大学给了编者宽松的工作环境和良好的工作条件。编者从前人接手这门课的时候,这门课就已经有了利用编程进行计算机网络实验的实践环节。这些是编者编写本书的出发点和基础。

  另外,编者对于当前国内一些高校的计算机网络实验课有一些看法。很多高校为了开设计算机网络实验课,采购了昂贵的设备,然而在教学中却只是让学生操作一番,记住几条命令。这固然有助于技能的掌握,但是对于学生能力的提升显然是不够的。

  编者对于本校的计算机网络课程体系则感到较为满意:以计算机网络理论课程为主,以使学生掌握相关理论、思想和技术;以开发软件系统模拟计算机网络技术为辅,以提升学生开发软件的能力,加深学生对网络技术的理解;以网络设备操作为选修内容,以满足学生接触网络设备、增强操作技能的要求。这样的课程体系可以很好地保障学生的学习深度,多方面提升学生的能力,充分挖掘学生的潜力。

  当前国家在高等教育领域以新工科建设为重要抓手,强调高等院校应持续深化工程教育改革,加快培养能够适应和引领新一轮科技革命和产业变革的卓越工程科技人才,为国家打造世界工程创新中心和人才高地、提升国家硬实力和国际竞争力打下良好的基础。在这样的背景下,如何加强学生的工程化能力是高等院校在国家教育战略转移的情况下面临的一个重要问题,各门专业课程都应该面向新工科建设的要求进行教学改革,这也对高等院校的教师提出了新的要求。

如果能够具有课堂理论教学、网络软件开发实践、网络设备操作这一整套课程体系,就能够完成从理论到理论与实践相结合再到纯实践这样一个认知过程,可以满足多种技能目标的教育培训要求。这种课程体系能够满足工程化能力培养的要求,也是各个学科专业向工程化目标发展的趋势。

另外,计算机网络实验课程其实与软件开发过程的一些思想非常贴近,同样包括分层、模块化设计的核心思想和体系的概念,对学生学会把复杂问题工程化具有非常好的指导意义。如果把这种思想和软件工程技术相结合,无疑是一种诱人的想法,可以极大地提升该课程与新工科建设要求的契合度。为此,应该在传统计算机网络实验课程内容的基础上,通过引入软件工程相关技术和工具,加强学生工程化能力培训。

以上种种思考触发了编者的以下构想:丰富、完善、指导这类以软件开发模拟具体计算机网络技术的教学实践活动,加深学生对计算机网络技术的理解,提升学生的软件开发能力,并且通过这个过程加强对学生的工程化教育,提高学生的工程化思维水平。

本书中设置的计算机网络实验项目符合分布式系统的特点,具有分布性、自治性、并行性、全局性,因此属于分布式系统的范畴,只不过其目的不在于给用户使用,而是为了加强学生对计算机网络技术的理解和对分布式系统的认识,了解分布式系统开发涉及的问题和技术,培养学生以工程化思维开发分布式系统的能力。这些都是通往开发自由境界的一个起点。

万丈高楼也需要一砖一瓦地建设。希望本书能够成为培养学生工程化能力的一块砖、一片瓦。

本书具有以下特点:

(1)在介绍计算机网络技术的基础上,开展基于 Socket 编程的计算机网络课程设计,内容涉及多种场景、多种应用。

(2)引入软件工程的思想和工具。

(3)对每一个实验进行开题、立意、破题的引导,包括:介绍相关技术内容,分析相关技术的功能需求,建立实验的体系结构,给出主要功能的流程图,等等。

(4)介绍了一些当前流行的新技术,如云计算、物联网等,并设计了相关的实验。

本书希望达到以下目标:新工科,新思维;面对挑战,加强训练;工程能力在手,天下任我走。

本书的出版得到了清华大学出版社的大力支持,并得到了许多专家学者的指导,编者在此致以衷心感谢。

限于编者的能力,加之时间仓促,本书中难免存在不妥之处,恳请读者指正。

编　者

2023 年 1 月于南京航空航天大学

CONTENTS

目录

第 3 部分　IP 及 TCP 相关技术模拟实验

第 5 部分　云计算技术及模拟实验

第 6 部分   物联网技术及模拟实验

第1部分　网络实验基础

当前的大型软件系统往往都是分布式的。**分布式系统**(distributed system)是建立在网络之上的软件系统。一个良好的分布式系统能够为用户屏蔽地域的不同,将一组甚至众多相隔千山万水的独立计算设备进行合理组织,使它们能够进行信息交换,协调工作,完成若干完整的任务,提供给用户想要的服务。分布式系统展现给用户的是一个统一的整体,就好像是面对一个本地系统一样。

一个典型的分布式系统的例子是万维网(World Wide Web,WWW),在万维网中,所有的一切看起来就好像是一个文档(Web页面)一样。

一般认为,分布式系统应具有以下4个特征:

(1) 分布性。分布式系统由多台主机组成,它们在地域上是分散的,整个系统的功能是分散在各个主机节点上实现的,因而分布式系统具有数据处理的分布性。

(2) 自治性。分布式系统中的各个主机节点都包含自己的处理机和内存,具有独立处理数据的功能。通常,主机节点在地位上是彼此平等的,无主次之分,既能自治地进行工作,又能利用共享的通信线路传送信息,协调任务处理。

(3) 并行性。一个大型的任务可以划分为若干小型的子任务,分别在不同的主机上同时执行。

(4) 全局性。分布式系统中必须存在一个单一的、全局的进程间通信机制,使得任何一个进程都能与其他进程通信。同时,系统中所有的主机必须遵守统一的系统调度规则,共同完成用户的请求。

但是,要实现这些特点以及用户希望得到的便利性,并不是一件容易的事情,牵扯到的问题非常多,大到同步问题、互斥问题、及时性问题,小到编码问题、大小端问题,等等,一个细节不处理好，就会差之毫厘、谬之千里。试想一下，如果你用浏览器打开网页，发现眼前全是乱码，能够满足你遨游互联网的目的吗？

本部分内容以基础知识为主。首先介绍 Socket 编程技术，它是开发分布式系统的根本。其次介绍一些开发分布式系统需要注意的内容和技术。最后，为了让读者能够形成软件工程思维，并以之为指导进行开发实验，为以后开发大型软件打下良好的基础，本部分介绍了统一建模语言(Unified Modeling Language，UML)的相关概念，本书所有的实验分析、设计都是依据 UML 的思想进行的。

第 1 章

基于 Socket 的编程

Socket(套接字)技术的出现,为开发分布式系统提供了极大的便利,使得开发者不用考虑从物理层到传输层这些层次内的众多烦琐事务,如数据分片问题、数据丢失问题、流量控制问题等。Socket 就像万丈高楼平地起的地基,有了这项技术,才使网络应用得以繁荣发展。

◆ 1.1 Socket 概述

1.1.1 Socket 的引入

Socket 技术最初是 BSD UNIX 的通信机制,通常被称为套接字,其英文原意是孔或插座。顾名思义,Socket 技术像一个多孔插座,可以提供众多的网络服务。Socket 提供的网络服务是在传输层上实现的。

智能设备之间的数据传输实际上是进程(应用程序)之间的数据传输,一个智能设备上可以有很多进程同时需要进行网络通信。这些进程共享(专业术语是复用)同一个 IP 实体。通过 IP 实体,主机可以收到很多报文。那么,怎样区分不同的进程,把报文发给合适的进程呢? 操作系统总不能把 Web 服务器发来的网页信息直接发给邮件客户端吧?

Socket 技术就是用来标识通信进程的一个机制,每个进程至少需要持有一个不同于其他进程的 Socket。

图 1-1 显示了基于 Socket 的网络程序的体系层次与家用插座之间的类比关系。如果把入户的用电比喻成 IP 提供的服务,那么 Socket 很像分布在家庭内的各个插座。插座是为各种电器供电的接口,可以让符合规定的电器得以同时运转,这些电器有些像智能设备(如主机)中的网络程序。

需要注意的是,Socket 本身并不是协议,而是传输层协议的接口,通过 Socket 才能使用传输控制协议/互联网协议(Transmission Control Protocol/Internet Protocol,TCP/IP)体系中的相关协议。

Socket 这个词本身有两层含义:

(1) 一种编程机制和调用接口。

(2) 程序中的进程需要持有的句柄,以使本进程区别于其他进程。

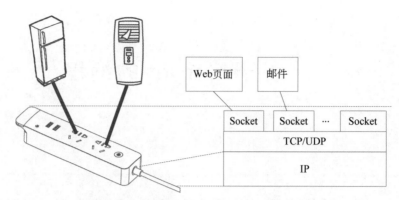

图 1-1　基于 Socket 的网络程序的体系层次与家用插座之间的类比关系

1.1.2　Socket 的类型

目前常见的有 3 种类型的 Socket。

1. 流式 Socket

流式 Socket(SOCK_STREAM 式 Socket)支持传输控制协议(TCP),实现进程之间的通信,通信之前需要先建立双方的连接(这体现了 TCP 是一种面向连接的协议)。该类 Socket 可以保证数据的无差错、有序性和无重复等特点,并提供了流量控制等机制。

本书建议下面的各种实验尽量采用流式 Socket。虽然它的及时性可能不是太好,读取数据时有些麻烦,但是它的可靠性和有序性可以为实验的顺利开展提供有利的基础,减少不必要的麻烦。为此,本书后面的内容主要以该类 Socket 为基础进行讲解。

2. 数据报 Socket

数据报 Socket(SOCK_DGRAM 式 Socket)支持用户数据报协议(User Datagram Protocol,UDP),实现进程之间的通信,通信之前无须建立双方的连接(这体现了 UDP 是一种无连接协议),只要知道对方地址信息即可发送报文。这种方式不能保证数据传输的可靠性,数据有可能在传输过程中丢失,而且无法保证接收端进程按照报文发送的顺序接收到这些报文。

该类 Socket 可以提供比流式 Socket 更快的数据发送速率,往往多媒体应用都是通过该类 Socket 传输多媒体信息的。

编者根据自身的项目经验发现,在接收端的程序中,必须提供简单、快捷的数据处理操作,以加快数据读出的速度,否则很容易在接收端产生数据丢失的情况。

由于数据报 Socket 是不可靠的,如果数据丢失,将对实验的正确性造成影响,因此本书不建议采用该类 Socket 完成实验。

3. 原始 Socket

原始 Socket(SOCK_RAW 式 Socket)是支持基于 IP 编程的手段,工作在网际层,实现主机之间的通信,无连接。这种方式在某些方面特别重要。例如,主机上的安全软件需要对到达本主机的所有报文进行过滤和筛查,防止黑客和病毒的入侵。本书也不建议采用这类 Socket。

1.1.3　基于 Socket 技术的编程模式

基于 Socket 技术的编程模式大多数采用客户-服务器模式工作。通信的双方首先确定哪一方需要长期运行并对外提供服务,这一方就应该作为服务器端;哪一方只是临时运行,运行完毕无须再对外联系,这一方就应该作为客户端。后面提到的 P2P 模式除外。

例如,Web 页面的维护软件需要提供页面保存、接收请求、返回页面等工作,需要在某个地方长期值守,那么这个软件就应该作为服务器端。在 Java 语言中,这个角色持有一个特殊的 Socket——ServerSocket。而用户计算机上的浏览器不需要时时等待别人的请求,应该作为客户端,只需持有普通的 Socket 即可。

一个基于 Socket 技术的简单编程模式的工作过程如下:

(1) 一个客户端(类比为某业务的一个客户,用 C 表示)进程使用 Socket(类比为 C 的手机,用 Sc 表示)向服务器端的服务进程(类比为部门经理,用 S 表示)发送一个建立连接的请求。

(2) 服务器端 ServerSocket 所在的主程序(S)会为 C 产生一个 Socket(类比为 S 的手机,用 Ss 表示)。

(3) S 持有 Ss 通过 Sc 与 C 通信,进行后续的具体业务处理。

1.1.4　端口号

学过计算机网络体系结构之后可知,收发双方的网际层在收到对方的信息后并没有结束,而是需要将信息分发到主机上的某个进程中。TCP/IP 协议族在传输层定义了协议端口号(protocol port number),简称端口号,以协助完成这个工作,进而实现传输层对网际层的合用和分用(例如,所有人发快递时合用快递点,收快递时分用快递点)。

端口号就好像门牌号一样,只不过端口号是用来标识一个进程的。Socket 也是通过这些端口号工作的,形成了图 1-2 所示的工作层次。

在 TCP/IP 中,针对一个主机上的某一类传输层协议(TCP 或 UDP),端口用 16 位二进制数进行编号,即最多可以有 65 536 个端口。用户可以在控制台使用 netstat -n 命令查看当前主机使用了哪些端口。

端口号可分为 3 类。

1. 周知端口

周知端口(well-known port)的端口号是 0～1023,它们一般使用在服务器端,与一些常用的服务绑定(binding)。例如,端口 80 一般与用于 Web 服务器的超文本传送协议(Hypertext Transfer Protocol,HTTP)绑定,端口 21 一般与用于远程文件共享的文件传送协议(File Transfer Protocol,FTP)绑定,端口 25 一般与用于邮件发送的简单邮件传送协议(Simple Mail Transfer Protocol,SMTP)绑定,等等。

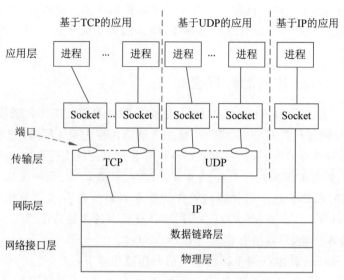

图 1-2　Socket 的工作层次

针对 Web 服务,如果某个服务器不采用这样的默认端口,则需要用户明确指定其端口。例如,输入网址 http://www.xyz.com 表示默认采用 80 端口;若这个网站采用 8080 端口,则输入的网址必须为 http://www.xyz.com:8080。

2. 注册端口

注册端口(registered port)的端口号是 1024～49151,它们一般与一些特定的服务绑定。例如,端口 1433 一般用于 SQL Server 数据库,端口 3306 一般用于 MySQL 数据库。当然,服务的提供者可以通过相关工具更改这些服务的端口号,服务的使用者在使用服务时也必须同样更改。

3. 动态/私有端口

动态/私有端口(dynamic/private port)的端口号是 49152～65535,一般属于临时使用,建议客户端采用这类端口。

当然,只要不造成冲突,用户可以随意指定自己要使用的端口号。

1.1.5　Socket 与 IP 地址、端口号的关系

为了完成通信的工作,各种 Socket 都要与 IP 地址、端口号关联。

在服务器端,ServerSocket(Java 语言)一旦建立就可以立即知道自己所处主机的 IP 地址,但是服务器软件的开发者必须给其指定一个唯一的端口号(代表本软件的服务需要使用这个端口,其他软件不得与之冲突),这个服务器软件所在的 IP 地址和正在监听的端口号是要发布给客户端的。

在客户端,Socket 建立之初同样可以知道自己所在主机的 IP 地址,但是为了进行进程之间的通信,也需要持有一个端口号。在 Java 中,这个端口号可以人为指定(但不得与

其他软件使用的端口号冲突),也可以由 Java 平台动态给出。这些信息一旦指定,就把新建的 Socket 和程序进行了绑定,与 Socket 交流就等于和这个程序交流。

客户端的 Socket 为了和服务器端交流,需要明确地指定服务器端的 IP 地址和端口号。这样才能向服务器端发起建立连接的请求,完成后续的通信和业务逻辑。

服务器端软件一般会产生一个服务器端的 Socket 和客户端进行关联,并且服务器端可以通过这个 Socket 获得客户端的 IP 地址和端口号。

同一台主机上的多个进程持有的 Socket 一般具有相同的 IP 地址(代表复用/分用同一个 IP 实体),但是具有不同的端口号(以标识进程)。

◆ 1.2　基于 Socket 的通信编程简介

1.2.1　Socket 的工作流程

这里以一个基于 Socket 通信的简单业务(仅需要一次交互)处理过程为例,对 Socket 的工作流程进行说明,如图 1-3 所示。

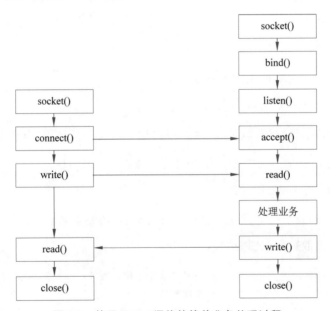

图 1-3　基于 Socket 通信的简单业务处理过程

下面主要介绍其工作原理,所以对相关参数未予说明,甚至省略了一些参数,读者可以上网查询这些参数的具体说明。

1. 服务器端流程

服务器首先初始化一个流式 Socket:

```
int serv_sock = socket(AF_INET, SOCK_STREAM, IPPROTO_TCP);
```

进行 IP 地址信息的绑定：

```
bind(serv_sock,…);                      //“…”代表服务器的 IP 地址信息
```

对端口进行监听：

```
listen(serv_sock, 20);                  //20 为请求队列的最大长度
```

调用 accept()进行阻塞，等待客户端的连接请求，直到客户端发来连接请求时才退出阻塞：

```
int clnt_sock = accept(serv_sock,…);    //“…”代表获取的客户端 IP 地址信息
```

读取客户端发来的信息：

```
read(clnt_sock,…);                      //“…”代表用于保存客户端信息的缓存
```

完成业务处理后，向客户端发送处理结果：

```
write(clnt_sock,…);                     //“…”代表需要发送的处理结果
close(clnt_sock);                       //关闭客户端的 Socket
close(serv_sock);                       //一般不关闭服务器端的 Socket
```

2. 客户端流程

客户端初始化一个本地流式 Socket：

```
int sock = socket(AF_INET, SOCK_STREAM, 0);
```

向服务器端请求建立连接（涉及 TCP 三次握手建立连接过程，但开发者无须关注）：

```
connect(sock,…);            //“…”代表服务器 IP 地址信息
```

向服务器端发送数据/请求：

```
write(sock,…);              //“…”代表需要发送的数据/请求
```

从服务器端读取数据/处理结果：

```
read(sock,…);               //“…”代表用于保存服务器端数据/处理结果的缓存
close(sock);                //关闭连接
```

1.2.2 基于 Java 的 Socket 编程

1. Java 在 Socket 编程上的优势

基于 Java 的 Socket 编程相对于传统的 Socket 编程（例如基于 C 语言的 Socket 编程）有以下优势：

(1) Java 是面向对象的语言，有利于理解和维护代码。

(2) 基于 Java 的 Socket 编程模式可以简化很多无关的工作。

(3) Java 提供了较为完善的异常处理机制，充分利用这些机制，可以有效地避免系统

的崩溃,给用户带来较好的体验。

下面分别给出服务器端和客户端的源码示例(基于 Java 的 Socket 编程有很多种方式,下面以其中一种较为简单的方式进行展示)。

2. 服务器端源码示例

```java
import java.io.*;
import java.net.*;
public class ServerDemo{
    public static void main(String[] args) {
        InputStream input;
        OutputStream output;
        byte[] in_buf=new byte[500];              //500 为预估的缓存大小
        byte[] out_buf=new byte[x];               //x 为实际所需的缓存大小
        try{
            ServerSocket ser_sock=new ServerSocket(4000);
            Socket clt_sock=ser_sock.accept();    //程序阻塞并等待连接请求
            input=clt_sock.getInputStream();      //指定输入流
            int read_len=input.read(in_buf);   //读取数据,read_len 为实际读取长度
            //处理业务,组成 out_buf
            output= clt_sock.getOutputStream();
            //向对方发送数据,若 out_buf 长度不定,可在 write()中指定发送长度
            output.write(out_buf);
            output.flush();       //刷新输出流并强制发送缓冲的输出字节(很重要)
            input.close();
            output.close();
            clt_sock.close();
            ser_sock.close();
        }catch(Exception e){
            e.printStackTrace();
        }
    }
}
```

3. 客户端源码示例

```java
import java.io.*;
import java.net.*;
public class ClientDemo {
    public static void main(String[] args) {
        InputStream input;
        OutputStream output;
        byte[] in_buf=new byte[500], out_buf=new byte[x];  //x 为实际所需缓存大小
        try{
            //组成 out_buf
```

```
            String ser_ip="202.1.3.10";                //服务器端的 IP 地址
            Socket clt_sock=new Socket(ser_ip, 4000);   //执行完毕就已建立了连接
            output=clt_sock.getOutputStream();          //指定输出流
            //向对方发送数据,若 out_buf 长度不定,可在 write()中指定发送长度
            output.write(out_buf);
            output.flush();                //刷新输出流并强制发送缓冲的输出字节(很重要)
            input=clt_sock.getInputStream();            //指定输入流
            int read_len=input.read(in_buf);            //read_len 为实际读取长度
            //得到结果,处理本地业务
            input.close();
            output.close();
            clt_sock.close();
        }catch(Exception e){
            e.printStackTrace();
        }
    }
}
```

◆ 1.3 Socket 编程时的注意事项

基于 Socket 进行编程,开发分布式系统,不同于单机版软件,一个非常重要的任务是要使通信双方的进程"天衣无缝"地配合,因为只要有一点点不协调,就会导致参数的理解错误,进而导致双方交流的失败。下面介绍一些需要注意的事项。

1.3.1 编码问题

互联网上存在着无数台设备,运行着众多的操作系统,这些操作系统由于出自不同的厂商,具有不同的管理方式。其中一个非常基础且对网络编程有重要影响的因素就是编码问题。

人们日常接触得最多的就是 ASCII 码。ASCII 是 American Standard Code for Information Interchange(美国信息交换标准代码)的缩写,简称美标。美标规定了用 0~127 的 128 个数字代表信息的规范编码。

IBM 公司开发的 EBCDIC(Extended Binary Coded Decimal Interchange Code,扩充的二进制编码的十进制交换码)是 IBM OS/390 操作系统使用的编码,目前仍有很多公司为它们遗留的应用程序和数据库使用这种编码。

如果通信过程中涉及这两套编码,需要在通信双方进行编码的转换。当然,对于本书中的实验来说,操作系统基本上都是 Windows 和 Linux,编码不存在问题。

我们在工作学习中经常需要使用汉字,通过网络传输汉字的需求必然存在,这就需要对汉字进行编码。国标码是中华人民共和国国家标准《信息交换用汉字编码字符集》(GB 2312—1980)的简称。GBK 码是国标码的扩展字符编码,对 2 万多个简繁汉字进行了编码。

另外,为了让人们在处理数据时避免在单字节(例如英文字母)和双字节(汉语、日语等)之间来回切换(一会儿处理单字节的英文字母,一会儿又要处理双字节的汉字),又产生了 Unicode 码。Unicode 码是宽字节字符集,它对每个字符(哪怕是英文字母)都使用 2 字节(即 16 位)表示,为编程人员提供了极大的便利。而 UTF-8(8-bit Unicode Transformation Format,8 位 Unicode 传输格式)是针对 Unicode 的一种可变长度字符编码,因可以兼容 ASCII 码而被广泛使用。

为了传输中文,必须对数据进行编码方面的处理。例如,使用 Java 可以进行如下处理。

(1) 发送端:

```
String your_msg="您好!";
DataOutputStream dout=new DataOutputStream(sock.getOutputStream());
dout.writeUTF(your_msg);
```

(2) 接收端:

```
DataInputStream in=new DataInputStream(sock.getInputStream());
String your_msg=in.readUTF();
```

1.3.2　网络字节序

在网络编程时,有一个非常重要但容易被忽视的细节,如果不注意,尽管通信双方都不产生问题和异常,但是却可能导致计算结果出现错误,这就是网络字节序,即网络传输中的大端模式(big-endian)或小端模式(little-endian)。网络字节序问题通常指一个多字节的数字如何形成字节流的问题。对于一个多字节的整型数,高位字节指该整型数中数量级高的数字部分,低位字节指该整型数中数量级低的数字部分。

(1) 大端模式是指高位字节排在字节流的低地址端,低位字节排在字节流的高地址端。

(2) 小端模式是指高位字节排在字节流的高地址端,低位字节排在字节流的低地址端。

例如,0x12345678 这个 4 字节十六进制的数字,如果采用大端模式,在传输时其字节序如图 1-4(a)所示;如果采用小端模式,在传输时其字节序如图 1-4(b)所示。

00010010	00110100	01010110	01111000
第0字节	第1字节	第2字节	第3字节

(a) 大端模式的字节序

01111000	01010110	00110100	00010010
第0字节	第1字节	第2字节	第3字节

(b) 小端模式的字节序

图 1-4　0x12345678 的两种字节序

举一个例子,设在 32 位机上的一个整型数为 0x0000000A(用户希望传输十进制数字 10),在发送端按照大端模式处理;但是,在接收端如果按照小端模式处理,得到的数字将是 0x0A000000(即十进制数字 167 772 160)。设想一下,这个问题如果出现在金融领域的网络软件中,总有一方要血赔。

中央处理器(Central Processing Unit,CPU)也有类似的问题,称为主机字节序,在读取数据时,有的 CPU 是按照大端模式处理的,有的则是按照小端模式处理的,这样会导致数据出现理解上的错误。为此,有的编程语言提供了 ntohl 和 htonl 两个方法,可以在主机字节序和网络字节序之间完成转换。而 Java 在虚拟机中采用了大端模式,不用考虑这个问题。

本书建议明确指定字节序,即开发者自己完成多字节整型数到字节数组的转换。其实这个转换并不复杂,见 1.3.3 节。

另外,本书的所有实验都假设发送端是按照大头在前的模式发送数据的,即先发送高位字节,后发送低位字节。

1.3.3　串行化/反串行化

目前不少编程语言都提供了直接串行化/反串行化的工具,可以把定义好的结构(甚至对象)直接串行化。这为开发分布式系统提供了极大的便利。

但是串行化有一个隐患。例如,根据实际的开发需求,通信双方需要采用不同的编程语言(这个现象并不少见),而不同语言之间串行化的结果不一定一致,特别是当不同语言的相同类型占用字节数不同的时候就一定会出错。

例如,整型在 C/C++ 语言中的长度是根据操作系统确定的,其长度是 16 位或者 32 位,而 Java 语言直接定义的是 32 位。如果此时定义结构类型如下:

```
structure{
    int x;
    ...

}
```

其中包含整型。假如 C/C++ 语言采用了 16 位的整型,那么就会和 Java 端的串行化结果不一致。也就是说,用 C/C++ 语言串行化后的字节流传到用 Java 语言编写的系统中时,反串行化的结果将导致失败。

所以,在编程时,需要关注相关类型的大小、表达的方式是否相同。如果不相同,应避免采用串行化/反串行化的工具。这种情况下只能进行人工串行化,把相关的类型转换成 byte[] 类型。下面展示如何把 16 位长度的整型数串行化(Java 语言):

```
int a_int=300;
byte[] int_seri=new byte[2];
int_seri[0]=(byte)(Math.floor(a_int/256));      //大端模式,前 8 位。floor()为向
                                                //下取整函数
int_seri[1]=(byte)( a_int%256);                 //取余数得到后 8 位
```

在以上的代码中,除法也可以用移位操作来实现。

或许有的读者问,为什么 Java 中的整型数是 32 位,本书却只取 16 位呢? 其实对于大多数应用来说,两位十进制整数就够了,只要收发双方对于长度理解相同即可(当然,系统的设计需要考虑到后续的可扩展性,数据长度需要足够长)。如果确实需要 32 位整型数,可以如下处理:

```
int a_int=167772160;
byte[] int_seri=new byte[4];
int_seri[3]=(byte)(a_int%256);
a_int=(int)(Math.floor(a_int/256));
int_seri[2]=(byte)(a_int%256);
a_int=(int)(Math.floor(a_int/256));
int_seri[1]=(byte)( a_int%256);
a_int=(int)(Math.floor(a_int/256));
int_seri[0]=(byte)( a_int);
```

针对 16 位的整型数,接收端可以如下反串行化:

```
int a_int;
byte[] int_seri=new byte[2];
int read_len=input.read(int_seri);
a_int=(int)(int_seri[0] & 0xFF)*256+(int)(int_seri[1]&0xFF);
```

注意:在这段代码中,int_ser[0] 和 int_ser[1] 是有可能为负数的,所以需要使用 &0xFF 将其转为正后再转换到整型,再进行反串行化。

1.3.4　关于报文格式的建议

TCP 是面向字节流的,不像 UDP 可以一个数据报一个数据报地读取,用户必须知道自己读取的数据的大小,并定义报文的格式。

在网络应用中,很多数据是无法事先知道长度的,如字符串,如果没有特殊的机制,将无法知道要读取的字符串是否已经读取完毕。在编程语言中,字符串往往以特殊的字符结尾,但是这种方法在数据传输中不太方便,接收端必须对每一字节进行扫描才能够知道字符串是否已经收取完毕。

再举一个极端的例子,如果传输的是二进制数,如何保证接收完毕了呢? 有的读者会说,用转义符。确实,转义符可以有效地进行透明传输,但也需要一字节一字节地过滤和处理。

编者基于参与开发 CORBA[①] 项目的经验,对于明确定义好双方的报文格式、明确界定数据是否接收完毕有以下建议。

---

① 通用对象请求代理体系结构(Common Object Request Broker Architecture,CORBA)是由对象管理组(Object Management Group,OMG)制定的一种标准的、面向对象的分布式应用程序体系规范,是 OMG 为解决分布式处理环境中,软件系统的互连而提出的一种解决方案,相当于一种应用程序接口(Application Programming Interface,API)以方便开发分布式系统。

首先,建议定义固定的首部格式(类似于 IP 分组的头部格式)。"固定"包含以下含义:

(1) 固定的信息字段。

(2) 每一个信息字段的长度固定。

(3) 信息字段在首部中的起始位置固定。

这样,通信的接收端可以很方便地读取规定长度的首部信息,并且根据事先定义的信息字段起始位置进行解析。

其次,对于后续的数据,尽量在首部字段中包含其总长度,以便在解析首部后即可得到后续数据的长度,继而申请相同长度的字节数组进行读取。这样的好处是接收端不需要申请太长的缓存空间。否则,程序员必须预估报文的最大长度,然后申请不小于该长度的报文缓存空间,那么到底多大长度够用呢?

后续的数据可能保存了多个可变字段的信息。为了方便处理,本书建议采用以下两部分对这类信息加以体现:

(1) 信息长度,一般来说两字节即可(可以传输长度为 65 536 的字节数组),对于大多数应用足够了。

(2) 信息本身的字节流。

本书建议不采用现有的工具,否则不利于读者各方面的训练。

第
2
章

相关技术和说明

本章将对实验涉及的一些技术进行介绍,以方便读者了解网络编程可能遇到的问题和解决的方法。

◇ 2.1 线 程

2.1.1 线程概述

1. 为什么要引入线程

先介绍进程的概念。进程(process)是计算机中的程序关于某数据集合的一次运行活动,是系统进行资源分配和调度的基本单位。

如果觉得这个定义不容易理解,那么直白地说:程序运行一次,得到一个进程;运行两次,得到两个进程……

有时,业务需要在一个进程中同时运行两个事务。例如,浏览器可以一边下载文件一边继续供用户浏览网页,后者不受下载任务的影响。但是,如果不采用特殊的技术,进程都是串行的,不能同时执行多个任务,这样的需求无法满足。怎么办呢?

再如,用 Word 打开一个大型文件(几十兆字节以上)时,可能需要耗费一些时间,在这段时间内,Word 会弹出一个等待画面,表示正在装载文件。如果采用传统的串行处理,不顾用户体验,一味地读数据,直到把文件全部装载完毕,用户也毫无办法,哪怕是错误地打开了另一个文件,也只有等待下去。但是 Word 却很人性化地提供了一个小小的功能,在等待画面上提供了一个中断当前装载过程的手段,用户只要单击"取消"按钮,Word 就会中断当前文件的装载过程。

这个功能对于本书的实验来说非常有意义。在本书的实验中,绝大多数都有程序阻塞,等待对方发来信息的场景,如果这个时候界面处于无响应的失控状态,自然影响用户体验。

线程的概念是为了能够同时执行多个任务而引入的。

2. 线程

线程(thread)是可以独立调度和分派的基本单位。线程被包含在进程之中,一个线程是进程中一个单一顺序的控制流,一个进程中可以并发多个线程(即多线程运行机制,宏观上表现为可以同时运行),每个线程并行执行不同的任务。

线程对于资源的使用遵循下面的规则:

(1) 同一进程中的多个线程将共享该进程中的全部系统资源,但是不能使用进程之外的其他资源。即便线程可以动态申请一些资源,最终也是由进程申请的。

(2) 同一进程中的多个线程有各自的调用栈、寄存器等环境资源,互不冲突。

(3) 根据程序设定,同一进程中的多个线程对于进程的一些资源可以共享使用,也可以排他性使用。

利用多线程编程机制,可以更加高效地利用 CPU(特别是多 CPU 的情况)进行工作。多线程编程机制对于具有图形界面的程序尤其有意义。当一个操作(例如下载大文件)耗时很长时,如果采用传统的串行处理机制,整个系统都会等待这个操作,不会响应键盘、鼠标、菜单的操作,系统如同卡死一般。而使用多线程技术,将耗时长的操作置于一个新的线程中,就可以避免这种尴尬的情况,在浏览器的使用过程中表现为可以很轻易地实现在下载文件的同时继续浏览、操纵网页。

进程和线程在对外表现上的不同如下:

(1) 线程可以由进程生成,不能脱离进程而存在;而进程必须由外部(人或者其他进程)启动运行,是可以独立存在的。

(2) 进程可以分布在不同的计算机上;而线程必须依赖于进程,必须在一台计算机上。

3. 本书特别注明

本书的实验程序大多涉及一些计算实体,例如主机。本书要求必须使用进程模拟完成它们的相关工作,而不是由线程完成。这是因为,线程在进程内可以借助进程的相关资源,很容易实现线程之间的信息交流,不必借助网络通信就可以完成通信,根本不属于分布式系统,开发单机版并行程序并不是本书的出发点。

2.1.2　基于 Java 的多线程架构

在 Java 中,线程是以类的形式体现的,创建线程的常见方法之一即继承 Thread 类。

创建线程的步骤非常简单,可以分为 4 步:

(1) 定义一个线程类,需继承 Thread 类。

(2) 重写 Thread 的 run 方法,该方法是线程主要业务的处理代码。

(3) 在主函数中创建线程类对象。

(4) 调用该类的 start 方法启动线程并让线程执行。

1. 定义线程类并重写 run 方法

示例代码如下：

```java
public class MyThread extends Thread {
    String cs_name;
    public MyThread(String name) {
        cs_name=name;
    }
    //重写此类的业务
    public void run() {
        for(int i=0; i<5; i++) {
            System.out.println(cs_name+"喝了"+i+"杯酒");
        }
    }
}
```

2. 在主函数中创建线程类对象并启动线程

这里只是为了说明方法，所以采用了控制台类型的主函数。在本书的实验中，要求在实现时采用图形界面，可以在"开始工作"这一类按钮的事件中启动线程工作。

示例代码如下：

```java
public static void main(String[] args){
    MyThread t1=new MyThread ("李白");        //创建线程类对象
    MyThread t2=new MyThread ("屈原");
    t1.start();                              //启动线程
    t2.start();
}
```

2.1.3　系统调度

1. 示例运行结果

以上代码示例执行的顺序很可能（请注意这个词，后面会提及）如下：

```
李白喝了 0 杯酒
李白喝了 1 杯酒
李白喝了 2 杯酒
李白喝了 3 杯酒
李白喝了 4 杯酒
屈原喝了 0 杯酒
屈原喝了 1 杯酒
屈原喝了 2 杯酒
屈原喝了 3 杯酒
```

屈原喝了 4 杯酒

可以看到,往往是一个线程先执行完毕,第二个线程才会被执行。这是因为第一个线程在得到调度并获得 CPU 的使用权后,一直"霸占"着 CPU 不肯让出,第二个线程不得不等待第一个线程执行完毕。

这样的结果有时候不太令人满意(至少不公平),因为在有的场景下,用户或许希望多个线程能够大体上齐头并进或者随机执行。为此,需要对 run 方法进行改造,增强运行结果的随机性。

```java
public void run() {
    for(int i=0; i<5; i++) {
        System.out.println(cs_name+"喝了"+i+"杯酒");
        try {
            Thread.yield();           //该方法使得当前线程让出 CPU 使用权
            //Thread.sleep(20);       //该方法让线程睡眠 20ms,也可以让出 CPU 使用权
        }catch(Exception e){
            System.out.println("等待出现异常");
        }
    }
}
```

这时候的执行结果就"和谐"多了,下面只是其中一个运行结果:

李白喝了 0 杯酒
屈原喝了 0 杯酒
屈原喝了 1 杯酒
李白喝了 1 杯酒
李白喝了 2 杯酒
屈原喝了 2 杯酒
屈原喝了 3 杯酒
李白喝了 3 杯酒
李白喝了 4 杯酒
屈原喝了 4 杯酒

2. 关于系统调度的说明

首先,系统调度保证每个线程都将启动,这是确定性事件。

其次,也非常重要,需要大家关注的是:多个线程以某种顺序被创建和启动,这并不意味着其业务也必须按照这个启动顺序被执行,因为系统调度不保证它们的执行顺序,也不保证它们的执行时间。这也是在前面给出运行结果时用了"很可能"这个说法的原因。

但是,有的时候,业务需求确实需要有一些任务被优先处理,怎么办呢? 此时可以通过设置线程的优先级(例如,在 Java 里,线程具有 setPriority 方法)改变线程被"重视"的程度,使得该线程可以得到优先调度和处理。

如果没有外界的强行干预或者线程遇到异常而崩溃,则每个线程都将一直运行,直到

完成。这也是确定性的事件。

当线程的 run 方法执行结束时,该线程即完成任务。如果希望该线程一直保持工作状态,需要在 run 方法中长期循环,甚至死循环。

2.1.4　线程的状态

线程是动态执行的,有一个从产生到死亡的过程,符合图 2-1 所示的状态转换关系。有了上面的例子和说明,反过来看一下线程自身的状态,就应该很容易理解了。

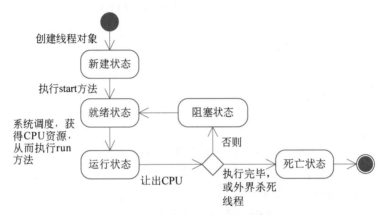

图 2-1　线程的状态转换关系

当程序创建一个线程类的对象后,该线程对象就处于新建状态。

当对线程对象调用了 start 方法后,该线程就进入就绪状态。就绪状态的线程处于就绪调度队列中,要等待 Java 虚拟机的调度。

如果就绪状态的线程获得了 CPU 资源,就可以执行 run 方法包含的业务了,此时线程便处于运行状态。

一个线程因为下面的任何一个原因都将失去占用的 CPU 资源,从运行状态进入阻塞状态(调度系统自动保存线程的运行状态),等待下一次调度。

(1) 自行执行了 sleep、yield 等方法。

(2) 等待获取外界资源(如 I/O 资源)。

(3) 因为调度系统需要调度更高优先级的任务而挂起当前线程的执行。

(4) 执行了其他阻塞本线程的方法,例如第 1 章中服务器端 ServerSocket 的 accept 方法。

一个线程在下一次被调度时,调度系统会恢复该线程的中间状态,使得该线程继续从这个状态往下执行。

一个运行状态的线程完成任务或者被外界强行终止,则该线程进入死亡状态。

2.1.5　通过多线程进行数据的接收

1. 串行模式

本书设计的所有实验都是通过基于 Socket 开发的分布式软件进行模拟的,其中服务器端需要持续不断地接收客户端发来的请求并进行处理,不能随意关闭服务器端的监听 Socket(例如 ServerSocket)。在服务器端接收数据的过程中,最简单的方法是采用串行模式:

(1) 接收端初始化服务端的套接字(ServerSocket)。

(2) 进入监听状态。

(3) 接受客户端建立 Socket 连接的请求(这一步是针对流式 Socket 的,用户数据报类型的 Socket 无此步骤,后面不再赘述)。

(4) 建立连接后,产生一个对应于客户端的 Socket(设为 Ss),通过 Ss 接收一段数据(可以是报文、分组、数据帧等)。

(5) 处理该数据,并将结果通过 Ss 返回给客户端。

(6) 关闭 Ss,转向(1)。

这种模式有很大的缺点:

- 一个用户的请求往往需要等到前面所有用户的请求处理完毕之后才能得到处理,用户体验不好。
- 并行性太差,很容易对后面接收其他数据的处理过程产生影响,这对实时系统[①]来说是不可容忍的。
- 无法实现本书中的很多实验。

因此,需要将编程模式改为基于 Socket 的并行模式。

2. 基于 Socket 的并行模式

很显然,一个服务器不应该在某个时间段内只为一个客户端服务,这样的并行性和用户体验太差。基于 Socket 的并行模式应该是这样工作的:

(1) 一个客户端(这里类比为某业务的一个客户,用 C 表示)进程使用 Socket(用 Sc 表示,可以类比为 C 的手机)向服务器端的服务进程(可以类比为部门经理,用 S 表示)发送一个建立连接的请求。

(2) 服务器端 ServerSocket 所在的主程序(S)会为 C 产生一个 Socket(用 Ss 表示,可以类比为公司的电话分机,而不再是部门经理亲自接听的手机)。

(3) S 产生一个并行的程序(可以类比为一个处理具体业务的工作人员,用 S′ 表示),将 Ss 传给 S′(可以类比为 S 指派 S′ 接听电话,进行具体的业务洽谈)。

(4) S′ 持有 Ss,通过 Sc 展开与 C 的通信,进行后续的具体业务处理。

(5) 主程序 S 立即"脱身",转向(2),即等待其他客户端发来的建立连接的请求,产生新的服务器端的 Socket 和并行程序进行处理。

3. 应用多线程技术

根据上面的模式,本书强烈建议采用多线程技术进行数据的接收和处理,即,每收到

---

① 实时系统是指当外界事件或数据产生时能够接受请求并以足够快的速度予以处理,取得处理的结果后又能在规定的时间内对请求方做出快速响应。即,在实时系统中,执行的正确性不仅依赖于处理结果的正确性,而且依赖于响应时间。

一个客户端建立连接的请求,就启动一个接收处理线程进行处理,然后立即转入等待状态,等待下一个建立连接的请求。

新产生的接收处理线程只需针对一次业务过程执行相关的运算逻辑,运行完毕即可以自行消失。

因此,在描述实验实现的时候,对于多线程接收数据的过程,本书统一为如下模式:

(1) 接收端主函数 S 初始化服务器端的套接字(如 ServerSocket)。

(2) 进入监听状态。

(3) 接受客户端建立套接字连接的请求。

(4) 建立连接后,产生一个对应于客户端的 Socket(用 Ss 表示)。

(5) 产生一个接收处理线程(用 S′表示),将 Ss 传给该线程。

(6) 启动 S′。

(7) 主函数转向(2),由 S′处理具体业务,并将处理结果通过 Ss 返回给客户端。

具体的实现框架如下:

```java
public class conection_listener extends Thread{
    public void run() {
        ServerSocket socket_srv;
        String clt_add;
        try {
            socket_srv=new ServerSocket(8888);
            System.out.println("服务器开始监听");
            while(true) {
                try{
                    Socket clt_socket=socket_srv.accept();
                    clt_add=clt_socket.getRemoteSocketAddress().toString();
                    System.out.println("从"+clt_add+"收到建立连接的请求");
                    data_processor p=new data_processor(clt_socket);
                    p.start();
                }catch (Exception ex) {
                    System.out.println(" connect request exception:"+ex.
                    toString());
                }
            }
        } catch (Exception ex){
            //不做任何事
        }
    }
}
```

基于这种框架,本书后续在阐述服务器端接收数据的相关实现时,都只关注接收数据的线程类的实现,更具体地说,是关于线程类中 run 方法的实现。这样,在后续章节中可以只关注核心业务。

◆ 2.2　同步和互斥及其应用

2.2.1　同步和互斥

不论是进程内的多线程并发执行,还是分布式系统中所有进程各自运行,它们在资源上往往形成共享与合作关系,需要非常小心地处理,避免因为共享而产生错误,甚至死锁。这就涉及同步和互斥两个基本概念。

1. 同步

所谓同步(synchronization),本意是指事情同时发生、同时进行(例如同时进攻、同时吃饭等)。在计算机科学中,在不同的研究方向上,同步有着不同的定义,例如:

- 时间同步。让不同的软件实体具有基本相同的时间,最常用的是网络时间协议(Network Time Protocol,NTP)。
- 音视频同步。让音频和视频更加流畅而不卡顿、不跳播。它并不关心交流双方时间是否相同,而只关心数据流的到达时间差是否相同。如果不相同,就要考虑采用什么方法使得播放数据的时间差基本相同。
- 动作同步。对在同一个系统(包括分布式系统)中发生的各事件(event)进行协调,从而让系统的各个软件实体在时间上表现出一致性与统一性。

……

与本书中的实验有关的是第三个定义。这个定义有些抽象。简单地说,多个任务之间有依赖关系,某个任务的运行依赖于另一个任务,同步就是让软件实体在满足一定条件时执行下一步操作。下面举一个实际的例子。

在云计算中有一个著名的计算模型——Map-Reduce 计算模型,这个模型把计算分为两个阶段,分别是 Map 阶段和 Reduce 阶段。计算过程如下。

(1)云计算模型的控制器(相当于总管)把一个巨大的用户数据拆分成若干份,分发给不同的主机节点进行计算。每一个主机节点开始自己的 Map 计算阶段,计算的结果肯定只是中间结果(因为只计算了一部分数据)。

(2)Map 阶段和 Reduce 阶段之间有一个交叉的过程,即各个主机节点互相交流各自的中间结果。

(3)各个主机节点对中间结果进行汇集。只有汇集完毕,各主机节点才能开始自己的 Reduce 计算阶段,即进行本节点最后的计算(在这个阶段,各主机节点有不同的计算主题,每个主机节点只对自己的主题进行计算)。

(4)云计算模型的控制器收集每一个主机节点的最终计算结果,得到最终结果并将其返回给用户。

这个过程中经历了两次同步的过程:一是所有主机节点在 Reduce 阶段开始前等待中间结果汇集完毕,才能开始 Reduce 阶段的计算;二是云计算模型的控制器在收集到所有主机节点的最终计算结果后,才能返回计算结果给用户。

2. 互斥

所谓互斥指的是：对于某个系统资源（例如打印机），如果一个软件实体正在使用它，则另一个希望使用它的软件实体就必须等待，而不能同时使用。

通常把一段时间内只允许一个软件实体使用的资源称为临界资源。对临界资源的访问必须实现互斥性。

举一个简单的例子：部门 A 希望从公司支取一部分资金进行采购，正在支取的过程中，部门 B 恰巧查看剩余资金，此时查看到的资金是支取前的金额。等 A 支取完毕，剩余的资金已经与 B 查看到的不符了。

对于互斥问题，一个常用的方法是上锁。对于上例，当 A 支取的时候，可以对账户进行上锁操作。B 查看时，发现账户已经上锁，不得不等待。等到 A 支取完毕，对账户解锁后，B 才能对账户进行查看，得到正确的剩余资金。

上锁的机制有很多，有兴趣的读者可以自行学习。

3. 结论

在程序实体并发执行时，软件实体之间可能需要协调工作，即需要同步。软件实体之间也可能同时需要访问某个资源，此时对资源访问则要实现互斥。有的时候，为了实现同步，需要借助互斥技术。

不要求读者仅仅通过本书就能够获得大型软件（包括分布式软件、多线程并发软件）逻辑错误和死锁问题的发现与解决能力，但是希望读者通过学习和实验，能够知道存在这一类问题，对这种软件的设计开发更加留意和警觉，通过互斥和同步技术，尽量避免在这种问题上落入陷阱。

下面举例介绍多实体并发执行时可能产生的逻辑错误和死锁问题。

2.2.2　逻辑错误

本节讨论一个因为设计不合理而产生逻辑错误的例子。

首先定义一个公司账户类，设它是一个需要共享的数据。

```
public class corp_account {
    int capital=100;                        //公司资金
    public void draw(String na, int needed){ //支取资金
        int li_ori;
        long millis=0;
        li_ori=capital;
        if(Math.random()>0.5) {              //增加被调度的随机性,否则不容易观察
            millis=100;
            try {
                Thread.sleep(millis);
            }catch(Exception e){
            }
```

```
        }
        capital=capital-needed;
        System.out.println("公司原有"+li_ori+","+na+"支取了"+needed+",
            现有"+capital);
    }
}
```

其次,定义一个支取的线程(以后完全可以扩展为子公司的实际支取业务)。

```
public class MyThread extends Thread {
    corp_account ca_acc;
    String cs_name;
    public MyThread(corp_account c,String n) {
        ca_acc=c;
        cs_name=n;
    }
    public void run() {
        ca_acc.draw(cs_name, 40);
    }
}
```

最后,定义一个主类。

```
public class main_1 {
    public static void main(String[] args){
        corp_account c=new corp_account();
        MyThread t1=new MyThread (c,"李白");      //创建线程类对象
        MyThread t2=new MyThread (c,"屈原");
        t1.start();                              //启动线程
        t2.start();
    }
}
```

运行程序后,会发现有以下几种可能性。
结果 1:

公司原有 100,屈原支取了 40,现有 60
公司原有 100,李白支取了 40,现有 20

结果 2:

公司原有 100,李白支取了 40,现有 60
公司原有 100,屈原支取了 40,现有 20

结果 3:

公司原有 100,屈原支取了 40,现有 60
公司原有 60,李白支取了 40,现有 20

读者可以发现,只有结果 3 是逻辑上正确的结果,而结果 1 和 2 在逻辑上是错误的。这个例子表明,由于线程的调度运行是不受人的控制的,所以开发多线程的时候,稍不留意,结果就会偏离预定的方向。

为了保证运行的正确性,应该对程序加以完善,避免这种错误。避免的方法是通过上锁实现互斥性的资源访问,让可能产生错误的代码在任何一个时间点都只能有一个调用者。

Java 语言提供了一种内置式的、非常简单的互斥解决方案,即用 sychronized 关键字限定那些需要访问临界资源的方法或代码块。于是在 Java 中上锁也就显得非常简单了,给相关的方法增加关键字 synchronized(使之成为一个被同步的方法)即可,能够保证被限定的这个方法的访问唯一性。

例如,在上例中,仅仅把 corp_account 的支取方法改为下面的定义形式,即可得到正确的结果:

```
public synchronized void draw(String na, int needed)
```

一旦被上锁的方法执行完毕,则锁将自动解除,其他线程可以继续上锁执行自己的业务(在此之前,这些线程将被系统挂起并等待排在前面的线程执行完毕)。

实际上同步和互斥并不是同一个概念,传统 Java 的这种方法,容易让人误以为同步和互斥是同一件事。当然,如果把互斥看作同步的一种情况也未尝不可。

从 Java SE 5.0 起,提供了专门的信号量机制,该机制同互斥的相关理论更加贴切。有兴趣的读者可以自行了解和尝试。

2.2.3　死锁

多线程的死锁是指当两个或多个线程因为某些原因(特别是相互等待临界资源时)而彼此无限期等待,导致它们都不能继续工作的一种状态。

这里假设工人 A 和 B 需要两个工具 Tx 和 Ty 才能开始干活,如果在某个时刻,A 领取了 Tx,而 B 领取了 Ty,都在等对方归还工具,如图 2-2 所示,结果就是谁也不归还工具,同时谁也不能干活。这就是最简单的死锁问题。

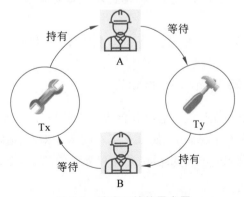

图 2-2　造成死锁的需求圈

　　死锁是一个非常麻烦、涉及全局的问题,上面提到的问题只是一个最简单的问题,实际上造成死锁的需求圈可能很大、很复杂,本书不作深入讨论。

　　对于这种问题,需要细致的分析,如果发现有类似的情况,也可以借助上锁解决。例如,在 Java 中,把领取工具(领取 Tx 和 Ty)作为一个方法,使用 synchronized 关键字对之进行限定,使得在任意时刻都只能有一个工人可以进入该方法领取工具(但是一次性领取两个);另一个工人即便后续进入该方法也不能领取到工具,只有等待,直到第一个工人使用完毕并归还工具后才能够领取工具并开工。

◆ 2.3　关于 P2P 模式

　　人们平常使用的网络服务很多都是客户/服务器(Client/Server,C/S)模式的,例如浏览网页、发送接收邮件、使用 FTP 传输文件等。在这种模式下,客户和服务器的角色明确,两类进程之间是服务和被服务的关系。

　　但是,分布式系统还有另一种服务模式,即 P2P(Peer-to-Peer,对等)模式。在这种模式下,两个进程在通信的过程中不再区分哪一个是服务请求方,哪一个是服务提供方。

　　举一个简单的例子,腾讯 QQ 这个网络应用的用户很多,如果每一对用户之间的通信都通过服务器中转,那么服务器的负载将会非常严重。因此 QQ 用户在进行在线聊天时,用户之间完全可以直接通信,而把服务器"晾"在一边。而 QQ 用户之间是没有服务与被服务的关系的。

　　在这种模式下,服务器是不是无用武之地了? 不是,服务器仍然起着非常关键的管理、监督甚至监听的作用。例如登录验证、检查用户在线状态等,当信息的接收端不在线时,信息会通过服务器暂存和中转,这些都使用到了上面提到的客户/服务器模式。

　　那么,这种模式如何实现呢? 其实也不难,这种模式也是使用 Socket 技术实现的,它从本质上看仍然是采用客户/服务器模式的,只不过对等模式双方的每一个进程既是客户端又是服务器端。即,每一个进程都启动服务器端 Socket(接收对方的请求,例如 Java 的 ServerSocket),又使用客户端 Socket(向对方发起请求)而已。

　　本书中的实验有时候也需要采用这种模式才能够满足要求。

◆ 2.4　其 他 说 明

2.4.1　关于线程访问界面控件的问题

　　目前,不少编程语言不允许线程直接访问界面上的控件,必须采用一定的方法才能够实现这种访问。例如,在 C♯编程中,如果希望在线程中对界面上的某个控件进行操纵,需要用如下方式实现(设 clb_info_display 是窗口界面中的 ListBox 控件):

```
void ShowMsg(String msg) {
    if(clb_info_display.InvokeRequired) {
        //当 InvokeRequired 属性值为真时,说明有线程想访问它
```

```
Action<string>actionDelegate=delegate(string txt){
    if(clb_info_display.Items.Count>20) {      //控制长度
        clb_info_display.Items.RemoveAt(0);
    }
    clb_info_display.Items.Add(msg);
};
clb_info_display.Invoke(actionDelegate, msg);
} else {
    if(clb_info_display.Items.Count>20){
        clb_info_display.Items.RemoveAt(0);
    }
    clb_info_display.Items.Add(msg);
}
}
```

2.4.2　关于鲁棒性

鲁棒是 robust 的音译,是健壮、强壮的意思。鲁棒指存在异常和危险的情况下系统生存的能力。例如,软件在输入错误、I/O 故障、网络过载或遭受攻击的情况下能否不崩溃并继续提供服务,这就是软件的鲁棒性。

多线程机制有很多优势,但是多线程的代码稍不注意就容易对系统的鲁棒性造成危害,从而给用户带来不好的体验。

这需要开发者多考虑可能出错的情况并加以控制。这是对一个程序员思路缜密性的考验,一个有经验的程序员可以考虑到程序面临的各种不正常情况、不确定因素,并加以约束。举一些简单的例子:如果收到的报文不是规则允许的报文,就应该把它屏蔽;对于一个数作为除数,不管如何,应先判断它是否为 0;从数据库中获取数据,应该先判断是否为 null;等等。进一步,为了增强系统的错误可追踪性,应该对它进行日志记录。

另外,有一个很实用的小技巧,那就是通过一些现成的技术对异常产生的危害范围加以限定。例如,多添加捕获异常的语句(try-catch)对危险代码进行包含(当然,为了方便发现问题,在捕获异常后需要将异常记录到日志中),这样可以跳过异常,重新开始。

2.4.3　关于用例标识

本书采用 UML 的用例图描述用户的需求,这里简要说明本书采用的用例标识方法。

用例图中的每一个用例都应该有一个用例标识,该标识可以在同一个系统中唯一地确定该用例。在本书中采用层次化的标识命名法,可以较好地满足标识的唯一性要求,并且有较好的独立性和扩展性。

举例来说,如图 2-3 所示,灰色用例的用例标识为 UC010203,其中,UC 表示用例(Use Case),01 表示这是本系统的第 1 个用例图,02 表示该用例图中的第 2 列,03 表示该列的第 3 个用例。

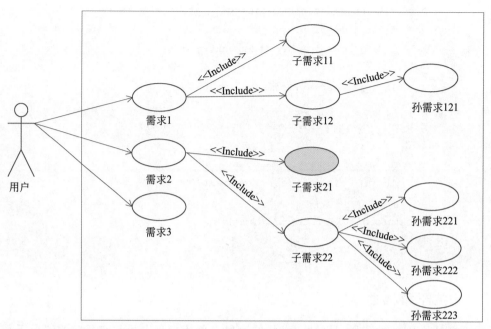

图 2-3　用例标识说明图

2.4.4　关于端口

在本书的一些网络实验的分析、设计过程中,会涉及 Socket 的端口(port),还可能会涉及一些物理设备的接口(interface,有时也称为端口)。为了让读者更加容易区分这两个概念,本书规定如下:

- 端口特指 Socket 的端口。
- 接口特指物理设备的接口。

2.4.5　关于实验中涉及的实体

实体表示任何一个可以进行一定逻辑操作的硬件或软件模块。

实体是可以嵌套的。本书中各个实验都要求主体程序以进程的形式实现,每个进程都是一个可以进行通信的、独立的、完整的实体。而这个实体又可以由很多内部的实体组成,每个实体完成不同的功能,紧密配合,共同完成进程通信和数据处理的任务。

在本书的实验中涉及很多的实体,其中大多数实体可以在实际的网络技术体系中找到与之对应的硬件或软件模块。但是为了完成模拟实验,有些实体是"虚构"的。例如,信道不是一个能够控制的实体。增加信道这个实体,只是为了让实验的过程能够被模拟出来。对这一点大家要注意。

2.4.6　关于本书的出发点

本书的出发点在于引导、启发读者自己展开思考,并在此基础上进行分析和设计,因此,本书的关注点并不是实验的全部实现。

关于本书的内容,有以下几点说明:

(1) 本书的所有实验都只考虑核心内容和算法。

(2) 实验分析、设计、实现等只是一种可行的思路。读者可以根据自己的思考进一步完善,更上一层楼。

(3) 关于界面,本书只给出相关设计的构思,并不代表必须实现或者只能包含这些控件。读者完全可以根据自己的创意进一步丰富界面,实现更加友好的界面,提升用户体验。

(4) 为了增强读者对软件工程的认识,本书对每一个实验都基本完成了从分析、设计到实现的开发过程,并在这个过程中采用了当前主流的专业工具——统一建模语言 (Unified Modeling Language,UML)。希望读者熟悉并利用这种工具进行软件分析和设计,增强自身的软件工程能力。

(5) 教师不必要求学生把所有的实验都加以实现,可以允许学生根据兴趣或其他要求有选择地完成一部分实验即可,不求多而求精。

UML 简介

UML 是软件工程中系统建模的一个常用工具。本章对 UML 进行简要介绍,希望读者通过本章了解该工具,在系统开发时能够利用该工具(或其他建模工具),建立初步的软件工程的思想。

◆ 3.1 UML 概述

模型是系统的蓝图,可以帮助开发人员规划要建立的系统,保证用户的要求得到满足。对于一个软件系统,模型就是开发人员为系统设计的一组视图。

UML 是在面向对象的系统开发中进行说明、可视化和文档编制的一种标准语言,是现在流行的建模和规约语言,并且 UML 独立于任何具体的程序设计语言。UML 具有广泛的建模能力,不仅可以用于软件建模,而且可以用于其他领域的建模。

UML 可以建立需求模型、逻辑模型、设计模型和实现模型等,从不同角度描述人们观察到的软件视图。它采用一组图形符号描述软件模型,具有简单、直观和规范的特点。

概括地说,UML 主要有以下 3 个作用:

(1) 为软件系统建立可视化模型。在 UML 的可视化模型中,视图不仅可以描述用户需要的功能,还可以描述如何实现这些功能,这使得系统更加直观、易于理解,有利于系统分析人员和系统用户之间以及系统分析人员和系统设计、开发人员之间的交流,也有利于后期系统的维护。

(2) 为软件系统建立架构。UML 不是面向对象的程序设计语言,但它的模型可以直接映射到各种各样的程序设计语言。例如,它可以使用代码生成器工具将 UML 模型转换为多种程序设计语言(如 C++、Java 等)的代码,也可以使用反向生成器工具将程序源代码转换为 UML 模型。

(3) 为软件系统建立文档。UML 可以为系统的体系结构及其所有细节建立文档,不同的 UML 模型图可以作为项目不同阶段的软件开发文档。

UML 中的图主要包括用例图、时序图、类图、活动图、部署图(也称配置图)、状态图、协作图、构件图(也称组件图)等。本章将对本书中使用的部分 UML 图进行简要的介绍。

◈ 3.2　用　例　图

3.2.1　用例图概述

用例图(use case diagram)是描述用户与系统功能之间以及各系统功能之间关系的最简表示形式,是进行系统需求分析的一个结果。

用例图的主要作用有以下 3 个:

(1) 提纲挈领地让相关人员(包括系统用户、系统分析人员、系统设计人员和系统开发人员等)了解系统的概况,最主要的是系统能提供的功能。

(2) 展现了用户和(与其相关的)用例(系统功能)之间的关系,从而说明是谁要使用该系统,以及他们使用该系统可以做些什么。因此,用例图是项目参与者间交流的良好工具。

(3) 展现了各用例(系统功能)之间的关系,从而说明系统功能之间是如何关联的,这为系统设计人员和系统开发人员理解系统内部功能提供了便利。

用例图见图 3-1。

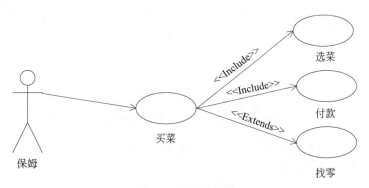

图 3-1　用例图示例

- 角色(actor),也称参与者,是与应用程序或系统进行交互的用户、组织或外部系统,用一个人形符号表示。这里要说明,用户不一定是真实的人。
- 用例(use case)是外部可见的系统功能,用来对系统提供的服务进行描述。用例用椭圆表示。

角色和用例之间的连线表示角色与用例之间存在着使用的可能性,可以有箭头,也可以没有。如果有箭头,则表示了谁是主动方。如果不想表示主动/被动关系,则可以不画出箭头。

用例图经常和表格形式的用例描述配合使用。买菜这个用例的用例描述如表 3-1所示。

这里要说明的是,用例一般不用颜色进行填充。在本书中,为了便于用户阅读,对于有用例描述的图形填充了灰色。

表 3-1　用例描述示例

名称	买菜
标识	UC0101
描述	带上手机,乘车去市场,根据采购意愿进行选菜,付款后乘车回家
前提	手机中有钱,家里缺菜,心里有采购意愿
结果	买到菜,或者因故中途返回
注意	往返可能有多种途径

3.2.2　用例图中描述的关系

用例图中描述的关系主要有泛化、包含和扩展。

1. 泛化

泛化(inheritance)就是通常理解的继承关系,子用例和父用例相似,但表现出更为特别的行为。子用例将继承父用例的所有结构、行为和关系。对于父用例的行为,子用例可以直接使用它,也可以重载它。泛化关系示例如图 3-2 所示。

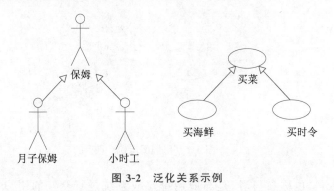

图 3-2　泛化关系示例

2. 包含

包含(include)关系用来描述一个较为复杂的用例(基础用例),将该用例所表示的功能分解成较小的子功能(子用例)。这种情况类似于将程序的某一段代码封装成一个函数,然后再从主程序中调用该函数。

例如图 3-3,买菜必然涉及去市场、选购以及付款等子功能,如果都要在一个用例中详细描述,就会过于复杂而且容易丢失细节。这时可以用包含关系将复杂用例加以细化,能够帮助相关人员较好地理清主要业务。

用例之间的包含关系用箭线表示,箭线由基础用例出发,延伸至子用例,线上写明<<Include>>或者<<包含>>。

3. 扩展

扩展(extend)关系指对用例功能的延伸,相当于为基础用例提供一个附加的功能。扩展的用例是一段可选的动作,与基础用例相互独立,从而使基础用例行为更简练,目标更清晰。

扩展关系示例如图 3-4 所示。可以看到,买菜可能会涉及提钱、开发票、复称等动作。

用例之间的扩展关系用箭线表示,箭线由基础用例出发,延伸至扩展用例,线上写明<<Extends>>或者<<扩展>>。

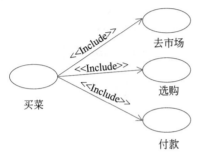

图 3-3　包含关系示例

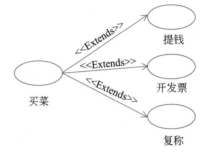

图 3-4　扩展关系示例

◈ 3.3　时　序　图

时序图(sequence diagram)又称顺序图,是用来显示角色和对象如何以一定顺序的步骤与系统其他对象交互的模型,即时序图可以用来展示角色与对象之间以及各对象之间是如何进行交互的。时序图通过描述对象之间发送消息的时间顺序,从而显示多个对象之间的动态协作。

时序图的示例如图 3-5 所示,下面参照该图进行讲解(图 3-5 中的灰色方块为插入的解释,不是时序图的一部分)。

时序图包括如下元素:

(1) 角色。可以是人或者其他系统、子系统,以一个人形符号表示。

(2) 对象(object)。代表交互过程中的实体,位于时序图顶部,以一个矩形表示。

(3) 生命线(lifeline)。代表时序图中的角色和对象在一段时期内的存在,每个角色和对象都有生命线,用一条垂直的虚线表示,实际上可以理解为纵坐标,以显示时间。

(4) 激活(activation)。代表时序图中的角色和对象执行一项操作的活跃时期。

(5) 消息(message)。用来定义交互和协作过程中交换的信息,它在实体间传递。

时序图中的消息可以是信号、操作调用或远程过程调用(Remote Procedure Call, RPC),允许实体请求其他的服务。消息可以用消息名及参数标识,必要情况下还可带有条件表达式(如图 3-5 中的"[天气下雨]")。

消息分为 3 种类型:

(1) 同步消息(synchronous message)。消息的发送端把控制传递给消息的接收端,

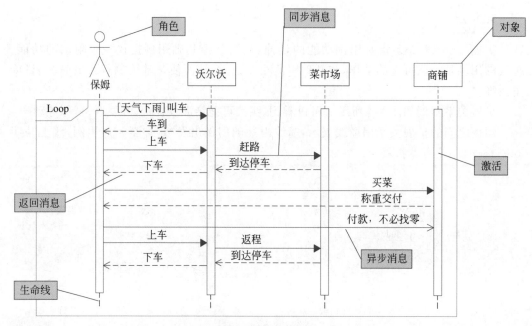

图 3-5　时序图示例

然后停止其他活动,等待接收端返回消息或者控制后再往下执行。同步消息以实线+实心箭头表示。

(2) 异步消息(asynchronous message)。消息的发送端把信号传递给消息的接收端,然后继续自己的活动,不等待接收端返回消息或者控制,即接收端和发送端是并发工作的。异常消息以实线+大于号形箭头表示。

(3) 返回消息(return message)。表示从过程调用返回。返回消息以小于号形箭头+虚线表示。

图 3-5 还给出了一个循环(Loop),表示保姆每天去买菜。

3.4　类　　图

类图是一种静态模型,用于描述系统中的类以及各个类之间的关系。

类图能够让系统开发人员在正确编写代码以前对系统有全面的认识。它不但是系统设计人员关注的核心,而且是系统实现人员关注的核心。

类图示例如图 3-6 所示。下面参照图 3-6 进行讲解。

在类图的每个表示类的框中,上面一格的内容是类名,中间一格的内容是该类拥有的属性(field),下面一格列出该类拥有的方法(method)。类名是不能省略的,其他两部分可以省略。

在属性和方法前面有一些可见性修饰符:

● +表示 public。

● −表示 private。

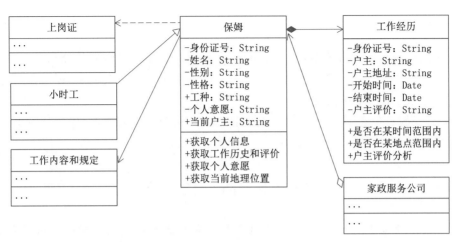

图 3-6　类图示例

- ♯ 表示 protected(friendly 也归入这类)。

类之间可以存在一定的关系,常见的有以下几种关系。

1. 继承

继承表示一个类(称为子类)继承另一个类(称为父类)的功能,并可以增加它自己的新功能。继承关系使用空心箭头表示。

例如,小时工继承了保姆的相关功能。

2. 依赖

对于两个相互独立的类,当一个类负责构造另一个类的实例,或者一个类依赖于另一个类的服务时,这两个类之间体现为依赖关系。依赖关系用虚线箭头表示。

例如,保姆的工作/角色依赖于上岗证。只有系统为一个人颁发了上岗证,这个人才可以成为一个合法的保姆。

3. 关联

对于两个相互独立的类,当一个类的实例与另一个类的实例存在固定的对应关系时,这两个类之间为关联关系。关联关系用实线箭头表示。

例如,保姆与工作内容和规定有关联关系。

4. 聚合

聚合表示一种弱的拥有关系,即 has-a 的关系,体现的是 A 类可以包含 B 类,但 B 类不是 A 类的一部分。两个类具有各自的生命周期。聚合关系用空心菱形＋实线箭头表示。

例如,现在的保姆大部分只是挂靠在一家保姆公司(甚至挂靠在多家保姆公司),并不属于任何一家保姆公司的固有资产。

5. 组合

组合是一种强的拥有关系,即 contains-a 的关系,体现了严格的部分和整体的关系,部分和整体的生命周期一样。组合关系用实心的菱形＋实线箭头表示,还可以通过连线两端的数字表示两端各有几个实例。

例如,保姆类包含了工作经历类,两者具有基本相同的生命周期(保姆持有上岗证后才能应聘为保姆,开始拥有工作经历)。

◇ 3.5 活 动 图

活动图在本质上是一种流程图,是 UML 中对系统动态进行建模的一种主要形式。活动图可以用来对业务过程、工作流程建模,也可以对用例实现和程序实现进行建模。本书主要使用活动图对程序实现加以描述。

活动图示例如图 3-7 所示。下面参照图 3-7 进行讲解。

1. 初始状态和终止状态

初始状态代表工作流程的开始,用实心圆表示。一个活动图只能有一个初始状态。

终止状态代表工作流程的结束,用圆圈内加实心圆表示。一个活动图可能有多个终止状态。

2. 活动和转换

活动用来表示一个动作,是完成某个系统功能所必须发生的某个动作,所有的活动组成了完成这个系统功能的完整任务。活动用圆角矩形表示。

转换用带箭头的直线表示,在两个活动之间存在,表明两个活动的前后顺序。一旦前一个活动(箭线出发点)结束,马上转到下一个活动(箭线终点)。

3. 分支

分支用菱形表示,它有一个进入转换(箭头指向菱形),有两个或多个离开转换(箭头从菱形指向外部)。而每个离开转换都需要一个监护条件,用来表示满足指定条件的时候执行该转换。例如,图 3-7 下部有一个分支,有两个监护条件及其下一步动作,买齐就回家,否则(Else)继续选购。

4. 分叉和汇合

分叉用于将动作流分为两个或者多个并发运行的控制流。分叉用加粗的线段表示,每个分叉可以有一个输入转换(箭头指向粗线段)和两个或多个输出转换(箭头从粗线段指向外部)。每个转换都可以是独立的控制流。

例如,保姆可以一边问菜的价格,一边看其他菜,两个是并行独立的。

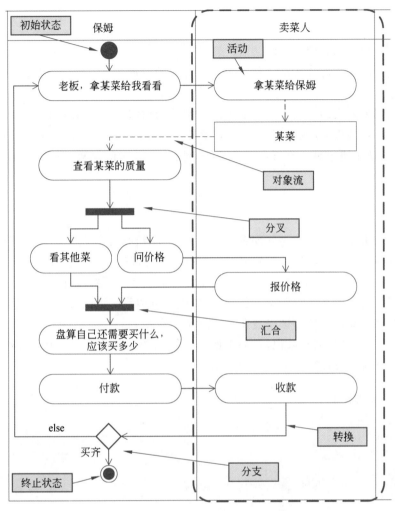

图 3-7　活动图示例

本书的很多实验都需要多线程并发操作,分叉可以很方便地描述并发运行的多个线程。

汇合用于同步并发运行的控制流,以达到共同完成一项事务的目的。只有当所有的控制流都达到汇合点后,控制流才能继续往下进行。汇合也使用加粗的线段表示,每个汇合可以有两个或多个输入转换和一个输出转换。汇合和分叉常常成对使用,汇合表示从对应分叉开始的并行控制流的结束。

5. 泳道

泳道明确地表示哪些活动是由哪些对象进行/负责的。在活动图中,每个活动只能属于一条泳道。例如,图 3-7 中包含两条泳道,分别是保姆泳道和卖菜人泳道,其中用圆角虚线矩形圈住的是卖菜人泳道。

6. 对象和对象流

对象用矩形表示,例如图 3-7 中的"某菜"。

对象流是动作状态或者活动状态与对象之间的依赖关系,表示动作使用对象或者动作影响对象。

对象流用带箭头的虚线表示。如果箭头是从动作状态出发指向对象,则表示动作对对象施加了一定的影响(例如图 3-7 中的"拿某菜给保姆")。如果箭头从对象指向动作状态,则表示该动作使用对象流所指向的对象(例如图 3-7 中的保姆"查看某菜的质量")。

◆ 3.6 部　署　图

部署图用来建立系统的物理部署模型,它表示一组物理节点的集合及节点之间的相互关系。部署图展示了硬件的配置以及如何将软硬件部署到网络拓扑中,例如,有哪些计算机和设备,它们之间是如何连接的,每一个设备上部署了哪些软件实体。

部署图的使用者是系统开发人员、系统集成人员和系统测试人员。通过部署图,系统的相关人员可以知道软件应该安装在具体的哪个硬件上。

例如,对于大多数网站来说,最简单的部署图如图 3-8 所示。其中,三维方块表示的节点是在运行时代表计算机资源的物理元素。

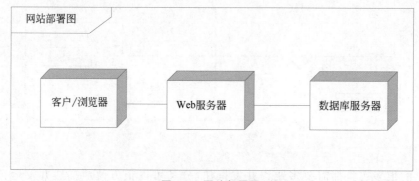

图 3-8　网站部署图

第2部分 网络基础技术模拟实验

学习了计算机网络课程后就会知道,网络有很多种,人们平时接触的互联网只是其中一种,而这种网络可以覆盖全世界。但是,互联网是一种虚拟的网络,所谓虚拟的网络,就如同给全世界各个地方设置了地区名+门牌号一样,要到达目的地,还是要靠经纬度给出的物理位置。互联网要依靠物理网络(例如以太网、无线局域网、SDH 等)的功能,这些物理网络承担了具体的数据传送任务。

物理网络的具体工作方式及其协议就不是互联网的 TCP/IP 协议族所规定的了,它们有各自的工作机制,也有各自的协议,而且基本工作在网络体系结构的第一层和第二层上(TCP/IP 协议族没有第一层和第二层)。

物理网络直接面对网络传输介质上的信号,需要解决信号传播带来的问题和困扰,以更加快速的技术可靠地传播信号,在此基础上,通过或简单高效或完善复杂的协议完成传输数据的任务。

本部分主要关注现代计算机网络(特别是物理网络)面临的一些问题、采用的应对方案、执行的工作机制等一系列网络基础技术知识,通过相关的实验模拟这些问题、方案和工作原理。

这些实验包含了当下的一些经典网络技术,覆盖了从物理层到数据链路层的范畴以及从有线到无线的传输方式。通过本部分的模拟实验,可以让学生加深对计算机网络相关知识和关键技术的理解和认识。

第4章

3 种交换方式的模拟实验

计算机网络课程中介绍的 3 种交换方式分别是电路交换方式、报文交换方式和分组交换方式,分别使用在不同的通信业务中。本章先回顾这 3 种交换方式,然后给出这 3 种交换方式的模拟实验。

◆ 4.1 概   述

1. 电路交换方式

以电路连接为目的的交换方式是电路交换方式。传统的电话网采用了该交换方式。

电路交换方式在时间轴上的表现如图 4-1(a)所示,该交换方式需要经历 3 个阶段:建立连接、传输数据和释放连接。以电话网为例,电路交换方式在实际应用中体现为:打电话时,首先需要摘下话筒进行拨号,局端的电话交换机就知道了呼叫方想要和谁通话,并为双方建立电路连接,等一方挂机后,电话交换机就把双方的电路断开。

以上交换完整的过程需要 7 号信令的支持,并且在双方通话的过程中,电路资源是不会变化的,也不受其他用户影响。

2. 报文交换方式

报文交换方式是指以报文为单位进行存储转发的交换方式。发送端发出的报文由最靠近发送端的一个报文交换机接收并存储(在报文交换机的缓存中排队)。等到合适的时间,报文交换机可以处理该报文的时候,抽取报文首部的信息,包括最重要的接收端地址,根据该地址查找合适的下一跳(报文交换机或目的端),并把报文转发出去。后续的报文交换机做同样的存储—查找—转发工作,直至报文到达最终的接收端。

报文交换方式在时间轴上的表现如图 4-1(b)所示。该交换方式不需要事先进行连接的建立,但是从图 4-1(b)中也可以看到,数据的整个发送过程时延较长。

在图 4-1 中,A 为发送端,B、C 为交换机,D 为接收端。

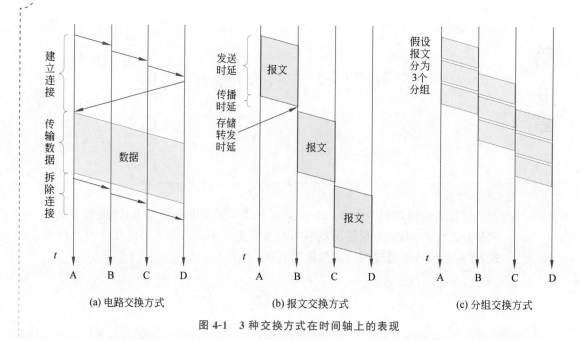

图 4-1   3 种交换方式在时间轴上的表现

传统的电报业务就采用了该交换方式。目前采用该交换方式的网络已经很少了。

3. 分组交换方式

分组交换方式和报文交换方式的工作原理大致相同,也采用了存储转发的机制,但是在发送前,发送端首先需要将用户传送的数据划分成一定的长度,形成若干数据段,加上首部,形成多个独立的部分,每一部分称为一个分组,然后再发送给最靠近自己的分组交换机。此后每一个分组相互独立,独自被网络处理(它们经过的路径都有可能不相同)。

分组交换机同样采用存储—查找—转发的工作过程,以接力的方式把所有分组分别发送到最终的接收端,接收端再对分组的数据进行合并,形成最终的数据。这种交换方式是现代计算机网络工作的基本原理。

分组交换方式在时间轴上的表现如图 4-1(c)所示。可以看到,其理论上的传输时延比报文交换方式要短很多。

◈ 4.2   实 验 描 述

1. 实验目标

本实验要求学生掌握利用 Socket 进行编程的能力,并可以使用 Socket 编程模拟 3 种交换方式的工作原理,以增强对 3 种交换方式的理解。

2. 实验拓扑

本实验采用的网络拓扑结构如图 4-2 所示(其中的各个设备都以进程代替,数据链路则通过 Socket 模拟)。其中,A 为发送端,B、C 为交换机,D 为接收端。

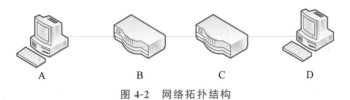

图 4-2　网络拓扑结构

3. 实验内容和要求

实验内容和要求如下:

(1) 创建 4 个进程。

- 两个进程代表主机(A 和 D),分别承担发送端和接收端的角色,A 选择一个文件进行发送,D 接收这个文件并进行保存。
- 两个进程代表交换机(B 和 C,可以根据具体的交换技术分别充当电话交换机、报文交换机、分组交换机),由一个程序实现,完成从发送端到接收端的数据中继传送。

(2) 发送内容。

- 发送内容要足够大(例如 1～10MB,可以事先选择一个文件)。
- 从 0 开始编号,以此作为报文/分组的标识,直到 255。序号循环使用(即如果超出 255,则从 0 重新开始)。
- 报文或者分组需要有自己的首部,首部应该包括数据的大小,报文/分组的标识等信息,甚至可以包含学生的学号。
- 对于分组交换方式,不同的分组如果拥有同一个标识,表示它们的数据来自同一个文件,以此在接收端进行该文件的重组。

(3) 模拟具体的发送过程。

- 假定各个设备都已经知道数据的接收端,即不需要进行查表就可以知道发送端向/接口和下一跳。
- 对于电路交换,要能够体现出连接建立和拆除的过程(建立连接,发送数据,释放连接,通过 Socket 体现),并且在收到数据后不进行缓存,而是立即发送。最好做到下面的要求:对于每一个连接,如果不释放该连接,模拟该连接的 Socket 连接就不要释放。
- 对于报文交换和分组交换,需要体现出存储—查表(可以简化为直接显示下一跳的动作)—转发的过程。在这个过程中,Socket 连接是否释放可以根据自己的设计进行管理。
- 对于分组交换,分组数据部分的大小可以通过界面让用户选择(1024B、2048B、5120B 等),程序根据分组数据的大小将数据拆分成数据段,加上分组首部,形成分组。在进程 D 处进行分组的解析,并依照分组标识和数据段在文件中的位置进行数据的合并,应能体现分组乱序到达的特点。

(4) 显示。

- 各个进程应采用用户图形界面,要体现出处理的过程。
- 统计整个过程的时延。

◆ 4.3 实验分析和设计

下面以分组交换方式为例,首先进行分析和设计,然后给出实现的部分描述。

4.3.1 用例分析

1. 发送端(A)用例分析

发送端的主要工作体现为两个:一是选取并读取文件;二是拆分数据,形成分组,并将各分组发送给交换机 B。发送端进程的用例图如图 4-3 所示。

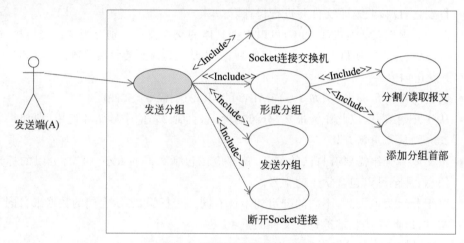

图 4-3 发送端进程的用例图

对于发送端(A),以发送分组为例,其用例描述如表 4-1 所示。

表 4-1 发送分组用例描述

名称	分组交换模拟实验之发送分组
标识	UC0101
描述	1. 程序读取用户指定的文件。 2. 根据分组数据部分的长度要求,按顺序读取文件块。 3. 对每一个文件块形成一个独立的分组。 4. 与交换机建立 Socket 连接。 5. 利用 Socket 连接将分组发送出去。 6. 断开 Socket 连接。 7. 反复执行上面的操作,直到把整个文件都发送出去
前提	知道分组交换机的地址(IP 地址和端口号),并且接收到用户的数据

结果	分组发送成功或者失败
注意	分组首部应该包含整个报文大小的信息,以方便接收端根据报文的大小预留缓冲区,并且依据分组顺序把分组数据重新组成报文

由于本实验是模拟实验,所以在进行数据传送的时候,实际连接交换机的操作是使用 Socket 进行模拟的。如果和本书一样采用流模式的 Socket,就会有建立 Socket 连接的过程,与分组交换方式相比,这看上去似乎是多余的。但实际上,真正的主机向交换机发送数据时,在物理层上也需要有握手/同步信号的交互过程。这里可以把建立 Socket 连接的过程考虑成握手的过程。当然,如果采用用户数据类型的 Socket,则不用建立连接。下面考虑采用流模式的 Socket 通信。

针对分组交换,这种连接可以根据不同的设计有不同的实现方法:

(1) 整个过程只连接交换机一次,后面的分组全部通过该 Socket 连接进行发送。

(2) 针对每一次的分组发送,都建立一次 Socket 连接。即,对于一个报文被拆成 n 个分组的情况,使用 Socket 连接交换机 n 次,每次只发送一个分组。

本书在发送端选择了第二种方式,更接近实际情况。

2. 分组交换机用例分析

真实的分组处理过程包括以下步骤:

(1) 从缓存中抓取第一个分组。

(2) 获取并分析分组的首部。

(3) 找出首部中的目的地址。

(4) 从交换表中查出分组的发送端向/接口。

(5) 从指定的发送端向/接口发送分组。

但是,因为这里是软件模拟,不必完成全部的工作,只需要处理步骤(1)和(5)即可。

模拟分组交换机(B 或 C),需要处理的第一个工作就是对收到的分组进行缓存。如前所述,强烈建议采用多线程技术进行分组的接收和处理。

分组交换机的第二个工作是处理分组并继续向目的主机方向转发。在此强烈建议采用另一个独立的线程处理分组。

分组交换机进程的用例图如图 4-4 所示。

缓存队列的实现方法有很多种(甚至可以包含带优先级的缓存队列),可以参考数据结构课程的相关内容,这里不再赘述。

以运行分组处理线程为例,其用例描述表如表 4-2 所示。

表 4-2　分组处理线程用例描述表

名称	分组交换模拟实验之运行分组处理线程
标识	UC0205

续表

描述	1. 循环执行(可以是死循环),每次从缓存队列中获取队首的分组。 2. 与下一个分组交换机 C 或接收端 D 建立 Socket 连接。 3. 发送分组。 4. 断开 Socket 连接
前提	队列中存在分组
结果	分组发送成功或者失败
注意	1. 线程一直执行,直到用户关闭整个程序。 2. 可以保持 B 到 C、C 到 D 的 Socket 连接始终工作而不释放;也可以在发送每一个分组前建立 Socket 连接,发送完毕后释放连接。本实验采用后者。 3. 读取缓存队列时,不要因为缓存队列中没有分组就终止程序,要等待并继续查看缓存队列中是否有分组

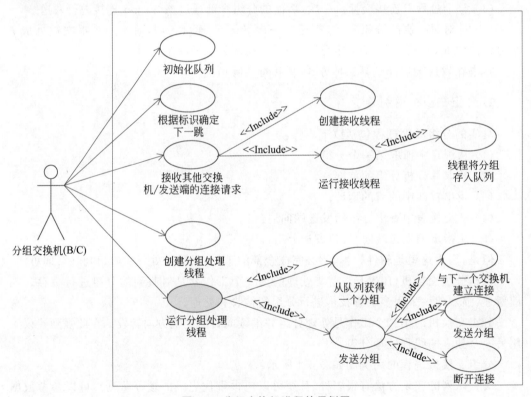

图 4-4　分组交换机进程的用例图

3. 接收端(D)用例分析

模拟的接收端(D)需要处理的一个重要工作也是对收到的分组进行缓存,但在这里缓存的目的和交换机有所不同,进程 D 缓存分组是为了对分组进行组合以恢复报文。

同样,这里也建议采用多线程技术进行处理,每收到一个 Socket 连接请求,就启动一个接收线程进行处理,并立即转入下一个连接请求的处理。

接收端进程的用例图如图 4-5 所示。

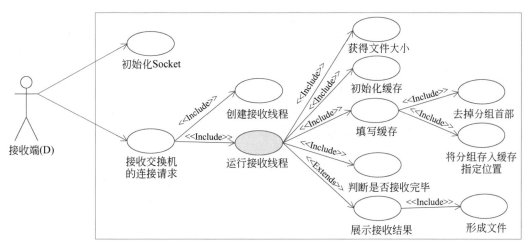

图 4-5 接收端进程的用例图

注意：这里的初始化缓存应该根据文件大小申请缓存空间。在模拟分组交换的实验中，不建议使用文件追加的方式，因为在实际的分组交换过程中，分组到达可能是乱序的，不是按照顺序到达的。

以运行分组接收线程为例，其用例描述如表 4-3 所示。

表 4-3 分组接收线程用例描述

名称	分组交换模拟实验之运行分组接收线程
标识	UC030202
描述	1. 接收一个分组。 2. 如果这个分组是某文件的第一个分组，则从该分组中获得文件的大小，并根据文件的大小申请文件缓存空间。 3. 将分组写入缓存的指定位置。 4. 判断是否为要接收的最后一个分组。如果是，则把缓存数据写入文件，并展示接收结果
前提	接收到一个分组
结果	把分组数据填入缓存
注意	线程执行完毕后自动消亡

4.3.2 时序图

在模拟分组交换方式的实验中，针对一个报文的交换过程（注意不是分组交换），系统的时序图如图 4-6 所示。

用户发送一个报文（从文件中读取），调用发送端 A 的发送功能，A 将报文拆分成多个分组后，循环（Loop）发送所有分组给进程 B。

进程 B、C 分别执行存储转发的过程，将每一个收到的分组先放入缓存，然后再依序

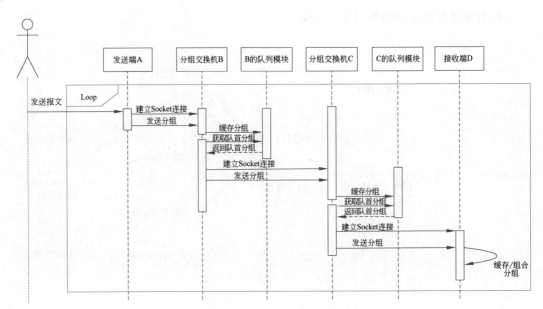

图 4-6 分组交换模拟实验的时序图

提取后向 D 方向转发。

D 收到分组后进行组合。

4.3.3 部署图

　　对于分组交换模拟实验,多个进程可以部署在多台计算机上,也可以部署在同一台计算机上。这里假设实验是部署在多台计算机上的,这样,各个进程可以具有随意的端口号。如果因为实验条件所限,确实需要把所有进程都部署在同一台计算机上,因为各个进程所需的 IP 地址相同,所以需要为这些进程设置不同的端口号,以防冲突。

　　本实验的部署图如图 4-7 所示,其中的连线表示双方需要进行通信。

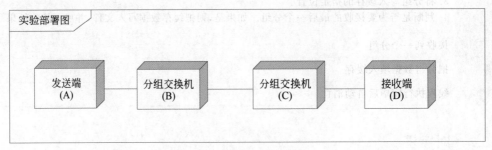

图 4-7 实验部署图

4.3.4 系统体系结构设计

　　针对分组交换模拟实验,系统可以分为 3 部分,其体系结构如图 4-8 所示。其中,分组发送模块将从上层收到的数据分组发送给指定的接收者,分组接收模块从下层收到数据分组并提交给上层。

图 4-8 分组交换模拟实验系统体系结构

分组封装模块将用户的数据封装成分组;分组解析模块将分组进行解析,得到用户希望得到的数据和一些必要的控制信息。

文件拆分和读取模块根据用户指定的文件块大小,读取用户指定的文件块,以便进行分组的封装。

队列管理模块初始化一个分组缓存队列,对来不及进行处理的分组进行存储,以待后续处理。

分组处理模块原本的工作是读取分组队列中的分组,查表决定去向,并利用分组发送模块进行发送。这里省略了查表决定去向的动作。

接收端的缓存管理主要是根据文件的大小形成完整的文件缓冲区,方便随机写入文件。

4.3.5 报文格式设计

报文格式放在本实验场景下即分组格式,其格式如图 4-9 所示。当然,在实验中可以根据自己的设计需要对报文格式进行修改。

接收端	发送端	文件标识	文件大小	分片总数	本分组在其中的位置	本分组长度	分组内容
1字节	1字节	1字节	4字节	2字节	2字节	2字节	

图 4-9 报文格式

在本实验中,接收端标识固定为 D,发送端标识固定为 A。

"文件标识"用于区别若干分组是否属于同一个文件。

"文件大小"指发送的整个文件的大小,方便接收端进行缓存的申请。考虑到实验需要传输 1~10MB 的数据,该字段 4 字节足够。

"分片总数"用于接收端对接收过程进行计数,以判断报文是否已经接收完毕。当分片接收计数器达到分片总数时,就认为报文已经接收完毕,可以结束接收过程,进行提交(在本实验中即显示发送结果)。

"本分组在其中的位置"方便接收端把收到的分组放入缓存。

"本分组长度"主要是针对最后一个分组,因为该分组的数据长度可能不等于用户规定的最大长度。

4.3.6 类图

1. 发送端进程的相关类图

发送端进程的相关类图如图 4-10 所示。

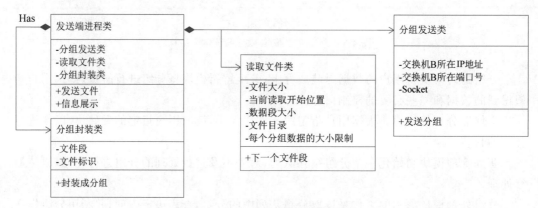

图 4-10 发送端进程的相关类图

其中,发送端进程类是这个程序的主进程,它也充当了多个类的纽带,并提供了信息展示的方法。因为这个过程不会太长,所以不必采用多线程实现相关功能(例如发送分组)。

接到发送的指令后,发送端进程类循环执行下面的操作:调用读取文件类循环读取规定大小的文件块,使用分组封装类将文件块封装成分组,使用分组发送类发送分组,直到完成整个文件的发送。

读取文件类完成文件读取和文件拆分两个功能,也就是每次只读取文件的一部分,没有必要一次性读取整个报文(这需要设置较大的缓存)。

对于分组发送类,由于本实验的下一跳是固定的(即分组交换机进程 B),所以可以在生成该类的时候直接写入下一跳的网络信息(当然也可以提供更加完善的界面供用户输入)。

2. 交换机进程的相关类图

交换机进程的相关类图如图 4-11 所示。

其中,交换机进程类作为系统的主类,负责整个程序的运行,它也充当了多个类的纽带,并提供了信息展示的方法。

在初始化工作完成后,交换机进程类启动一个分组接收线程类进行分组的接收,并把自己(p,方便线程回填统计信息)、分组队列(1,用于缓存分组)传给该线程。

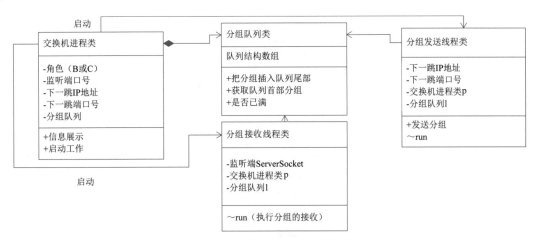

图 4-11　交换机进程的相关类图

分组接收线程类进入阻塞等待状态，在监听端口等待上一跳进程（发送端进程 A 或交换机进程 B）发来的 Socket 连接请求。如果 Socket 连接请求到来，分组接收线程类读取分组，将分组插入队列 1 的队尾，并把统计信息回填给交换机进程类 p。分组接收线程类在接收分组时可以采用两种方式：

- 建立 Socket 连接后直接读取分组。
- 产生一个新的线程读取分组。

因为接收分组工作不复杂，所以这里采用第一种方法。

分组发送线程类是一个单独的类，一直运行。如果它能够从分组队列的队首获得分组，就将其发送给下一跳；否则就等待。

分组队列类具体可参考数据结构课程中的知识，这里只给出了两个主要方法：把接收到的分组插入队列尾部，以及从队列首部获得一个分组。是否已满用于判断队列是否已经耗尽。

3. 接收端进程的相关类图

接收端进程的相关类如图 4-12 所示。

接收端进程类是本进程的主类，也充当了多个类的纽带，并提供了信息展示的方法。

接收端准备完毕后，启动分组接收线程类，准备接收分组。

分组接收线程类监听端口，等待其他进程（交换机 C）的 Socket 连接请求。如果 Socket 连接请求到来，分组接收线程类读取分组，调用分组解析类解析分组，获得报文的标识等控制信息，调用缓存列表类进行分组缓存。

缓存列表类可以保存多个文件，根据文件标识，到哈希表中查找报文的缓存，如果没有找到，则进行添加。其后，就可以进行缓存的填充了，直到报文缓存被填充完毕，然后调用接收者类 p 的回填方法显示统计信息。

分组解析类提供了分组的解析功能。

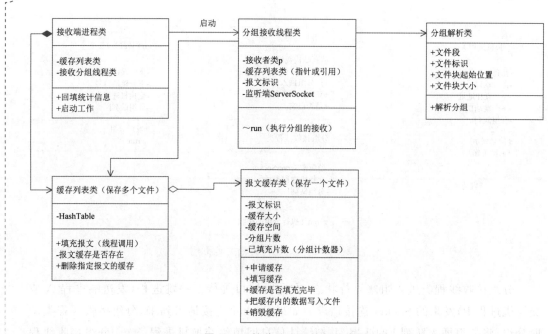

图 4-12　接收端进程的相关类图

◇ 4.4　实 验 实 现

4.4.1　发送端处理流程

发送端的算法较为简单,不使用多线程即可满足要求。这里如前所述,假设每一次的分组发送都建立一次 Socket 连接。

发送端的算法步骤如下:

(1) 发送端接受命令,对某文件进行处理,获得文件所在目录/文件夹、分组数据大小。

(2) 将当前读取位置设为 0。将剩余文件大小设为文件本身大小。

(3) 打开指定文件。

(4) 读取下一块数据。

(5) 将数据封装成分组。

(6) 发送分组给交换机 B。

(7) 判断文件是否读取完毕,如果完毕则结束,否则转向(4)。

(8) 进行展示。

发送端处理算法的活动图见图 4-13。

4.4.2　交换机处理流程

交换机的算法分为两部分:交换机进程类通过分组接收线程类接收分组;交换机进程类通过分组发送线程类转发分组。下面分别介绍。

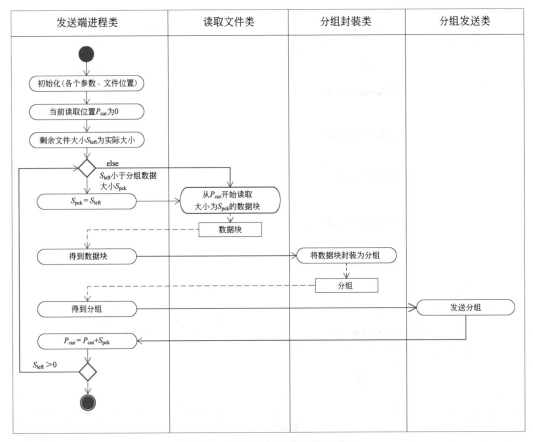

发送端进程类	读取文件类	分组封装类	分组发送类

图 4-13　发送端处理算法的活动图

1. 分组接收线程算法

分组接收线程算法步骤如下：

（1）监听 ServerSocket，阻塞并等待上一跳节点发来连接请求。

（2）获得客户端 Socket，从 Socket 处获得输入缓冲（InputStream）。

（3）从输入缓冲中读取分组首部。

（4）根据首部信息，读取数据部分内容。

（5）检查分组队列是否已满。如果分组队列未满，则将分组存入队列，转向（7）；否则转向（6）。

（6）抛弃分组。

（7）断开与上一跳节点的 Socket 连接。

（8）进行展示。

（9）转向（1）。

分组接收线程算法的活动图见图 4-14。

2. 分组发送线程算法

分组发送线程算法步骤如下：

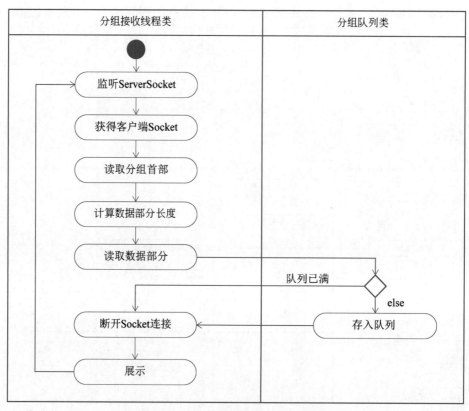

图 4-14　分组接收线程算法的活动图

（1）分组队列中是否有分组，如果有则转向（2），否则进入睡眠状态，本次循环结束。

（2）从分组队列中获得队首分组。

（3）删除分组队列中的队首分组。

（4）与下一跳节点建立 Socket 连接。

（5）将分组首部发给下一跳节点。

（6）将分组数据发给下一跳节点。

（7）断开与下一跳节点的 Socket 连接。

（8）进行展示。

（9）转向（1）。

分组发送线程算法不再给出活动图，读者可以自行作图。

4.4.3　接收端处理流程

接收端处理算法步骤如下：

（1）收到交换机进程 C 发来的建立连接的请求。

（2）接收分组首部，根据首部信息接收数据部分。

（3）查看文件标识。如果不存在该标识对应的缓存，则表明这是文件的第一个分组，转向（4）；否则转向（5）。

（4）获取首部中的文件大小，申请缓存，设置分组计数器为 0。

（5）获取分组数据在文件中的位置。

（6）将分组数据写入缓存的指定位置。

（7）分组计数器加 1。

（8）检查分组计数器是否等于报文中的分组数，如果等于则终止，否则转(1)。

接收端处理算法的活动图见图 4-15。

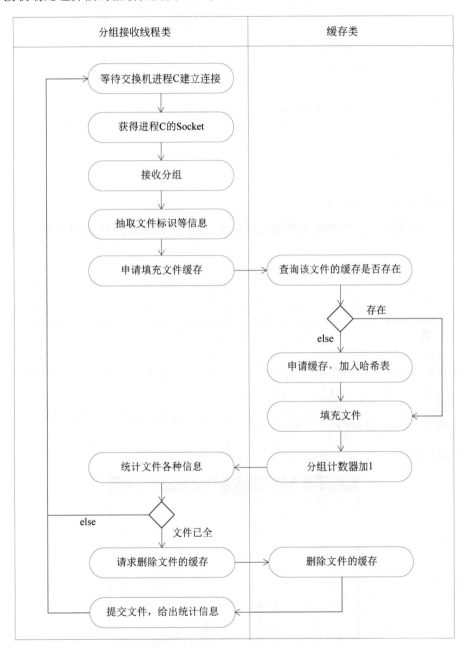

图 4-15　接收端处理算法的活动图

4.4.4   界面样例

1. 发送端进程界面样例

发送端进程(A)界面样例如图 4-16 所示。

图 4-16   发送端进程界面样例

2. 交换机进程界面样例

交换机进程界面样例如图 4-17 所示。

图 4-17   交换机进程界面样例

交换机进程应该能够让用户选择交换机的角色(B 或者 C),从而让交换机知道自己的下一跳节点是哪个,并且根据下一跳节点改变界面显示内容。

3. 接收端进程界面样例

接收端进程(D)界面样例如图 4-18 所示。

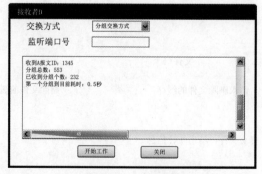

图 4-18   接收端进程界面样例

第 5 章

信道复用技术模拟实验

网络通信，特别是在骨干网部分的网络通信，必须想方设法地提高信道的利用率，否则骨干网（如光纤）所具有的大宽带优势将白白浪费，其中一个非常有效的方法就是利用信道复用技术提高信道的利用率。本章首先介绍3种基本的信道复用方式，然后对每一种信道复用方式设置一个模拟实验。

◇ 5.1 概　　述

复用是一种对信号进行处理的方法，可以将若干彼此独立的信号合并为一个可在一个信道上同时传输的复合信号，前提是复用的信号对各自独立的信号不会产生影响，而接收端也需要能够采用相反的过程分离出独立的信号。

信道复用技术允许多组用户同时使用一个信道进行通信，可以降低成本，提高信道利用率。从图 5-1 可以很明显地看出，使用信道复用技术的建设成本比使用单独信道的建设成本要低，而且干线距离越远（例如从广州到哈尔滨），建设成本节约得越多。

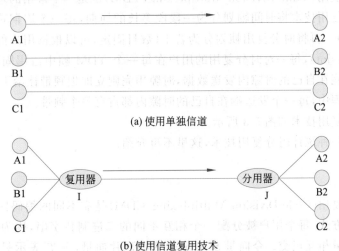

(a) 使用单独信道

(b) 使用信道复用技术

图 5-1　单独信道和信道复用技术

下面介绍 3 种基本的信道复用技术。

1. 频分复用

一个常用的基本复用技术是频分复用(Frequency-Division Multiplexing,FDM)。频分复用将整个信道的频带宽度分为多份,每一对用户占用其中的一个子频带,并且在通信过程中始终占用这个子频带的资源。

频分复用技术下的所有用户在同样的时间占用不同的频带资源,因而不会相互冲突。频分复用最直接的例子就是广播电台,不同的广播电台使用不同的频率进行广播,收音机的调台实际上就是调整接收的频率。

频分复用技术如图 5-2 所示。

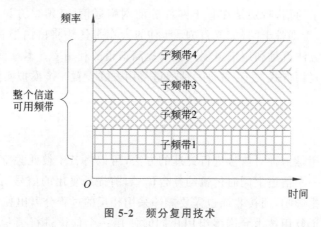

图 5-2   频分复用技术

2. 时分复用

时分复用(Time-Division Multiplexing,TDM)也是一个常用的基本复用技术。

时分复用技术将时间轴划分为一段段等长的周期,每一个周期称为一个时分复用帧(TDM 帧)。再将时分复用帧划分为若干(数目固定,可以根据用户的数目确定)时隙(或称时间片,slot),每一对时分复用的用户在每一个 TDM 帧中占用固定的时隙位置,一个发送端只能在自己的时隙内发送数据,时隙用完则立即把频带让给下一个发送端,但是在发送的过程中,每一个发送端在自己的时隙内都占有整个频带。

时分复用技术如图 5-3 所示。

还有一种统计时分复用技术,这里不再介绍。

3. 码分复用

码分复用(Code-Division Multiplexing,CDM)是靠不同的编码区分各路原始信号的一种复用方式,每个用户被分配一个相互不同的二进制数字串,称为码片(chip)向量,各个码片向量相互正交。令向量 $\boldsymbol{S}'$ 表示站 S 的码片向量,令 $\boldsymbol{T}'$ 表示另一个站 T 的码片向量,所谓正交即向量 $\boldsymbol{S}'$ 和 $\boldsymbol{T}'$ 的规格化内积是 0(其中 m 为向量维度):

$$\boldsymbol{S}' \cdot \boldsymbol{T}' = \frac{1}{m} \sum_{i=1}^{m} S_i \times T_i = 0$$

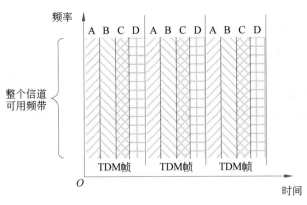

图 5-3　时分复用技术

这里需要说明的是,虽然码片向量是一个二进制串,但是在后续传播和计算的时候,0用−1表示。

举一个例子,令 $\boldsymbol{S}'=(-1,-1,-1,+1,+1,-1,+1,+1)$,令 $\boldsymbol{T}'=(-1,-1,+1,-1,+1,+1,+1,-1)$。带入上面的规格化内积公式可得0。

任何一个码片向量和自己的规格化内积都是1:

$$\boldsymbol{S}' \cdot \boldsymbol{S}' = \frac{1}{m}\sum_{i=1}^{m} S_i \times S_i = 1$$

任何一个码片向量和自己的反码的规格化内积都是−1:

$$\boldsymbol{S}' \cdot \bar{\boldsymbol{S}}' = \frac{1}{m}\sum_{i=1}^{m} S_i \times (-S_i) = -1$$

如图 5-4 所示,站 S 和 T 在某时刻同时发送数据(二进制串 10)。在发送比特 1 的时候,S 和 T 分别发送了自己的码片向量 $\boldsymbol{S}'$ 和 $\boldsymbol{T}'$;当发送比特 0 的时候,它们分别发送了自

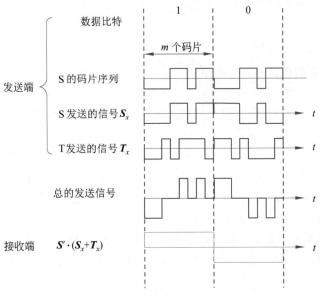

图 5-4　码分复用的工作原理

己的码片向量的反码 $\bar{S'}$ 和 $\bar{T'}$。最后在空中合成的总的发送信号是相互叠加甚至相互抵消的,看上去如同乱码,因此码分复用是有一定天然保密性的。

接收端首先需要持有发送端(是自己希望接收的发送端)的码片向量(设为 S'),用 S' 对总信号进行规格化内积(可以证明,这个公式是符合分配率的)。如果得到了 1,则说明 S 发送了比特 1;如果得到了-1,则说明 S 发送了比特 0。可见,码分复用技术使得多个发送端可以在同一时间内使用同样的频带进行通信,并且各方之间不会相互干扰。

◆ 5.2 实 验 描 述

1. 实验目标

本实验要求学生掌握利用 Socket 进行编程的能力,并可以利用 Socket 编程模拟 3 种信道复用技术的工作原理,以增强对信道复用技术的理解。

2. 频分复用和时分复用实验拓扑

频分复用和时分复用实验的网络拓扑结构如图 5-5 所示(其中的设备都以进程代替,链路通过 Socket 模拟)。

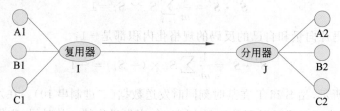

图 5-5 频分复用和时分复用实验的网络拓扑结构

3. 频分复用实验的内容和要求

频分复用实验的内容和要求如下:
(1) 创建 8 个进程。
- 两个进程代表信道接口(发送端的复用器 I 和接收端的分用器 J),具有一定的频带宽度,划分为 3 个子频带。
- 6 个进程两两一组,表示 3 对用户,分别为: A1 对 A2,B1 对 B2,C1 对 C2。
(2) 发送端(A1、B1、C1)与 I 建立连接,接收端(A2、B2、C2)与 J 建立连接。发送端申请连接时,必须带上自己的标识和申请的子频带范围(应在信道频带范围之内)。
(3) I 和 J 之间建立 3 个 Socket 连接,分别代表 3 个子频带。
(4) I 和 J 根据上述信息,分别建立 3 个匹配关系(用户标识-频带),自己作为中介,使用多线程技术接收、中转数据,从而将发送端发送的数据经过特定的频带转发给对应的接收端。

4. 时分复用实验的内容和要求

时分复用实验的内容和要求如下：

(1) 创建 8 个进程。

- 两个进程代表信道接口(发送端的复用器 I 和接收端的分用器 J)。
- 6 个进程分成 3 对,表示 3 对用户,分别为：A1 对 A2,B1 对 B2,C1 对 C2。

(2) 发送端发送数据。

- 在系统的整秒时刻才能发送。
- 计算一个取值为 0、1 的随机数,如果是 1 则发送,是 0 则不发送。
- 读取一个文件,每次发送 100 字节的报文,须携带自己的标识和当前时间。

(3) I 负责接收各个发送端发来的数据(实际上是信号)。

- I 维护一个缓存,需要依据发送时间进行排列。
- 以多线程技术接收数据,放入缓存。

(4) I 另起一个线程,进行数据的转发。

- 时间帧按照 A、B、C 的顺序安排时隙位置。
- 如果哪一个发送端本时刻未发送数据,时间帧需要空出其时隙位置。如果所有发送端都未发送数据,则整个时间帧都空着(即不发送数据给 J)。
- 将所有数据切分为 10 字节的时隙数据,根据发送者标识和发送时间将它们组织在不同的时间帧中,转发给 J,每次发一个时间帧。

(5) J 根据时间帧的位置抽取数据,分别转发给对应的接收端。

5. 码分复用实验拓扑

码分复用实验的网络拓扑结构如图 5-6 所示。

图 5-6　码分复用实验的网络拓扑结构

注意：这里增加了共享信道这个角色,实际上它不属于一个可控的实体,只是为了实现实验效果而"虚构"的实体。

6. 码分复用实验内容和要求

码分复用实验内容和要求如下：

(1) 创建 5 个进程。

- 3 个进程代表发送端(A1、B1、C1,自己设计好码片向量,向量长度为 8,且满足相互正交关系)。

- 一个进程代表共享信道 I,负责对发送端的数据进行组合。
- 一个进程代表接收端 J,使用某个发送端的码片向量进行数据的恢复。

(2) 进程 A1、B1、C1 发送数据(实际上是信号)给进程 J,中间经过信道进程 I。

- 发送端需要将每字节转化为一个比特串(8 比特)。
- 依据码分复用的发送原则(比特 1 发送码片向量,比特 0 发送码片向量的反码)进行发送。

(3) 进程 I 收到几个发送端的码片向量,进行以下处理。

- 按码片进行累加(所有发送端必须同时发送)。
- 不必把数据立即发送。
- 在累加完毕后,显示累加的结果。
- 由用户单击"开始发送"按钮,发送给进程 J。

(4) 进程 J 进行数据的接收。

- J 持有 A1 的码片向量,表示希望接收 A1 的数据。
- J 收到累加的信号后,用 A1 的码片向量对其求规格化内积,查出 A1 是否发送数据,发送的是什么数据。

7. 关于显示

各个进程需提供用户图形界面,查看处理的过程。

5.3 实验分析和设计

下面以码分复用技术为例,首先进行实验分析和设计,然后给出实现的部分描述。

这里首先需要注意的是,本实验对信号的保存和传输过程都是以字节为单位进行的,即不管是一个码片还是一个累加后的码片,均用一字节保存。这样,8(码片向量的长度)字节形成的码片为一组,代表码片向量或码片向量的反码,或者代表空间中一个累加的数字信号。

例如,S 站拥有码片序列 00011011,在发送比特 1 的时候,需要发送 8 字节($-1,-1,-1,+1,+1,-1,+1,+1$)。T 站拥有码片序列 00101110,在发送比特 1 的时候,同样需要发送 8 字节($-1,-1,+1,-1,+1,+1,+1,-1$),它们在空间中的信号相互叠加,空中传输的是 8 字节($-2,-2,0,0,+2,0,+2,0$)。

采用这种设计,对于 n 个字符的字符串,最终需要传送 $n \times 8 \times 8$ 字节。其中,第一个 8 是字符的长度(8 位,下面采用 ASCII 码进行处理),第二个 8 是码片向量的长度。

5.3.1 用例分析

1. 发送端进程用例分析

发送端进程用例图如图 5-7 所示。

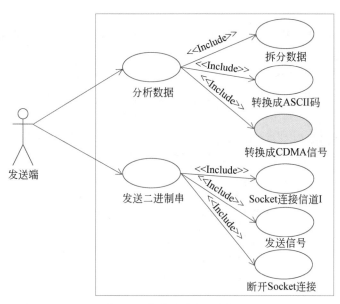

图 5-7　发送端进程用例图

对于发送端(A1、B1、C1),以图 5-7 中转换成 CDMA 信号为例,其用例描述如表 5-1 所示。

表 5-1　转换成 CDMA 信号时发送端进程用例描述

名称	信道复用 CDMA 仿真实验之转换成 CDMA 信号
标识	UC010203
描述	1. 收到一个 0/1 字节数组(经过 ASCII 码转换后的数据,每 8 字节代表一个字符,共 $n\times8$ 字节)。 2. 针对每一字节的数据(0/1),依据本身所拥有的 CDMA 码片向量,把二进制串转换为 CDMA 信号(具体表现为 0/1 字节数组,共 $n\times8\times8$ 字节)
前提	已经把 n 个字符的字符串依据 ASCII 码转换成 0/1 字节数组
结果	产生 CDMA 信号(具体表现为 0/1 字节数组)
注意	如果码片是 1,则发送振幅为 1 的信号;如果码片是 0,则发送振幅为 −1 的信号

因为发送端工作内容较为简单,所以单线程工作即可。

2. 信道进程用例分析

正如前面提到的,为了完成实验的模拟,本实验增加了信道这个实体。

信道进程(I)需要处理的第一个工作就是对收到的信号数据进行处理。

注意:真实的信道不可能有这样的功能。

这里有两种对数据的处理模式:

(1) 缓存后统一累加:把所有信号数据接收完毕后一次性累加其码片向量。

(2) 直接累加:不需要等到所有的数据都接收完毕,而是一边接收一边进行码片向量的累加。

本书假设采用第二种模式进行处理。为了增强进程的并行性,建议采用多线程技术实现数据的接收和处理。

信道进程(I)的第二个工作是在对全部发送端(A1、B1、C1)的数据接收并累加完毕后,继续向接收端进程(J)进行转发。在此可以增加一个按钮,使用户单击该按钮后,将累加后的信号发给 J。

信道进程用例图如图 5-8 所示。

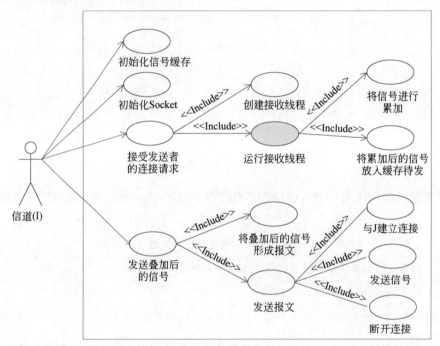

图 5-8　信道进程用例图

以运行接收线程为例,其用例描述如表 5-2 所示。

表 5-2　信道进程运行接收线程的用例描述

名称	信道进程之运行接收线程
标识	UC020202
描述	1. 从发送端 Socket 接收信号(内容为 0/1 字节数组)。 2. 将其按 8 个方波信号(实际上是 8 字节)一组进行分组。 3. 用分组后的信号对信号累加数组(字节数组)中的信号进行振幅的累加,从而模拟多个信号在空中进行振幅叠加的现象
前提	收到二进制字节数组
结果	对信号累加数组中的信号进行振幅累加,包括+1(表示收到的码片是 1)和−1(表示收到的码片是 0)
注意	无

3. 接收端进程用例分析

本实验的接收端进程(J)需要处理的主要工作就是对收到的二进制信号进行处理,这里的处理是使用 A1 的码元向量和每一比特的累加后的信号向量进行规格化内积运算,从而实现对报文的复原。接收端进程(J)可以采用多线程技术处理,也可以不采用该技术。本书采用多线程技术。

接收端进程用例图如图 5-9 所示。

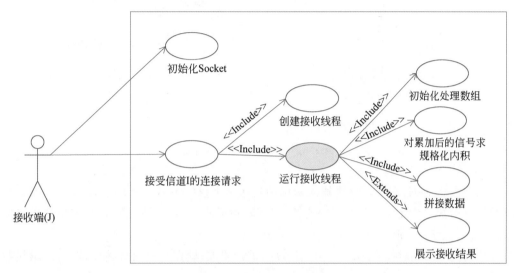

图 5-9　接收端进程用例图

以运行信号接收线程为例,其用例描述如表 5-3 所示。

表 5-3　接收端进程运行信号接收线程的用例描述

名称	接收端进程运行信号接收线程用例
标识	UC030202
描述	1. 接收一段信号(字节数组,每一个数字代表累加后的空间信号振幅)。 2. 将字节数组分组,每组长度为 8(码片向量长度)。 3. 将分组后的数字分别放入信号处理数组中,和 A1 的码片向量进行规格化内积运算,得出一比特的数据。 4. 连续获得 8 比特,可以根据 ACSII 码得出一个字符。 5. 将字符进行拼接,得到最终的数据,进行展示
前提	接收一段累加后的信号
结果	拼接后的数据
注意	在模拟实验中,64 字节表示一个字符

5.3.2　时序图

在本实验中,针对一次数据的发送,时序图如图 5-10 所示。

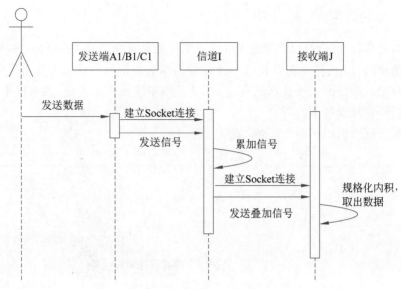

图 5-10   码分复用实验时序图

用户发送数据(在文本框中输入),调用发送端进程(A1、B1、C1)的发送功能,发送端将数据拆分成 ACSII 码,针对每一比特,将其转换成码片向量(针对数字 1)或码片向量的反码(针对数字 0),形成字节数组,发给信道进程(I)。

信道进程(I)收到多个发送端的信号后,进行累加,模拟空间信号叠加,然后发给接收端进程(J)。

接收端(J)持有 A1 的码片向量,和累加后的信号进行规格化内积运算,可以得出用户发送的数据。

5.3.3   部署图

对于本实验,多个进程可以部署在多台计算机上,也可以部署在同一台计算机上。这里假设本实验是部署在多台计算机上的,这样,各个进程可以具有随意的端口号。如果因为实验条件所限,确实需要把所有进程部署在同一台计算机上,因为各个进程所需的 IP 地址相同,所以需要为这些进程设置不同的端口号以防冲突。

本实验部署图如图 5-11 所示。其中的连线表示双方需要进行通信。

5.3.4   系统体系结构设计

针对码分复用模拟实验,系统可以分为 3 部分,其体系结构如图 5-12 所示。

信号接收模块主要是完成基本的数据接收功能,负责读取网络上传送到本进程的二进制数据流。而信号发送模块主要工作是将上层的二进制数据流通过网络发送给相关的接收端进程。

发送端数据编码的工作就是将用户输入数据拆分成 ASCII 码,针对每一比特,将其转换成码片向量(针对数字 1)/码片向量的反码(针对数字 0),形成字节数组。

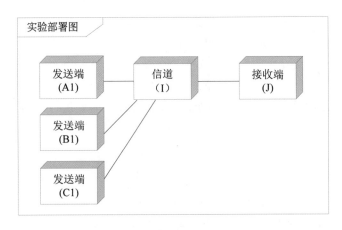

图 5-11　实验部署图

图 5-12　码分复用实验系统体系结构

接收端的解码模块的工作就是将收到的累加信号和 A1 的码片向量进行规格化内积,形成比特信息,再根据 ASCII 码转换成字符。

信号累加模块对收到的二进制数据(实际上是字节数组)进行累加,从而模拟空间信号叠加的现象。

5.3.5　报文格式设计

本实验发送的报文实际上代表的是物理层的信号,主要涉及物理层的技术,并且接收端事先已经持有发送端 A1 的码片向量,知道自己接收的是 A1 发来的数据,所以不需要特别的报文格式。

但是,读者应该清楚,物理层发送二进制流/信号,很多时候也需要附加一些特殊的信号,以表示二进制流的开始和结束,或者进行接收和发送双方时间的同步。所以,可以将报文(即二进制流)格式设计为如图 5-13 所示。

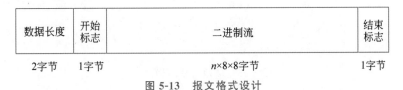

图 5-13　报文格式设计

如果采用这样的设置,可以假设开始标志和结束标志均为 01111110。如果希望更加逼真,还可以采用比特填充法模拟透明传输。

报文长度表示本次发送的数据总长度,为 $n\times8\times8+16$。

另外,因为本实验设置的是人工操作,所以报文格式可以设计得比较简单;否则,就需要考虑得更加完善,例如增加发送的时间,方便信道按照时间进行累加。

5.3.6 类图

1. 发送端进程的相关类

发送端(A1、B1、C1)的相关类较为简单,如图 5-14 所示。其中发送端进程类是本程序的主类,也充当了其他类的纽带,并提供信息展示的方法。

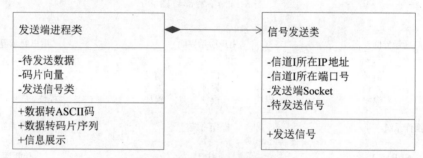

图 5-14 发送端进程的相关类

发送端进程类在运行过程中实例化一个发送信号类,作为信号的发送模块。因为并不复杂,所以串行执行即可。

发送端进程类在接到发送信号的指令后,获取界面上用户输入的发送数据,使用数据编码方法(数据转 ASCII 码和数据转码片序列)进行两次编码,获得需要发送的信号。最后调用信号发送类的发送信号方法,将信号发送出去。

2. 信道进程的相关类

信道进程(I)的相关类如图 5-15 所示。

图 5-15 信道进程的相关类

其中,信道进程类是本程序的主类,也充当了其他类的纽带,并提供了信息展示的方法。

在准备完毕后,信道进程类启动信道监听线程类,进入等待状态。后者在监听端口上等待发送端发来的 Socket 连接请求,如果 Socket 连接请求到来,信道监听线程类启动一个信号接收线程类进行数据的接收。在这个过程中,信道进程类把自己(p,方便线程回填累加信息、展示相关信息等)传给后两个线程类。

信号接收线程类读取信号数据(实际上是字节数组),调用信道进程类中的信号累加方法,将新收到的信号与累加数组中已有的信号进行累加,并把需要展示的相关信息通过信道类 p 进行展示。

当用户在界面看到数据收集完毕后,单击"开始发送"按钮,按钮事件将调用信道进程类的发送信号方法,向接收端进程(J)发起建立连接的请求,并把累加后的信号发送给 J。

在本实验中,信道进程类在接收信号时,采用了多线程技术处理,而发送信号因为只是一次用户单击按钮的事件,所以无须使用多线程实现。这里的多线程表现在两方面:一个线程用于监听信道;每当该线程监听到一个请求到来时,就启动一个接收信号线程。

3. 接收端进程的相关类

接收端进程的相关类如图 5-16 所示。

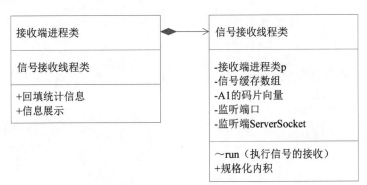

图 5-16　接收端进程的相关类

接收端进程类是本进程的主类,也充当了其他类的纽带,并提供了信息展示的方法。接收端进程类在准备完毕后,启动信号接收线程类,该线程进入阻塞等待状态,在监听端口等待信道(I)的 Socket 连接请求。

如果 Socket 连接请求到来,信号接收线程类也不必采用生成新线程的方法(毕竟按照实验设置,只是接收信道进程类的一次发送而已),直接进行信号的接收,读取累加后的信号,分离出信号的数据部分,后续使用规格化内积的方法把 A1 发送的数据还原回来,最后调用 p 的信息展示方法展示接收结果。

5.4 实验实现

5.4.1 发送端处理流程

发送端的算法较为简单,因为不需要并行,且处理时间较短,所以不使用多线程即可满足要求。发送端处理流程的活动图见图 5-17。

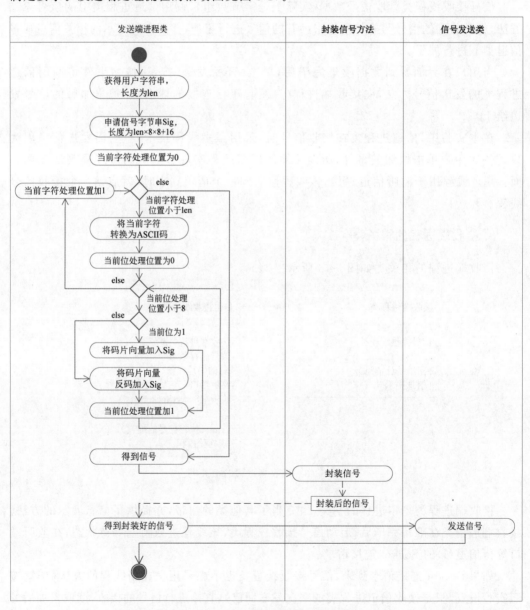

图 5-17 发送端处理流程的活动图

发送端算法的步骤如下：

(1) 发送端(设为 X)接受按钮命令,读取用户输入的字符串信息(设为 T,其长度设为 len)。

(2) 申请一个字节数组 Sig(保存需要发送的信号),长度为 len×8×8+16(包括首尾的各 8 位比特串)。

(3) 令当前处理位置 Pos 为 0。

(4) 获得 T 在 Pos 位置所对应的字符(设为 C)。

(5) 根据 ASCII 码表得到 C 的 ASCII 码。

(6) 检查 ASCII 码中的每一位。如果是 1,则把 X 的码片向量加入 Sig;否则把 X 的码片向量的反码加入 Sig。

(7) Pos 加 1。

(8) 如果 Pos <len 时,转(4),否则转(9)。

(9) 将 Sig 的首部、尾部补上 126(即二进制串 01111110)。

(10) 与信道进程(I)建立 Socket 连接。

(11) 发送 Sig 的长度给信道进程 I。

(12) 发送 Sig 给信道进程 I。

(13) 关闭与 I 的 Socket 连接。

Sig 的内容就是最终需要发送的二进制信号串,即仅包含 0(用 −1 振幅代表)、1(用 +1 振幅代表)的字节数组。

5.4.2　信道处理流程

信道进程(I)的工作分为两部分：

(1) 信道进程类通过多线程(信道监听线程类)监听端口,每收到一个发送端发来的连接请求,就启动一个接收信号线程,该线程接收并处理完毕即自行消亡。

(2) 根据用户的决定(单击按钮)将累加后的信号发送出去。

因为很难做到时间上的同步(即不太可能让用户在 3 个发送端进程上完全同时单击按钮进行信息的发送),所以可以如前所述,给数据加上时间以完成时间同步。而本实验采用了一种妥协的方法,即在信道进程中进行信号搜集,而对搜集到的信号,则认为它们是同步发送和同步到达信道的,这样才能够方便地模拟信号的累加过程。

在信道进程接收信号的过程中,本实验需要使用信号数组(字节数组),用于对收到的信号进行累加。这个数组因为要记录累加后的信号,因此取值不再仅限于 1 和 −1。这也是为什么本实验不用一字节表示 8 位,而是用 8 字节表示 8 位的原因。

接收信号线程算法步骤如下：

(1) 从 Socket 处获得输入缓冲。

(2) 从输入缓冲中读取信号 Sig(字节串,每一字节表示 1 或 −1)。

(3) 除去信号的首尾。

(4) 将刚收到信号按位与已经累加的信号振幅(保存在信号数组中)进行累加。

（5）将累加后的信号写回信号数组。

（6）关闭 Socket。

（7）线程执行完毕,自行结束。

在这个过程中,信号数组可以申请得稍长一些,以防止无法完整地收下发送端的信号。假设用户输入的字符串长度小于 100,则信号数组长度至少需要 6416($100 \times 8 \times 8 + 16$)。

但是,如果用户输入的字符串长度超过 100,又怎么办呢? 一种简单的方法是让发送端分批发送,另一种方法是让信道进程把接收到的信号写入文件。

可以再细心地考虑一下,如果不想申请过长的字节数组,实际上可以根据读取数据的长度动态申请信号数组的长度。但是,每一个发送端发送的数据长度很可能不同,所以信号数组的申请不一定能够一蹴而就。最极端的例子,假如收到的数据的长度依次变长,那么就要申请 3 次,迁移数据两次!

当然,如果聪明的读者采用链表这个数据结构,则完全不存在上述的问题。

如果再精益求精,则会发现,信号数组是一个共享的数据(临界资源),如果多个线程同时访问它,可能会导致访问的冲突(如前所述,这是并行算法的一个重要知识点)。可以考虑采用上锁的方式解决这种冲突。

算法的设计应该考虑很多这样的细节内容。办法总比困难多,细节上的考虑和应对是很重要的锻炼过程。

再额外提一点,为了能够让用户多次进行实验的操作,应该在信道模拟程序界面上增加一个按钮功能,其工作是清空信号数组,为第二次实验做准备。

信号发送过程较为简单,作为按钮的一个事件,串行执行即可,算法步骤如下:

（1）检查信号数组中是否有信号,如果没有,则转(6)。

（2）向接收端进程(J)发起建立 Socket 连接的请求。

（3）将累加信号的长度发给接收端进程(J)。

（4）将累加后的信号(字节数组)发给接收端进程(J)。

（5）断开双方的 Socket 连接。

（6）结束。

第二个处理过程非常简单,因此这里仅给出第一个功能的活动图(信号接收线程接收一个发送端的数据),如图 5-18 所示。

5.4.3　接收端处理流程

接收端处理流程的活动图见图 5-19。其中,设 A1 的码片向量为 Cdma,为一个长度为 8 的字节数组,而 Cdma[i] 表示第 i 位置上的码片。

接收端进程的算法步骤如下:

（1）从 Socket 处获得输入缓冲(InputStream)。

（2）读取 2 字节的信号长度 len。

（3）申请 len 长度的字节数组。

（4）从输入缓冲中接收信号(字节数组)。

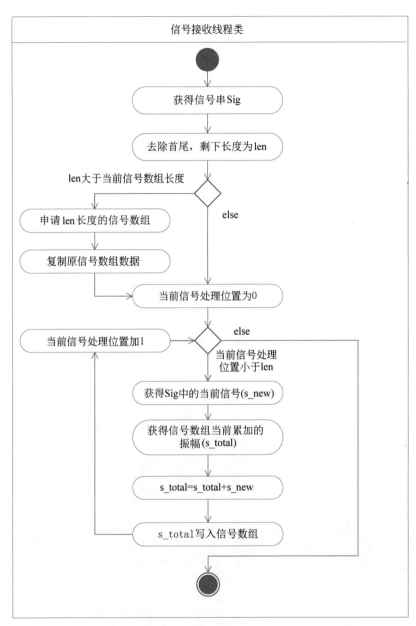

图 5-18　信号接收线程类活动图

（5）关闭 Socket。

（6）将信号分组，每 8 个信号为一组。

（7）将每一组信号与 A1 的码片向量进行规格化内积运算，得到一位的数据。

（8）将位数据分组，每 8 位为一组。

（9）将每一组位根据 ASCII 码进行翻译，得到一个字符。

（10）将字符拼接，得到 A1 发送的字符串。

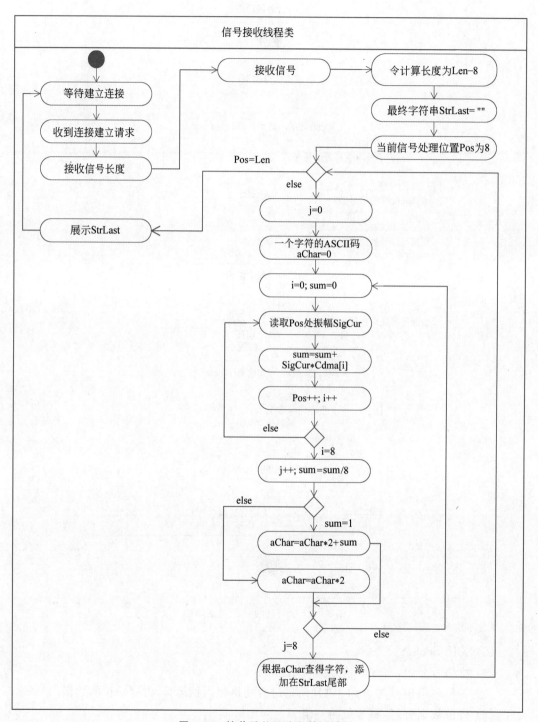

图 5-19　接收端处理流程的活动图

注意：该算法仅仅考虑了正常信息的处理情况，即信号长度是 64 的整数倍。在异常情况下，假如信号长度不是 64 的整数倍，该算法会产生越界异常。请读者自己分析该活动图为何产生了异常并进行更改，增强其容错性。其实很简单，只需要更改和完善相关的判定语句即可。

另外，如果出现了异常的长度，如何处理并告知用户，从而提高程序的用户体验？请读者自己考虑。

5.4.4　界面样例

1. 发送端进程界面样例

发送端进程（A1、B1、C1）界面样例如图 5-20 所示。

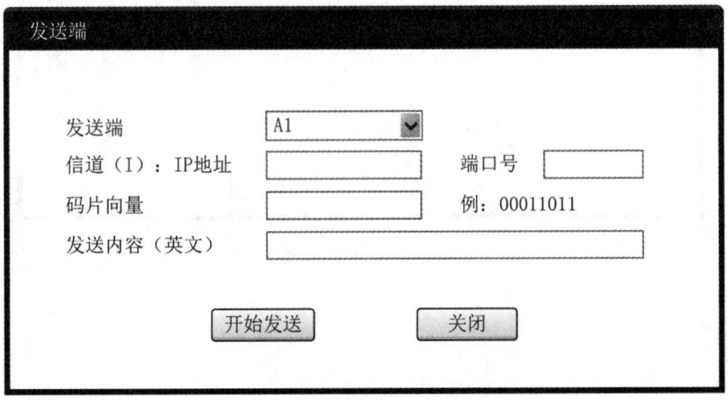

图 5-20　发送端进程界面样例

2. 信道进程界面样例

信道进程（I）界面样例如图 5-21 所示。

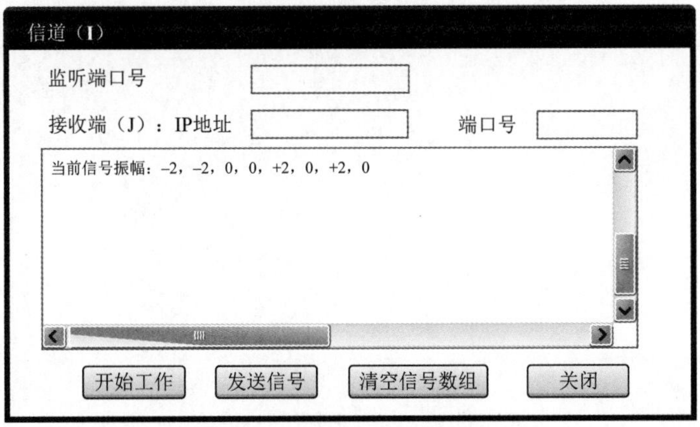

图 5-21　信道进程界面样例

为了增强界面的可视性和友好性,还可以把多行文本框展示的内容用图形的方式展示出来。

3. 接收端进程界面样例

接收端进程(J)界面样例如图 5-22 所示。

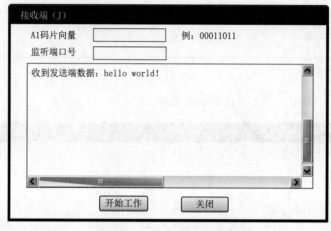

图 5-22　接收端进程界面样例

以太网 CSMA/CD 协议模拟实验

目前的有线局域网已经是以太网占主导地位了。目前大多数以太网采用基于交换机的全双工工作方式,和早期的传统以太网(基于总线的半双工工作方式)有着很大的不同,性能和效率都得到了很大的提高。但是,考虑到传统以太网毕竟是历史源头,同时也为了增强读者对分布式系统的理解,传统以太网还是有着很大的学习意义的。本章首先介绍传统以太网的相关技术,然后设置模拟实验。

◆ 6.1 概　　述

传统以太网的核心协议是带冲突检测的载波监听多路访问(Carrier Sense Multiple Access with Collision Detection,CSMA/CD),该协议后来被 IEEE 采纳,略作修改后成为 IEEE 802.3 标准。CSMA/CD 采用分布式控制方法,所有节点之间不存在主次之分,也不存在控制与被控制的关系。

图 6-1 显示了以太网的拓扑结构和工作原理。

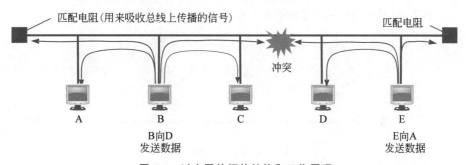

图 6-1　以太网的拓扑结构和工作原理

载波监听的意思是:网络上各个站点(主机)在发送数据前都需要探查并确认总线上有没有数据在传输。若有数据在传输(称为总线忙),则不发送数据;若无数据在传输(称为总线空闲),则立即发送自己准备好的数据。

多路访问的意思是:网络上所有站点收发数据共用同一条总线(包括粗缆和细缆),而且发送的数据广播式地贯穿整条总线。

如果两个(甚至多个)站点基本同时检测到信道是空闲的,并且立即开始发送自己的数据,那么就会导致信号在信道上的冲突,信号的冲突会导致所有发送节点的数据被毁坏。

为此 CSMA/CD 协议规定,发送站点在发出信息帧的同时还必须监听传输介质,以判断是否发生了冲突(即同一时刻有无其他站点也在发送信息帧),这就是冲突检测。冲突检测的时间应不小于信号在整个信道长度上的往返时间(即两倍传播时延)。

发生冲突的站点应立即停止发送数据,并在推迟(退避)随机时间 t 后才能重新发送(即下面的重传)自己的数据。t 的计算方法如下。

(1) 设一个基本退避时间 t_{base},取值为 $51.2\mu s$。

(2) 设 $k=\text{Min}[\text{重传次数},10]$。

(3) 从整数集合 $[0,1,2,\cdots,2^k-1]$ 中随机地取出一个数,记为 r。则下次重传所需的等待时间 $t=r\times t_{base}$。

(4) 当重传次数达到 16 次仍不能成功时,则丢弃该帧,并向高层报告发送失败。

这个计算等待时间的方法即二进制指数退避(binary exponential back-off)算法。

◆ 6.2 实 验 描 述

1. 实验目标

本实验要求学生掌握基于 Socket 的网络编程手段,并且能够使用网络编程技术模拟 CSMA/CD 的工作过程以及冲突产生的情况,从而增强对分布式系统面临的问题及解决方法的理解。

2. 实验拓扑

本实验的网络拓扑结构如图 6-2 所示。

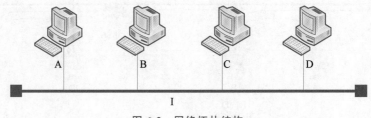

图 6-2 网络拓扑结构

3. 实验内容和要求

实验内容和要求如下:

(1) 创建 5 个进程。

- 4 个进程代表主机(A、B、C、D),每个主机进程拥有 1 字节的 MAC 地址,在窗口中选择。

- 一个进程代表总线(I),这个进程也是为了实现实验而"虚构"的实体,实际上的总线没有任何逻辑操作。

(2) 主机进程($X \in \{A, B, C, D\}$)模拟发送数据帧的过程。

- 发送内容由人在主机进程的窗口中输入。
- X 在发送前,先向总线进程询问当前总线是否空闲。
- 只有当前总线处于空闲状态,X 才能发送自己的数据帧。

(3) 总线进程模拟广播的过程。

- 总线进程广播收到的数据帧。所谓广播,在本实验中就是采用点对点方式发给每一个其他主机进程。
- 假定数据帧传输过程为 20s,即总线进程在收到数据帧后,不是立即进行广播,而是等 20s 后再广播(以方便用户操作其他主机进程模拟同时发送数据帧而产生冲突的过程)。
- 在总线进程广播数据帧之后,所有的主机进程(除了发送数据帧的主机进程以外)都将收到该数据帧,每一个主机进程需要将自己的地址与该数据帧中的目的地址进行对比,如果相同(表明是发给自己的)则收下,否则丢弃该数据帧。

(4) 总线进程的状态控制。

- 总线进程在收到数据帧后,启动计时器,根据不同的情况进行总线状态的维护(本实验假定总线的争用期为 10s)。
- 10s 内,仍然保持总线信道的空闲状态,以便模拟信号冲突;10s 后,总线进程进入忙状态。
- 如果 10s 内还有其他主机进程发送数据,则认为发生了冲突,此时总线状态为冲突。总线进程应向每一个主机进程发送强化冲突信号以进行告知(这一点和实际的以太网不太一样,实际的强化冲突信号是由源主机发送给其他主机的),并且在等待 1s 后(等待所有其他主机均收到强化冲突信号),将总线转为空闲状态。
- 10s 内,如果没有其他主机进程发送数据帧,则认为此次发送过程不会再产生冲突了,总线由空闲状态转为忙状态。
- 20s 后,总线广播数据帧,然后由忙状态转为空闲状态。

(5) 主机进程 X 如果发现冲突(收到强化冲突信号),则执行以下操作:

- X 停止数据帧的发送。该动作在实验中无法模拟,但是可以设置一个标志表示产生了冲突、停止发送并等待 1s。
- X 发现冲突次数超过 4 次,则报错,放弃本次数据帧的发送。
- X 等待一个随机时间(采用二进制指数退避算法进行计算,设基本退避时间 t_{base} 为 10s)后,重新尝试发送数据帧。

(6) 主机进程 X 如果在 20s 内没有收到任何消息,则表示此次发送成功。

(7) 显示结果。

- 各个进程均应提供用户图形界面。
- 每个主机进程都可以设置自己的主机号,查看运行过程。
- 总线进程可以查看运行过程,包括冲突情况。

◈ 6.3　实验分析和设计

6.3.1　用例分析

1. 主机进程用例分析

主机进程用例图如图 6-3 所示,基本按照 CSMA/CD 的协议过程构成。

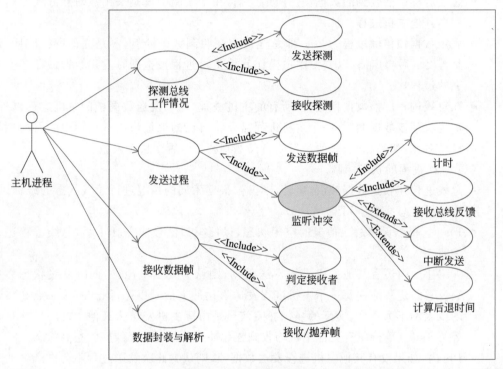

图 6-3　主机进程用例图

对于主机进程(A、B、C、D),以监听冲突用例为例,其用例描述如表 6-1 所示。

表 6-1　监听冲突用例描述

名称	CSMA/CD 仿真实验之主机监听冲突
标识	UC010204
描述	1. 发送数据帧后启动定时器。 2. 监听总线进程是否发来冲突信号。 3. 如果存在冲突则终止本次数据帧的发送,并且计算退避时间,等待该时间后重新发送
前提	在发送数据帧之后
结果	发送后 10s 内,如果收到总线发来冲突信号,则中断本次发送;否则认为本次数据帧发送不会产生冲突,20s 后结束本次发送

注意	1. 该用例仅在发送数据帧之后发生,包括中断发送、计算后退时间等。 2. 在这个过程中,计时用例和接收信道反馈用例是必须包含的,用于判定本次发送过程是否存在数据帧的冲突,但是中断发送用例和计算退避时间用例则不一定,因为只有在主机进程发现存在冲突的时候才会使用它们

2. 总线进程用例分析

为了完成本实验的模拟过程,增加了总线这样一个实体。

总线进程(I)需要处理的工作如下(切记,真实的总线不可能有这样的功能):

(1) 接收主机进程关于总线状态(空闲/忙)的询问。

(2) 接收一个数据帧后进行缓存。

(3) 启动计时器,如果在 10s(争用期)内发现有其他主机进程发送数据帧,则显示冲突,给所有主机进程发送冲突信号。

(4) 如果 10s 内没有其他主机进程发送数据帧,则认为本次发送不存在冲突,可以广播数据帧给所有主机进程。

(5) 在 20s 后,广播数据帧,将总线状态改为空闲,可以继续为主机进程服务。

总线进程(I)用例图如图 6-4 所示。

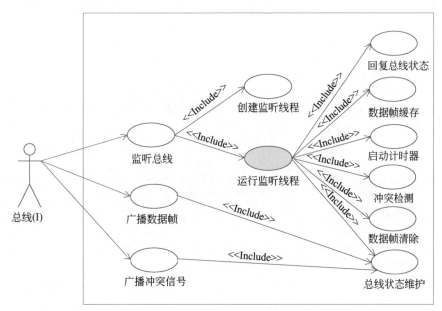

图 6-4　总线进程用例图

以运行监听线程为例,其用例描述如表 6-2 所示。

表 6-2　运行监听线程用例描述

名称	总线进程之运行监听线程
标识	UC020202

续表

描述	1. 总线进程每收到一个 Socket 连接请求就启动一个线程进行处理。 2. 如果是主机进程发来的查询总线状态的报文,直接返回总线状态后线程可以自行消亡。 3. 如果是主机(A、B、C、D)发送的数据帧,根据总线状态进行以下处理(运行完毕后线程可以自行消亡): ● 如果总线状态为空闲,且自身没有缓存其他数据帧,则缓存该数据帧、启动计时器、等待 10s 后信道转为忙状态(期间进行冲突碰撞的检测),20s 后发送数据帧,清空数据帧缓存,最后将总线转为空闲状态。 ● 如果总线状态为空闲,且有数据帧处于缓存状态,则广播一个冲突信号给所有主机,将总线状态设为冲突。在等待 1s 后,将总线状态设为空闲,清空数据帧缓存。 ● 如果总线状态为冲突,说明主机进程在探测时总线为空闲状态,发送数据帧时尚未收到冲突信号,此时需要重发一个冲突信号给主机进程,让其退避。 ● 如果总线状态为忙,说明主机进程在探测时总线为空闲状态,发送数据帧时总线状态改为忙了,这种情况在实验的假设条件下不存在(前提是对相关操作上锁),此时可以简单地发送一个冲突信号给主机进程,让其退避
前提	收到一个 Socket 连接请求
结果	数据帧发送成功(总线经历了 20s)或者失败(总线检测到冲突,广播冲突信号给所有主机进程)
注意	对于描述第 3 点的最后一种情况,切记不要对主机进程发来的数据帧弃置不理,否则主机进程将无法知道如何继续工作。当然,也可以自行设计更加合理的处置办法(而不是发送冲突信号)

6.3.2 总线状态图

本实验的处理过程和总线状态有密切的关系,所以需要设计好总线状态。总线状态图如图 6-5 所示。

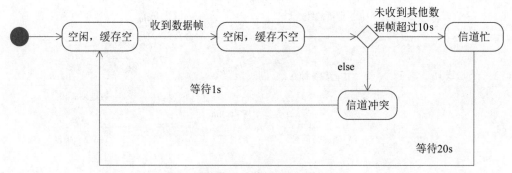

图 6-5 总线状态图

总线进程一旦开始运行,就不会终止,除非用户关闭总线进程。

6.3.3 时序图

假设主机进程 A 发送数据帧,考虑正常(不产生冲突)的一次成功发送情况,其时序图如图 6-6 所示。

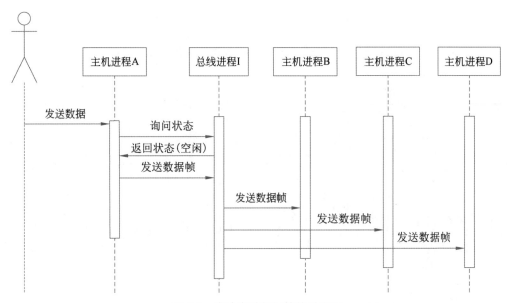

图 6-6　成功发送数据帧的时序图

用户发送一个数据，A 将其转换成数据帧后，向总线进程 I 询问状态，如果状态为空闲，则发送自己的数据帧。I 经过 20s 后广播数据帧给其他 3 个主机进程。

6.3.4　部署图

在本实验中，多个进程可以部署在多台计算机上，也可以部署在同一台计算机上。这里假设实验是部署在多台计算机上的，这样，各个进程可以具有随意的端口号。如果因为实验条件所限，确实需要把所有进程都部署在同一台计算机上，因为各个进程所需的 IP 地址相同，所以需要为这些进程设置不同的端口号，以防止冲突。

本实验的部署图如图 6-7 所示，其中的连线表示双方需要进行通信。

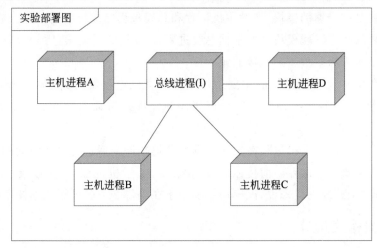

图 6-7　实验部署图

6.3.5   系统体系结构设计

本实验的系统可以分为两部分,其体系结构如图 6-8 所示。

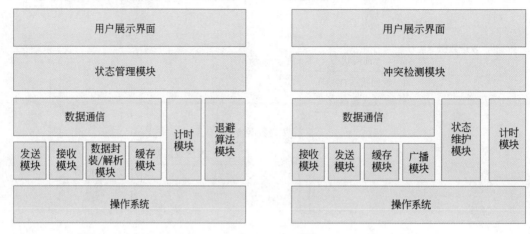

图 6-8   CSMA/CD 实验系统体系结构

其中接收模块主要完成基本的数据接收功能,负责读取网络上传送到本进程的二进制数据流并将其交给上层。而发送模块的主要工作是将上层的二进制数据流通过网络发送出去。

数据封装模块的主要工作是将用户的数据(输入的字符串)封装成数据帧。数据解析模块的主要工作是对数据帧进行解析,得到相关数据并转换成用户数据,以方便后续展示,还可以获得一些必要的控制信息。

在总线进程(I)上除了有发送模块外,还设置了一个广播模块,主要是为了模拟总线上信号的传播(即广播特性)。

计时模块是一个辅助模块,帮助主机进程和总线进程完成计时的工作。

主机进程的状态管理模块主要根据总线进程(I)发送的反馈信息判断总线工作状况,从而决定自己是否需要重新发送数据帧。

总线进程的冲突检测模块的主要工作是根据主机进程发送数据帧的情况判断总线的状态并修改总线的状态(由状态维护模块具体完成),进而影响主机进程对数据帧的发送。

退避算法主要用于主机进程在发送数据帧并得知冲突后进行等待时间的计算。

缓存模块主要用于保存当前传输的数据帧。对于主机进程来说,该模块主要用于数据帧的重发;对于总线进程来说,该模块主要用于在等待 20s 后进行数据帧广播。

6.3.6   报文格式设计

因为本实验是模拟实验,所以不必遵循 CSMA/CD 对帧格式的要求。

本实验涉及多个报文的往返,为了方便各个进程之间的通信处理,特定义了报文类型字段,其中包括的报文类型如表 6-3 所示。对于这些报文类型以及后面定义的报文格式,读者可以根据自己的设计需要进行修改和完善。

表 6-3　报文类型

类型号	类　型	备　　注
0	数据帧	包括主机进程发给总线进程以及总线进程广播给其他所有主机进程的数据帧
1	总线状态查询	主机进程向总线进程查询总线的状态
2	总线状态回复	总线进程返回给主机进程的总线状态
3	强化冲突信号	是总线进程发给所有主机进程的一个信号,表明现在总线上产生了冲突

1. 数据帧报文格式

数据帧报文格式如图 6-9 所示。其中,报文类型即表 6-3 中的类型号,这里固定为 0;接收端和发送端是主机进程的 MAC 地址(A、B、C 或 D),表明了数据帧的收发者;数据长度是以二进制形式保存的数字,表明了数据的长度。

报文 类型	接收端	发送端	数据长度(len)	数据
1字节	1字节	1字节	2字节	len字节

图 6-9　数据帧报文格式

2. 总线状态回复报文格式

总线状态回复报文的格式如图 6-10 所示。其中,报文类型固定为 2。状态字段表示总线的当前状态,定义如下:

- 0 表示总线空闲。
- 1 表示总线忙。
- 2 表示总线冲突。

总线状态回复报文格式中还增加了占有端字段,只有状态为忙时,该选项才起作用,可以为 A、B、C、D 之一。之所以增加了占有端字段,是为了便于知道谁正在占有总线,可以在图形界面上进行展示。当然,读者完全可以忽略此字段。

3. 其他报文格式

总线状态查询报文以及强化冲突信号报文的格式如图 6-11 所示。该报文仅包括报文类型一个字段。

报文类型	状态	占有端
1字节	1字节	1字节

图 6-10　总线状态回复报文格式

报文类型
1字节

图 6-11　其他报文格式

6.3.7　类图

1. 主机进程的相关类图

主机进程(A、B、C、D)的相关类图如图 6-12 所示。

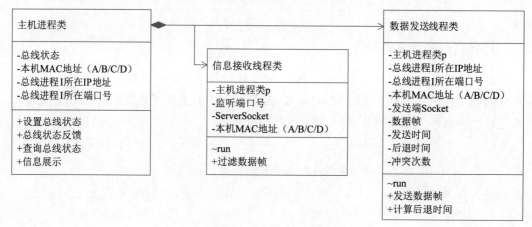

图 6-12　主机进程的相关类图

　　其中主机进程类是本程序的主类,也充当了多个类的纽带,并提供了信息展示的方法。

　　主机进程类非常简单,其作用仅相当于一个桥梁,负责将信息接收线程类和数据发送线程类关联起来。主机进程启动相关线程时,把自己(p)传给这两个线程,这主要是为了方便这两个线程回填相关信息,获得总线状态等。

　　信息接收线程类的主要工作是在 ServerSocket 上监听总线进程发来的建立 Socket 连接的请求,并获得、分析信息。该线程的主体业务(run 方法)可以设为死循环的运行过程,不断收取总线发来的信息:

- 如果是数据帧(报文类型为 0),则根据数据帧的目的地址和自身的 MAC 地址是否匹配判断该数据帧是否是发给自己的,进行收取/抛弃,并且调用主机进程类的信息展示方法进行展示。
- 如果是强化冲突信号(报文类型为 3),则调用主机进程类的状态反馈方法进行反馈,记录总线现在的状态。

　　主机进程发送数据帧的主要工作都在数据发送线程类中完成。该线程在一次数据帧发送过程中一直存在,在其主体的 run 方法中,将循环地调用本类的发送数据帧方法,直到发送成功或者发送失败(冲突超过 4 次)。

数据发送线程类的发送数据帧过程主要分为 3 个阶段：

- 载波侦听阶段。通过 Socket 向总线进程询问总线的当前状态。每次发送前都要将主机进程中的总线状态改为空闲(相当于初始化)。
- 数据发送阶段。如果查询的结果为总线空闲,则可以通过 Socket 把数据帧发送出去,然后设置发送时间(启动计时器)。
- 冲突检测阶段。这是一个循环执行的方法,每次睡眠 0.1s(读者可以自行选择时间长短)后继续运行,调用主机进程类的查询总线状态方法获得当前总线的状态(是否有冲突)。如果有冲突,则表示本次发送失败;如果没有冲突,查看时间,若超过 20s 则表示发送成功,否则继续睡眠。

发送数据线程类的 run 方法如果知道本次发送成功,则可以自行消亡,表示本次发送完成;否则,run 方法将冲突次数加 1,进行下一次发送的尝试。

2. 总线进程的相关类图

总线进程(I)的相关类图如图 6-13 所示。

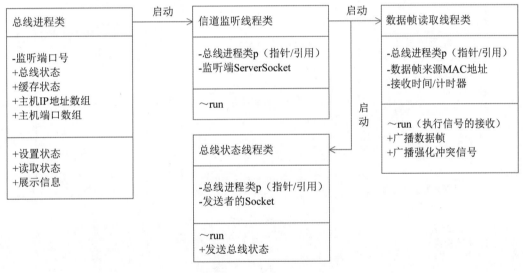

图 6-13　总线进程的相关类图

总线进程类是本程序的主类,也充当了多个类的纽带,并提供了信息展示的方法。

作为主框架的总线进程类工作不多,除了被动的维护状态(总线状态、缓存状态)外,其他的主要工作都是依靠启动的信道监听线程类处理的。总线进程启动信道监听线程时,把自己(p)传给该线程,主要是为了方便该线程回填相关信息,设置/获得总线状态等。

主机 IP 地址数组和主机端口数组分别保存了主机进程 A～D 的 IP 地址和端口号,主要用于数据帧、强化冲突信号的广播等。

信道监听线程类的主要工作(run)是一个死循环,时时监听来自主机进程的连接建立请求,分析报文类型,并根据报文类型启动其他线程进行相关的处理。

- 如果报文类型为 1,则生成并启动一个总线状态线程类,使用发送者的 Socket 返回总线进程的当前状态。

- 如果报文类型为 0,则生成并启动一个数据帧读取线程类(总线主要工作的承担者),进行数据帧的缓存和广播、冲突的检测、总线状态的改变等。

◇ 6.4 实 验 实 现

6.4.1 主机进程流程

数据发送线程类的活动图如图 6-14 所示。

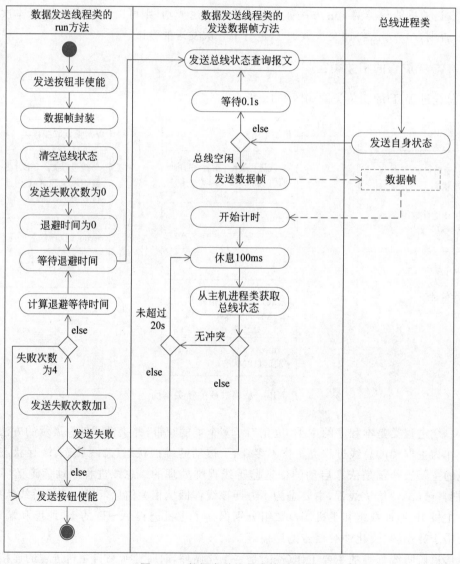

图 6-14 数据发送线程类的活动图

　　主机进程类的主要工作是数据帧的发送(由数据发送线程类完成),以及在发送后进行冲突检测等一系列工作。数据发送线程类在一次数据帧的发送期间一直运行,只有当数据帧发送成功或者发送 4 次均失败后才会自行消亡。数据帧的发送流程如下:

　　(1) 令发送按钮的 enabled=false(发送过程中不能再次发送)。

　　(2) 对数据帧进行封装。

　　(3) 清空主机进程类中的总线状态(改为空闲)。

　　(4) 向总线进程类查询当前的总线状态。

　　(5) 如果总线为忙或冲突,则等待 0.1s 后转向(4);否则转向(6)。

　　(6) 令退避时间为 0。

　　(7) 等待退避时间。

　　(8) 发送数据帧给总线进程类,并开始计时。

　　(9) 每 0.1s 向主机进程类获取当前总线的状态。

　　(10) 如果总线不是冲突状态,此时若计时器已经超过 20s,则转向(14),若计时器没有超过 20s 则转向(9)继续监听;否则(即有冲突)转向(11)。

　　(11) 冲突(发送失败)次数加 1。

　　(12) 检测冲突次数是否等于 4,如果是则转向(14),否则转向(13)。

　　(13) 计算退避时间,转向(7)。

　　(14) 向主机进程报告本次数据帧发送成功或失败的结果。

　　(15) 结束发送,数据发送线程自行消亡。

　　(16) 令发送按钮 enabled=true(可以进行下一次发送)。

　　注意:在本实验的设计中,发送数据帧之前查询总线是否空闲的时候,只能向总线进程类发起远程查询,而不能调用主机进程类的查询总线状态方法,因为总线进程类只发送强化冲突信号以表示总线产生了冲突,而不会发送其他表示状态的信息,因此这个状态并不是一个即时的状态。

6.4.2　总线进程流程

　　总线进程的主要工作体现在信道监听线程类和数据帧读取线程类上,特别是体现为数据帧读取线程类在读取一个数据帧后进行冲突检测和通知等一系列工作。

　　数据帧读取线程类启动后,在一次数据帧的读取和广播期间一直保持运行,只有当数据帧发送成功(以 20s 后广播该数据帧为标志)或者发现总线产生冲突后才会自行消亡。数据帧读取线程类的工作流程如下:

　　(1) 接收一个数据帧。

　　(2) 获得总线状态。

　　(3) 如果总线当前状态为忙(实际上这种情况不存在),则发送强化冲突信号给发送者,转向(16);否则转(4)。

（4）如果总线当前状态为冲突,转向(16);否则转(5)。

（5）如果总线当前状态为空闲,但是数据帧缓存非空,表示总线产生了冲突,转向(13);否则转向(6)。

（6）把数据帧放入缓存,启动计时器。

（7）等待 0.1s。

（8）从总线进程类获取总线状态。

（9）如果总线状态为冲突,转向(16);否则转向(10)。

（10）如果计时器已达到或超过 10s,将总线状态改为忙。

（11）等待 10s。

（12）广播数据帧给所有主机进程(发送数据帧的主机除外),转向(15)。

（13）向所有主机进程广播强化冲突信号,设置总线状态为冲突。

（14）等待 1s。

（15）将数据帧缓存清空,将总线状态改为空闲。

（16）调用总线进程类展示相关信息。

（17）线程结束。

在这个算法过程中,冲突按以下 3 种方法处理:

- 第一个被启动的数据帧读取线程仅仅在等待的过程中发现冲突[第(7)～(9)步]并结束运行即可。
- 冲突是由第二个被启动的数据帧读取线程在第(5)步发现的,此时要进行后续总线状态设置、广播强化冲突信号、清空数据帧缓存等一系列工作。
- 第三个甚至更后面启动的数据帧读取线程只要发现总线状态为冲突[第(4)步],直接结束运行即可。

算法只在第(12)步被认定为本次发送成功。

在这个处理的过程中,线程持有的发送者 Socket 连接只在第(1)、(3)步有用,此后就可以关闭该 Socket 连接了。

数据帧读取线程类的活动图如图 6-15 所示。

6.4.3　界面样例

1. 主机进程界面样例

主机进程(A、B、C、D)界面样例如图 6-16 所示。

2. 总线进程界面样例

总线进程(I)界面样例如图 6-17 所示。为了增强人机界面的可视性和友好性,这里将总线的拓扑和状态显示在界面中。

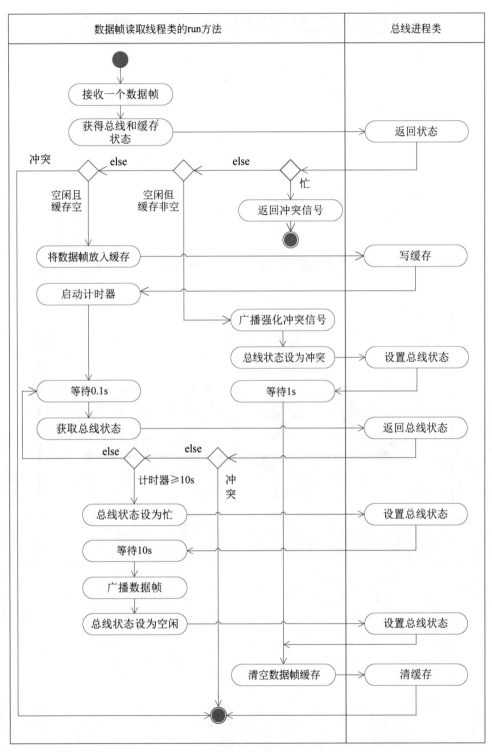

图 6-15　数据帧读取线程类的活动图

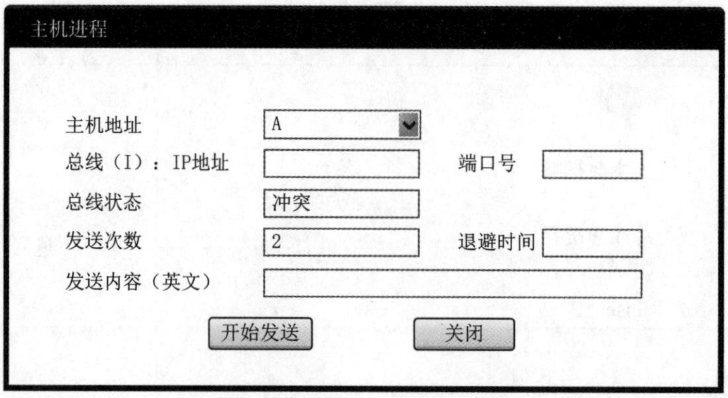

主机进程
主机地址
A
总线（I）：IP地址
端口号
总线状态
冲突
发送次数
2
退避时间
发送内容（英文）
开始发送
关闭

图 6-16　主机进程界面样例

总线（I）
监听端口号
主机（A）：IP地址
端口号
主机（B）：IP地址
端口号
主机（C）：IP地址
端口号
主机（D）：IP地址
端口号
当前总线状态：空闲
A
B
C
D
开始工作
关闭

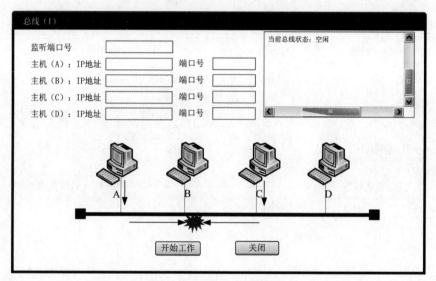

图 6-17　总线进程界面样例

第 7 章

交换机工作模拟实验

从广义上说,在通信系统里凡是用于信息交换功能的设备都可以称为交换机(switch),例如前面实验中提到的分组交换机(实际上指路由器,工作在 OSI 参考模型的第三层,即网络层)。

而目前最常提到的也广为使用的交换机是以太网交换机(主要工作在 OSI 参考模型的第二层,即数据链路层),其他交换机还有电话语音交换机、光纤交换机等。采用以太网交换机组成的以太网是现在有线局域网的"霸主"。本章首先介绍以太网交换机的基本技术,然后设置相关模拟实验。

◆ 7.1 概　　述

以太网交换机(以下简称交换机)有多个接口,每个接口都具有桥接的功能(因此交换机有时也被称为多接口网桥),且都可以连接一个局域网或者一台主机,为它们之间的通信提供独享的电信号通路。以太网交换机具有性价比高、高度灵活、相对简单和易于实现等特点。本实验模拟的就是以太网交换机(以下简称交换机)。

交换机的工作过程如图 7-1 所示,主要分为自学习阶段和转发阶段。

当交换机从接口 I 收到一个数据帧 F 时,先读取 F 的源 MAC 地址 A,将 A 和 I 关联起来,保存到站表(或称为交换表)中,后续要发给 A 的帧发给 I 即可。这是交换机的自学习过程。当然,如果站表已经存在关于 A 的表项,则不需要此过程。

站表表项(设为关于 A 的表项)有时间限定,如果长时间没有收到来自 A 的数据帧,则要废弃该表项。

在转发阶段,交换机读取数据帧 F 的目的 MAC 地址 B,查找站表。如果无法查到关于 B 的表项,就只能广播给所有接口(除了来源接口 I),这样 B 总能听到,除非 B 已经断开与交换机的连接。交换机如果查到了表项<B, J>,则向接口 J 进行转发(前提是 J≠I,表明源主机和目的主机不在同一个接口)。

以上过程完成了交换机自学习、转发/过滤的两个最主要的工作。另外,交换机还有消除回路、三层交换等其他功能,这里不再介绍。

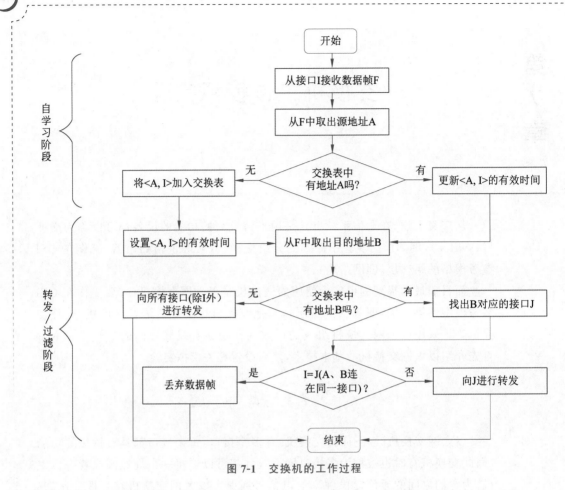

图 7-1 交换机的工作过程

◇ 7.2 实验描述

1. 实验目标

本实验要求学生掌握利用 Socket 进行编程的能力,并可以利用 Socket 编程模拟交换机的工作原理,以增强对交换机的理解。

2. 实验拓扑

本实验的网络拓扑结构如图 7-2 所示,其中的设备都以进程代替,链路则通过 Socket 连接模拟。

这个拓扑结构稍显简单,无法体现交换机的全部功能(例如,因为缺乏目的接口和源接口相同的场景,因此无法体现交换机的过滤功能),对此读者可以自己进行丰富。

3. 实验内容和要求

实验内容和要求如下:

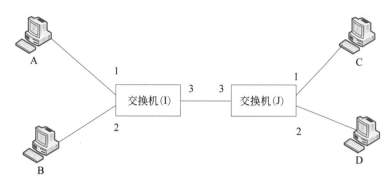

图 7-2 网络拓扑结构

（1）创建 6 个进程。

- 两个进程代表交换机(I、J)可以由一个程序实现,每个交换机具有 8 个接口(0~7, 分别代表以太网口 E0~E7)。
- 4 个进程代表主机 A、B、C、D,可以由一个程序实现。

（2）主机进程通过模拟的交换机接口连接在交换机上,对应关系如图 7-2 所示。

- 主机进程提供界面可以输入连接到哪一个交换机的哪一个接口。
- 单击"连接"按钮后,主机发一个报文给交换机,表示连接交换机。交换机可以判断该接口是否已经被占用。

    注意:此处不能写站表。

- 如果指定的接口已经被其他主机进程占用,则交换机需要通知后来的主机进程,告知连接失败,需重新连接到其他接口上。

（3）任何一台主机均可以通过交换机发送数据帧给另一台主机。

- 数据帧的格式需要体现目的地址、源地址。
- 交换机需要知道自己是从哪一个接口收到该数据帧的,以便进行过滤。
- 交换机可以根据站表进行数据帧的过滤和转发,或者进行广播。

（4）交换机应具有自学习能力,只有在收到数据帧后,才能根据数据帧的源地址(设为 X)建立<X,接口>的关联,并保存到站表中。

（5）站表的表项需要包括过期时间。

- 如果主机发送了数据帧,则自动更新相应表项的过期时间。
- 如果某台主机在 20s 内没有发送过数据帧,则交换机通过扫描自动删除该主机在站表中的表项。

（6）断开主机进程 A 和交换机进程 I 的连接。

- 未超过 20s,此时交换机 I 因发送失败而报错。
- 超过 20s,交换机 I 和 J 删除 A 在站表中的表项。
- 重新建立 A 和 I 的连接,发送数据帧,重新生成 A 在站表中的表项。
- A 断开与交换机 I 的连接,连接交换机 J,并发送数据帧(整个过程在 20s 内),则 I 和 J 更新站表的相关表项。

（7）显示。

- 各个进程提供图形界面,用户可以查看处理的过程。
- 主机进程显示收发情况。
- 交换机进程显示自己站表的改变情况和数据帧转发情况。

7.3 实验分析和设计

7.3.1 用例分析

1. 主机进程用例分析

主机进程(A、B、C、D)要完成的工作较少,其用例图如图 7-3 所示。

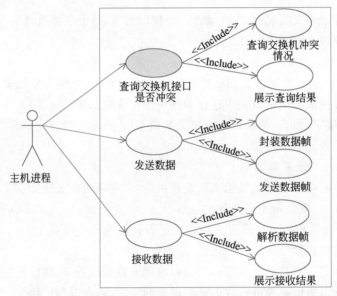

图 7-3 主机进程用例图

需要注意的是,在实际的网络工作过程中,主机查询交换机接口是否冲突这个工作是不存在的,因为交换机的一个接口是不可能同时插两根数据线的,所以主机和交换机之间的连接是不存在冲突的。但是对于用软件模拟实验的情况,必须进行接口冲突查询,否则一旦接口冲突,后续就无法正常工作。

这个工作更重要的目的在于与交换机进行握手,建立交换机接口和主机(确切地说是两个进程的 Socket)之间的关联。而且,这个工作只需要在初始化连接的时候工作一次即可,一旦建立了连接,后面就无须再进行这个工作了。

这个初始化连接的工作针对以下两种情况:

- 主机第一次和交换机进行连接。
- 主机断开与交换机的连接后,又再次进行连接。

主机进程界面上应该提供"连接"按钮,以执行此建立连接的过程。

以图 7-3 中查询交换机接口是否冲突的用例为例,其用例描述如表 7-1 所示。

表 7-1   查询交换机接口是否冲突的用例描述

名称	交换机模拟实验之查询交换机接口是否冲突
标识	UC0101
描述	1. 主机进程向交换机进程发起 Socket 连接请求。 2. 前者向后者发送报文,查询指定的接口是否冲突。 3. 主机接收交换机进程的应答,根据情况进行以下工作: ● 如果接口不冲突,则表示主机进程已经和交换机进程建立了连接,可以进行后续工作。 ● 如果接口冲突,则提示用户,让用户更改端口后重新尝试
前提	用户输入了交换机的 IP 地址、端口号、想要连接交换机的接口等信息
结果	从交换机进程得到查询结果(冲突或不冲突)。如果发现接口冲突,则拒绝发送用户的数据帧;只有当接口不冲突时并建立了连接时,才可以发送用户的数据帧
注意	主机进程必须通过该过程让交换机知道主机进程的 IP 地址、监听端口号等信息,方便后面交换机进程把数据转发给主机进程。 主机进程和交换机进程应该保持 Socket 连接始终不释放,以模拟物理连接的情况

2. 交换机进程用例分析

交换机作为中转站,需要有接收数据帧、缓存和发送数据帧的功能。为了简化工作,本实验模拟的以太网交换机交换方式为直通(cut-through,在接收数据帧的同时就立即按数据帧的目的 MAC 地址决定该帧的转发接口并进行转发)方式,而不是存储转发方式(把整个数据帧先缓存后再进行处理)。

交换机进程接收主机进程发来的查询接口是否冲突的报文。如果冲突,则返回冲突信息,告知主机进程重新选择接口进行连接;如果不冲突,则把物理接口号和对应的 Socket 关联起来并进行保存,以方便后续获得数据帧的来源接口。并且,一旦建立连接完毕,应该有一个独立的线程一直监听该 Socket,直到连接断开或者交换机进程被关闭。

这个线程负责监听 Socket,在读取数据帧后,需要分析数据帧的目的地址和源地址,完成站表的自学习功能和转发数据帧的功能。

另外,本实验还需要模拟一个扫描站表的功能实体,完成维护站表(主要是删除过期表项)的工作。这可以由一个独立的线程完成,也可以借助其他业务完成(例如在收到一个数据帧后查询站表,如果站表表项过期则弃之不用)。

实际上,如果希望模拟得更加逼真,还可以增加 CSMA/CD 的功能。考虑以下情况:若交换机某个接口连接的不是主机,而是集线器,交换机在与集线器配合工作的时候必须执行 CSMA/CD 协议。

再有,还可以模拟带宽适配。考虑以下情况:当 10Mb/s 的交换机接口连接到 100Mb/s 的主机时,主机必须降低自己的发送速率,以 10Mb/s 的速率发送数据帧给交换机;反之亦然。例如,发送线程可以每发送 10 字节数据就等待 0.1s,然后再次发送,如此重复操作,直到发送完毕。

对以上两点,本书不作要求。

基于以上分析,强烈建议在本实验中采用多线程技术处理各种功能。

交换机进程的用例图如图 7-4 所示。

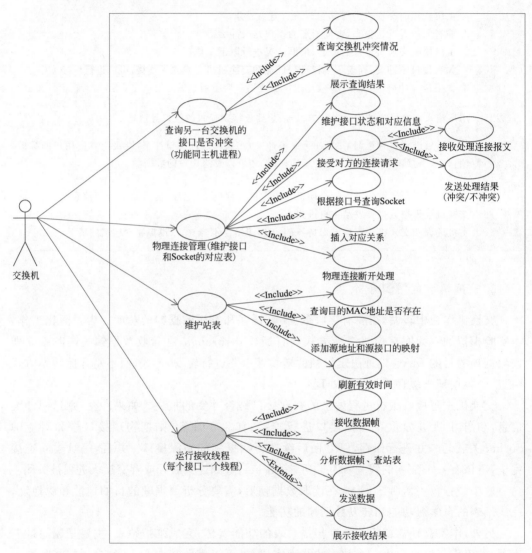

图 7-4 交换机进程的用例图

以接收线程为例,其用例描述如表 7-2 所示。

表 7-2 接收线程用例描述

名称	交换机模拟实验之运行接收线程用例
标识	UC0204

续表

描述	1. 接收一个数据帧。 2. 解析数据帧，获得目的 MAC 地址和源 MAC 地址。 3. 调用站表维护模块，传递目的 MAC 地址和（源 MAC 地址，物理源接口）信息给该模块，并等待该模块的处理结果。站表的处理过程如下：查看源地址是否在站表中，如果不存在则加入，否则刷新有效时间；查看目的 MAC 地址是否在站表中，如果存在则返回目的地址对应的物理接口，否则返回−1。 4. 如果收到的结果是−1，则将数据帧通过每一个物理接口对应的 Socket 进行发送，以模拟广播。 5. 如果收到的结果不是−1，则根据物理接口找到对应的 Socket，把数据帧通过该 Socket 发送出去，以模拟单播
前提	接收到一个数据帧
结果	把数据帧发送出去
注意	广播时，需要避免向源接口发送数据帧

7.3.2　时序图

本实验的时序图如图 7-5 所示。

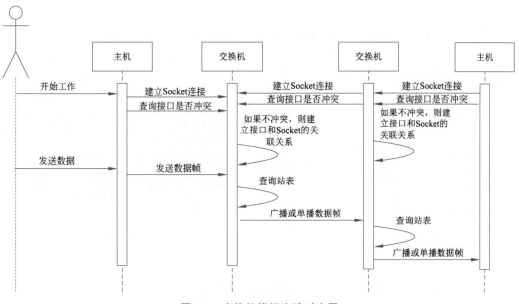

图 7-5　交换机模拟实验时序图

多个主机用户可以同时发送数据（在文本框中输入）和接收数据（在窗口中进行展示），交换机可以通过多线程技术，同时处理多对用户之间数据帧的发送。但是发送之前，需要实现主机进程和交换机进程之间、交换机进程和交换机进程之间的连接，在物理设备上体现为线缆的连接，在模拟实验中体现为发送接口冲突查询报文。

7.3.3 部署图

在本实验中,多个进程可以部署在多台计算机上,也可以部署在同一台计算机上。这里假设实验是部署在多台计算机上的,这样,各个进程可以具有随意的端口号。如果因为实验条件所限,确实需要把所有进程都部署在同一台计算机上,因为各个进程所需的 IP 地址相同,所以需要为这些进程设置不同的端口号,以防止冲突。

本实验的部署图如图 7-6 所示。其中的连线表示双方需要进行通信。

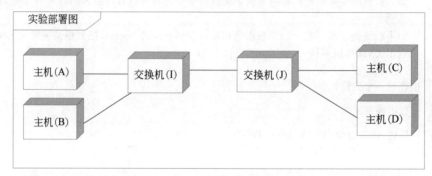

图 7-6 实验部署图

7.3.4 系统体系结构设计

在本实验中,系统可以分为两部分,其体系结构如图 7-7 所示。

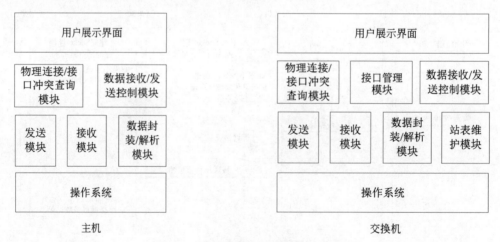

图 7-7 交换机模拟实验系统体系结构

其中,主机进程的工作就是建立物理连接(查询自己要连接的交换机接口是否冲突),并将用户输入的数据封装成数据帧,发给交换机。

交换机进程的工作较多,除了包括主机进程拥有的建立物理连接功能模块(J 和 I 进行连接,使得两个交换机可以互联)、收发数据帧模块等,还要包括一些功能实体以完成交换机的核心工作,如维护站表、根据站表完成数据帧转发等。

　　另外,交换机进程还多了一个接口管理模块,该模块负责接收主机或其他交换机发来的查询接口是否冲突的报文,从而把接口和 Socket 关联起来,从而完成转发前的最后一步准备工作。

　　数据封装模块的主要工作是将用户的数据(输入的字符串)封装成数据帧。数据解析模块的主要工作是对数据帧进行解析,得到相关数据并转换成字符串,方便后续展示,还可以获得一些必要的控制信息(例如地址信息)。

　　接收模块主要完成基本的数据接收功能,负责读取网络上传送到本进程的二进制数据流并将其交给上层。发送模块的主要工作是将上层的二进制数据流通过网络发送出去。数据接收/发送控制模块是通过调用数据封装/解析模块、发送模块和接收模块完成用户要求的业务。

　　站表维护模块负责维护交换机的站表,包括增、删、改等操作。它还有一个重要的工作,即周期性地检查并判断站表表项是否过期。但是本实验中省略了这一步,只有在收到数据帧时才进行检查,和实际情况略有不同。

7.3.5　报文格式设计

　　本实验涉及 3 种报文、两个业务的往返,为了方便各个进程之间的通信处理,特定义了报文类型字段,它包括的报文类型如表 7-3 所示。针对这些报文类型以及后面定义的报文格式,读者可以根据自己的设计需要进行修改和完善。

表 7-3　报文类型

类型号	类　型	备　注
0	数据帧	所有设备进行传送的数据帧报文
1	接口冲突查询	主机进程向交换机进程发起连接,交换机进程 J 向交换机进程 I 发起连接
2	接口冲突回复	冲突或不冲突

1. 数据帧报文格式

数据帧报文格式如图 7-8 所示。

报文类型	接收端	发送端	数据长度(len)	数据
1字节	1字节	1字节	2字节	len字节

图 7-8　数据帧报文格式

数据帧的报文类型为 0。
接收端和发送端分别为目的 MAC 地址和源 MAC 地址(A、B、C、D 之一)。
数据长度是以二进制形式保存的数字,表明后续数据的长度。

2. 接口冲突查询报文格式

接口冲突查询相当于握手过程,以建立双方的"物理"连接。该报文的格式如图 7-9 所示。其报文类型为 1。

目的接口号指明主机进程或交换机进程希望和对方(交换机)哪一个接口进行连接,以此表达与对方接口号连接的意图。为了模拟得更加贴近实际,在查询交换机接口状态的时候,不能带上本机的 MAC 地址(根据协议,交换机只能通过后续的数据帧获取该地址),所以报文中并未设计 MAC 地址字段。

3. 接口冲突回复报文格式

接口冲突回复报文的格式如图 7-10 所示。接口状态可以设置为:数字 1 表示可用,数字 0 表示不可用。

图 7-9 接口冲突查询报文格式   图 7-10 接口冲突回复报文格式

本实验假设接口冲突查询的过程是最初的操作,不和后面的数据帧发送、接收过程相混淆,所以这两个握手报文设计得非常简单。

7.3.6 类图

1. 主机进程的相关类图

主机进程(A、B、C、D)的相关类图如图 7-11 所示。

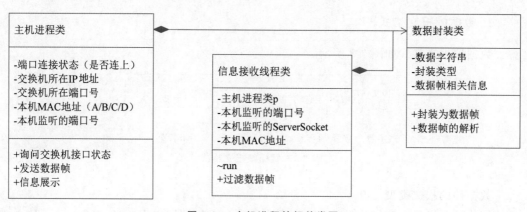

图 7-11 主机进程的相关类图

其中主机进程类是本程序的主类,也充当了多个类的纽带,并提供了信息展示的方法。

因为发送数据较为简单,所以不再建立独立的线程类;但是对于其他主机发送来的数据帧,有必要使用专门的线程类进行接收。

发送数据帧时,主机进程先调用数据封装类的封装为数据帧方法,传入目的地址、源地址、用户数据等参数,将用户输入的字符串封装成帧,然后调用自身的发送数据帧方法发送出去即可。

信息接收线程类在接到数据帧后,调用数据封装类进行数据帧的解析,并且调用线程自身的过滤数据帧方法,根据帧首的目的 MAC 地址以及自己持有的 MAC 地址进行判断,该帧是否是发送给自己的数据帧。如果不是发给自己的数据帧(如交换机广播的数据帧就有可能不是发给本主机进程的),则抛弃,如果是,则调用主机进程类 p 的信息展示方法,把信息进行展示。

2. 交换机的相关类图

交换机的相关类图如图 7-12 所示。

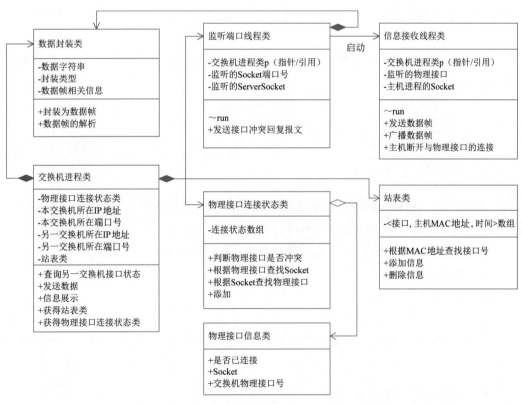

图 7-12　交换机的相关类图

其中交换机进程类是本程序的主类,也充当了多个类的纽带,并提供了信息展示的方法。

交换机进程类作为主类负责程序的运行。首先要做的是调用其中一个交换机(例如J)的查询另一交换机接口状态方法,与另一台交换机(例如I,它在监听端口线程类中完成此工作)进行握手,建立双方的连接。然后两个交换机进程接收主机的接口冲突查询报文,都在监听端口线程类中完成回复,使得物理接口与主机建立物理连接。这些都是准备工作,相当于网络的安装和布置。准备工作完成后,可以单击"开始工作"按钮,启动交换机的正式工作——转发数据帧。

在本实验中,一旦物理接口和主机进行了连接,则两者之间的 Socket 始终保持连接状态而不断开,正是因为这样,所以在物理接口信息类中,保存了对应于物理接口的Socket,方便后续根据物理接口找到 Socket,使用该 Socket 与主机进行通信。

在交换机进程中,可以针对每一个物理接口产生一个接收信息线程,完成数据帧的收取和发送。每一个线程从赋予自己的 Socket 处读取主机发来的数据帧,调用数据封装类进行数据帧报文的解析,得到目的 MAC 地址和源 MAC 地址。然后调用站表类获得目的接口号,再根据目的接口号查找物理接口连接状态类,获得对应的 Socket,最后进行单播或者广播,将数据发送出去。在这个过程中,还要完成自学习的过程或者更新生存时间的过程。

另外,本书不为站表设立独立的线程去扫描每一个表项的有效时间,而是在后续收发数据帧的时候捎带处理。

◇ 7.4 实 验 实 现

7.4.1 主机处理流程

主机进程的算法较为简单,这里以接收数据帧为例,算法步骤如下:

(1) 读取前 5 字节(head[0]~head[4])。

(2) 根据第 3 字节和第 4 字节,计算后续数据的长度(len)。

(3) 读取后续数据。

(4) 进行数据的解析。

(5) 调用界面展示函数进行展示。

主机进程接收数据帧的活动图见图 7-13。在图 7-13 中,之所以不事先判断该数据帧是否是发给自己的,而是先读取后续数据,是为了清空读取缓存,为下次读取做准备。

7.4.2 交换机处理流程

这里以交换机接收到数据帧并进行处理为例,算法步骤如下:

(1) 从 Socket 处读取数据(前 5 字节加上后续数据,同主机处理流程,这里不再

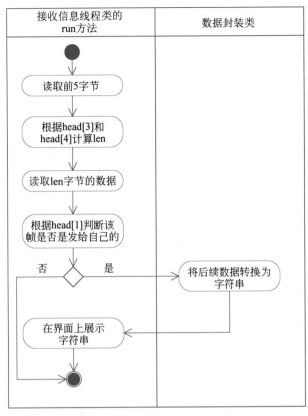

图 7-13 主机进程接收数据帧的活动图

赘述)。

(2) 令源 MAC 地址 ADDs＝head[2],目的 MAC 地址 ADDt＝head[1]。

(3) 如果 ADDs 不在站表中,将其加入站表。

(4) 如果 ADDt 在站表中,查找其对应的接口,根据接口找到 Socket,将数据帧发送出去。

(5) 如果 ADDt 不在站表中,则找到所有的可用接口,将数据帧通过每一个接口对应的 Socket 发送出去。

交换机接收数据帧并进行处理的活动图见图 7-14。

在这里面存在一个隐患,即,如果两个线程同时访问某个接口的站表表项,而此表项恰巧在此时过期了,两个线程为此都执行删除该表项的操作,会导致其中一个操作失败甚至异常。为此需要采用互斥的方法加以限定,以避免出错。

7.4.3 界面样例

1. 主机进程界面样例

主机进程(A、B、C、D)界面样例如图 7-15 所示。

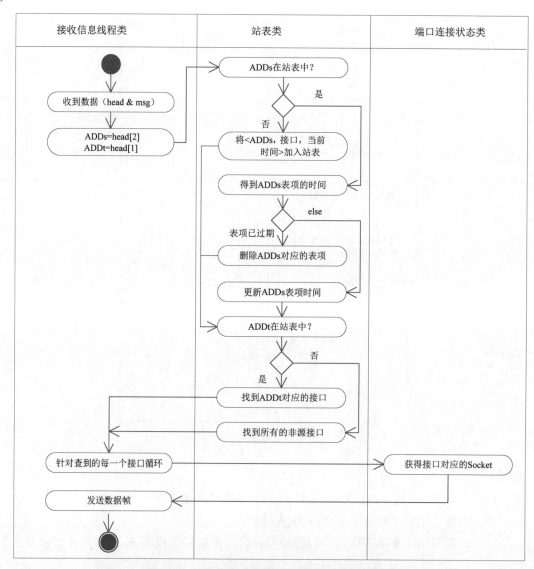

图 7-14   交换机接收数据帧并进行处理的活动图

图 7-15   主机进程界面样例

2. 交换机进程界面样例

交换机进程界面样例如图 7-16 所示。界面中的表格主要用于显示当前交换机进程站表的相关信息。

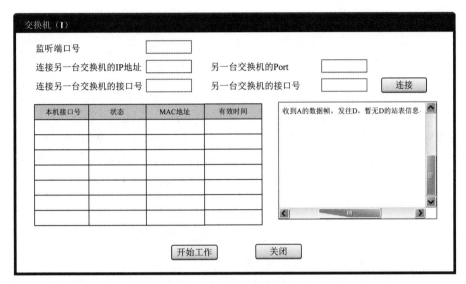

图 7-16 交换机进程界面样例

交换机进程应该做到：一旦一个交换机连接了另一个交换机，另一个交换机的"连接"按钮应该变成灰色，不允许用户再单击。

第8章

隐蔽站和暴露站问题模拟实验

最常见的无线通信网络包括无线局域网（Wireless Local Area Network，WLAN，最常见的即 WiFi）和无线广域网（Wireless Wide Area Network，WWAN，最常见的即 4G、5G 等蜂窝网络）。这些网络有着极其方便的使用体验，已经融入千家万户，在工作、学习、生活中起着越来越重要的作用。本章以及第 9 章将关注无线局域网的相关知识。

◆ 8.1 概　　述

无线局域网分为有固定基础设施的无线局域网和无固定基础设施的无线局域网。无论哪一种无线局域网，要实现多路访问的目的，都必将面对两个重要的问题，即隐蔽站问题和暴露站问题。针对这两个问题，目前的一种解决方案是采用预约机制加以缓解。这里先分析为什么无线局域网会面临这两个问题。

在如图 8-1(a)所示的以太网中，如果站点 A 发送的信号已经开始正常传输，或者站点 A 和站点 F 的信号在总线上产生了冲突，数据信号或者冲突后的杂乱信号会向各个方向扩散，最后，所有的主机都能够感知到。

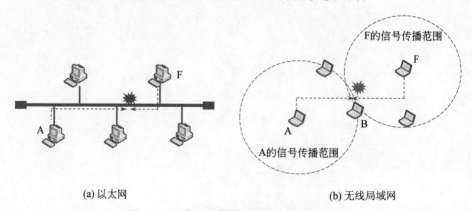

(a) 以太网　　　　　　　　　　　　　　(b) 无线局域网

图 8-1　隐蔽站和暴露站问题出现原因分析

但是，在无线局域网中，情况则有很大的不同。如图 8-1(b)所示，站点 A 和站点 F 周围的圆圈代表了两者各自的信号传播范围。可见两者都无法把自己的信号发送给对方,也就无法知道对方的工作状态。如果在两者中间产生了信号的冲突,两者也是无法感知到的。

这里强调一下,千万不要认为 A 和 F 的信号传播范围相交就可以做到信号互相到达。只有像 B 一样在 A 的信号传播范围内,才能够收到 A 的信号。正是这种原因导致了隐蔽站和暴露站问题。

1. 隐蔽站和暴露站问题

如图 8-2(a)所示,当站点 A 和站点 C 检测不到自己周围有无线信号时,都以为站点 B 是空闲的,因而都向站点 B 发送了数据信号,结果两者的信号在站点 B 处发生了冲突,导致站点 B 无法正确收到任何一方的信号。这种未能检测出传输介质上已存在的信号的问题称为隐蔽站问题(hidden station problem),站点 A 和站点 C 互为隐蔽站。

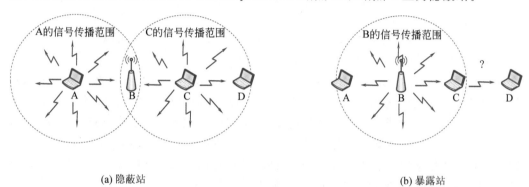

(a) 隐蔽站　　　　　　　　　　　　　　　　　　(b) 暴露站

图 8-2　隐蔽站和暴露站问题

如图 8-2(b)所示,站点 B 正在向站点 A 发送数据信号,站点 B 的信号传播范围覆盖了站点 C,而站点 C 此时又想和站点 D 通信。但是,如果不采用一定的手段,站点 C 在检测到传输介质上有信号在发送后,就不敢向站点 D 发送数据信号了,这种情况严重地影响了无线局域网的通信效率。其实站点 B 向站点 A 发送数据信号的过程并不影响站点 C 向站点 D 发送数据信号(站点 C 发出的信号,即便在站点 C 的附近和站点 B 的信号重叠,然而一旦超出站点 B 的信号范围,就只剩下站点 C 的信号了),这就是暴露站问题(exposed station problem)。

2. 通过预约机制缓解隐蔽站和暴露站问题

采用预约机制可以有效地缓解上面两个问题。所谓预约机制,即发送数据前由发送端站点向接收端站点提出发送申请(Request To Send,RTS),进行信道的预约,如果条件允许,则接收端回复同意发送(Clear To Send,CTS)消息,此后双方就可以进行通信了。

如图 8-3(a)所示,假设站点 A 先向站点 B 提出预约(RTS,带有发送者 A 和接收者 B 的标识以及本次传送过程所需的时间),站点 B 同意站点 A 的预约并作出应答(CTS),站点 B 的这个 CTS 会传播到站点 A 和站点 C。站点 C 收到后,知道站点 A 正在和站点 B 进行通信,就不再发出自己的预约,直至对方通信完毕。这样可以大大减少隐蔽站问题。

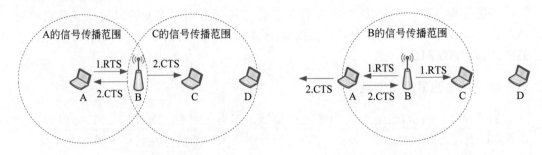

(a) 用预约机制缓解隐蔽站问题　　　　　　　　(b) 用预约机制缓解暴露站问题

图 8-3　用预约机制缓解隐蔽站和暴露站问题

切记,RTS 本身也存在隐蔽站的问题,但是因为 RTS/CTS 长度很短,即便冲突也浪费不大,所以预约机制可以极大地减小信道的浪费。

如图 8-3(b)所示,假设站点 B 向站点 A 提出预约(RTS),站点 A 同意站点 B 的预约(发出 CTS)。在这个过程中,站点 C 只收到了站点 B 的预约信号(RTS,该信号和 C 无关,这是前提),而无法收到站点 A 的同意信号(CTS),知道即便自己向站点 D 发送信号,也不会对站点 B 发向站点 A 的通信产生不良影响,所以可以向站点 D 发送自己的信号。即站点 B 发送数据信号给站点 A 的同时,站点 C 也可以发送数据信号给站点 D。由此可见,预约机制可以极大地提高信道的发送效率。

需要指出的是,使用 RTS 预约帧和 CTS 应答帧进行预约的过程会使整个网络的通信效率有所下降,特别是在网络通信量不高的情况下尤为显著。

但是,与通常的数据帧相比,RTS/CTS 控制帧的长度都很短,开销并不算大。假如不使用这种预约机制,则一旦发生冲突而导致数据帧重发(隐蔽站问题),或者因为暴露站问题而使传输效率降低,则浪费的时间资源和信道资源就更多了。这些问题在网络负载较高的情况下影响尤为严重。

◆ 8.2　实验描述

1. 实验目标

本实验要求学生能够掌握基于 Socket 的网络编程手段,并且能够使用网络编程技术模拟隐蔽站和暴露站问题产生的过程,以及采用 RTS/CTS 机制缓解这两个问题的工作过程,从而增强对分布式系统面临的问题和解决办法的理解。

2. 实验拓扑

本实验的网络拓扑结构如图 8-4 所示。其中每个移动节点周围的虚线圆圈代表了该移动节点的信号传播范围。

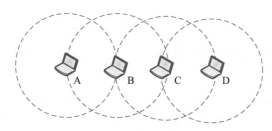

图 8-4　网络拓扑结构

3. 实验内容和要求

实验内容和要求如下：

(1) 设置 4 个移动节点(用进程代替,下同)。

- 每个节点进程拥有 1 字节的 MAC 地址(A、B、C、D),在窗口中输入。
- 每个节点可以输入自己所在的位置(x、y 坐标,单位为 m)。

(2) 覆盖范围为 5m,即相互之间如果超出 5m 则不能通信。

- 每个节点通过和任何其他节点的交流知道对方的位置,通过位置计算与其他节点的距离。需要指出的是,这一过程并不符合实际情况,但是为了感知相邻节点,在本实验中是需要的。
- 每个节点根据节点间的距离判断自己和谁相邻。

(3) 发送数据。

- 各个节点由用户单击"发送"按钮,表示该节点开始发送数据帧。
- 每个节点(设为 X)在发送前先查看周围是否有其他节点在发送数据。可以有两种方法模拟此过程:向相邻节点发送报文询问;每个节点在发送前通知相邻节点进行告知。第二种方法更符合实际情况,本书采用这种方法。
- 如果没有相邻节点在发送数据,X 才能发送自己的数据。
- 发送数据帧时间为 5s。
- 发送成功后,接收节点向发送节点发送 ACK 报文,表示此次发送过程成功。

(4) 模拟隐蔽站问题。

- 某节点(设为 Y)收到数据帧后,在 5s 内如果还有其他节点也发送了数据,则认为产生了冲突,并展示冲突(例如变红)。此时,Y 需要向源节点 X 发送一个 NAK 帧,告诉 X 此次发送失败。
- 在 5s 内如果没有其他节点发送数据,则认为本次发送过程成功,没有发生隐蔽站问题,此时需要向 X 发送一个 ACK 信息。

(5) 模拟暴露站问题(如图 8-2(b)所示)。

- 被影响的节点(C 节点),需要发送数据帧。
- C 感知到相邻节点 B 正在发送数据帧,则不敢发送自己的数据帧。
- C 通过事先获得的 B 的数据帧分析出目的地址是 A,通过计算得知 A 和自己并不相邻。需要指出的是,这一点实际上不太符合实际情况。在实际情况下,C 可以收到 B 的数据帧,但是一般的处理过程是丢弃该帧,并不记录发送过程的源地址和目的地址。

- C 在界面上展示暴露站问题(例如变蓝)。

(6)模拟预约过程。

- 节点在发送数据前,如果没有其他节点在发送,则发送 RTS 帧给自己的所有相邻节点(包括目的节点),发送时间为 1s。
- RTS 帧内容包括源节点和目的节点的地址以及本次会话要持续的时间(6s,假设 CTS 帧不占时间)。
- 目的节点如果空闲,则反馈 CTS 帧给自己的所有相邻节点(包括源节点)。

(7)显示。

- 各个进程应提供用户图形界面。
- 每个进程可以设置自己的主机号,查看运行过程。

◇ 8.3 实验分析和设计

下面采用 UML 的方法,首先进行分析和设计。

8.3.1 用例分析

在本实验中,所有移动节点都拥有相同的角色。移动节点进程用例图如图 8-5 所示。

针对移动节点进程,其发送数据帧(这里不包括发送预约帧的过程)的用例描述如表 8-1 所示。

表 8-1 发送数据帧的用例描述

名称	移动节点进程之发送数据帧用例
标识	UC0103
描述	1. 用户单击"发送"按钮。 2. 将用户输入的字符串封装成数据帧。 3. 检查是否有相邻节点正在发送数据。 4. 如果没有相邻节点在发送数据,则立即发出自己的数据帧,并等待接收反馈信息。 5. 如果有相邻节点正在发送数据,则根据相邻节点状态中记录的相关信息计算是否存在暴露站问题
前提	有数据帧需要发送
结果	发送成功或者发送失败
注意	该用例需要借助计算邻居用例,得到相邻节点的集合。 为了检测相邻节点发送的情况,可以设置一个发送状态列表,列表中的每一个成员都包含(发送时刻、源地址、目的地址)信息,用于记录当前正在发送数据的相邻节点情况

移动节点接收数据帧(这里不包括发送预约帧的过程)的用例描述如表 8-2 所示。

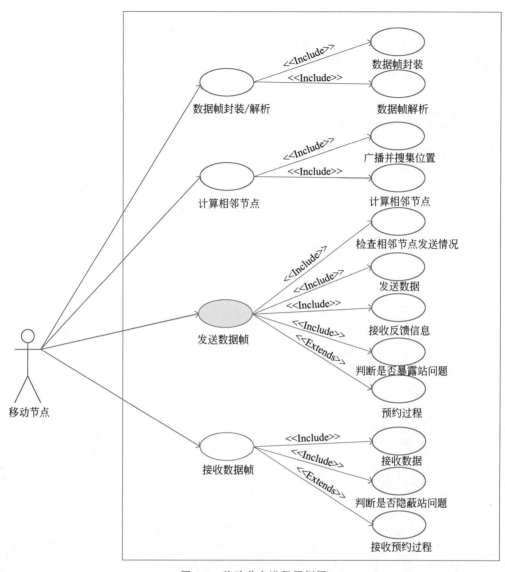

图 8-5　移动节点进程用例图

表 8-2　接收数据帧的用例描述

名称	移动节点进程之接收数据帧用例
标识	UC0104
描述	1. 收到其他节点发送的数据帧。 2. 解析数据帧,记录数据帧的内容,分析数据帧的源地址和目的地址,以及收到的时间。 3. 在 5s 内,检查是否还有相邻节点在发送数据。并且这段时间内需要抑制自己发送数据帧的意图。 4. 如果在 5s 内有两个以上的相邻节点发送了数据帧,并且有一个数据帧(设为 F)的目的地址指向自己,则判断为隐蔽站问题,显示隐蔽站问题,并向 F 的源节点发送失败(NCK)消息。

续表

描述	5. 如果在 5s 内只有一个相邻节点在发送数据,并且目的地址指向自己,则显示接收成功,并向源节点发送成功(ACK)消息。 6. 4 和 5 中任一个结束,则状态恢复正常,继续监听,也可以发送自己的数据帧
前提	各个进程做好准备工作,开始监听信道
结果	接收成功,或者接收失败(隐蔽站问题)
注意	该用例需要借助于计算邻居用例,得到相邻节点的集合。 可以借助于前面引入的发送状态列表

8.3.2 状态图

分析本实验的节点状态,有利于读者理解模拟处理过程,节点状态图如图 8-6 所示。

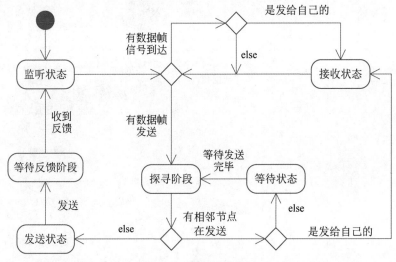

图 8-6 节点状态图

节点进程一旦开始运行,就不会终止,除非用户关闭总线进程。

另外,这个状态图的前提是无线网卡是非全双工的,即半双工的(不能同时发送和接收,目前多数无线网卡都是这样的)。出于简便,可以不用考虑这个因素,用多线程实现全双工。

8.3.3 时序图

移动节点发送数据帧的时序图如图 8-7 所示,该时序图只设计了正常(不产生冲突)的、一次发送成功的情况。

用户发送一个数据,移动节点将其转换成数据帧后,向自身询问信道状态(前提是任一移动节点发送数据前均需要向相邻节点进行通告),如果信道状态为空闲,则向相邻节点发送 RTS 帧预约信道。

相邻节点将收到 RTS 帧。如果可以,接收节点发送 CTS 帧给发送节点。

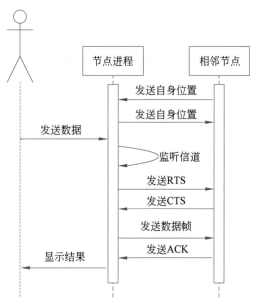

图 8-7 移动节点发送数据帧的时序图

发送节点发送数据帧给接收节点,后者收到后发送 ACK 帧给发送者。

8.3.4 部署图

在本实验中,多个进程可以部署在多台计算机上,也可以部署在同一台计算机上。这里假设实验是部署在多台计算机上的,这样,各个进程可以具有随意的端口号。如果因为实验条件所限,确实需要把所有的进程都部署在同一台计算机上,因为各个进程所需的 IP 地址相同,所以需要为这些进程设置不同的端口号,以防止冲突。

本实验的部署图如图 8-8(a)所示。其中的连线表示双方需要进行通信。之所以各个节点之间是全连接的,是因为在运行刚开始时需要各个节点互相通报各自的位置,此后才能根据各自的位置计算相互之间的距离,再形成最后的网络拓扑,如图 8-8(b)所示。这样的设计能够最好地体现移动的特色。

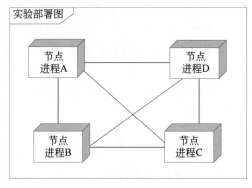

(a) 初始布署图

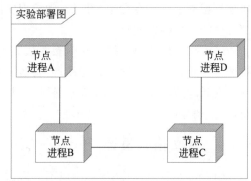

(b) 最终布署图

图 8-8 实验部署图

8.3.5   系统体系结构设计

系统的组成部分——各个节点地位相同且功能相似,其体系结构如图 8-9 所示。

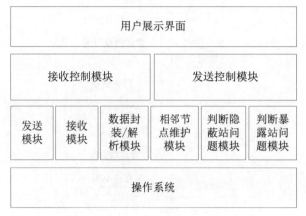

图 8-9   系统体系结构

接收模块的主要工作是完成基本的数据接收功能,负责读取网络上传送到本进程的二进制数据流并提交给上层。发送模块的主要工作是将上层的二进制数据流通过网络发送出去。

数据封装模块的主要工作是将用户的数据(输入的字符串)封装成数据帧。数据解析模块的主要工作是对数据帧进行解析,得到相关数据并转换成字符串,以方便后续展示,还可以获得一些必要的控制信息。

相邻节点维护模块负责维护和自己相邻的其他节点的信息,为后续数据帧(或 RTS 帧)的发送做准备,因为在无线环境下一个节点发送的信号可以被所有相邻节点收到,所以需要根据相邻节点列表进行广播。相邻节点维护模块还要具有相邻节点判断的功能,根据初始时各个节点彼此交换的位置信息判断哪些节点和自己相邻。

发送控制模块负责控制整个发送过程。它在发送前检查是否有相邻节点正在发送数据帧。如果没有相邻节点正在发送数据帧,则发出自己的数据帧,并等待接收反馈信息;如果有相邻节点正在发送数据帧,则根据实际情况进行处理,经过等待、重发等操作,最终把自己的数据帧发送出去。

接收控制模块负责控制整个接收过程。它的工作包括:收到数据帧后进行记录;判断是否有其他邻节点发送数据帧;向发送者发送 ACK(成功)消息或者 NCK(失败)消息。

判断隐蔽站问题模块和判断暴露站问题模块分别对隐蔽站问题和暴露站问题进行判断,并控制界面进行相应的展示。

8.3.6   报文格式设计

因为本实验是模拟实验,所以不必遵循 IEEE 802.11 帧的格式要求。

本实验涉及多个报文的往返,为了方便各个进程之间的通信处理,特定义了报文类型字段,其中包括的报文类型如表 8-3 所示。对于这些报文类型以及后面定义的报文格式,读者可以根据自己的设计需求进行修改和完善。

表 8-3　报文类型

类型号	类　　型	备　　注
0	数据帧	将用户输入的字符串封装成帧
1	数据应答帧	对是否正确收到数据帧进行应答
2	交换地理位置信息帧	工作开始之前,所有移动节点互相通告自己的地理位置,以便每个移动节点都可以判断哪些节点与自己相邻
3	RTS 帧	预约请求帧
4	CTS 帧	预约成功应答帧
5	预约失败帧	预约失败应答帧。这个帧是为了完成实验而添加的

1. 数据帧报文格式

数据帧报文格式如图 8-10 所示。

图 8-10　数据帧报文格式

数据帧的报文类型为 0。
目的地址和源地址即目的节点和源节点的标识(A、B、C、D)。
数据长度是以二进制形式保存的数字,表明后续数据的长度。

2. 数据应答帧报文格式

数据应答帧报文格式如图 8-11 所示。

图 8-11　数据应答帧报文格式

数据应答帧的报文类型为 1。
数据应答帧的应答类型如下:
- 1 为 ACK,表示本次发送成功。此时,后续的发送者 1 和发送者 2 字段无用,可以用 0 填充。
- 0 为 NAK,表示此次接收过程中产生了冲突。此时,后续的发送者 1 和发送者 2 字段表示产生冲突的两个节点的 MAC 地址。

3. 交换地理位置信息帧报文格式

交换地理位置信息帧报文格式如图 8-12 所示。其中的 x 坐标和 y 坐标是以二进制形式保存的数字,代表各自维度的数值。

4. 其他报文格式

RTS 帧和 CTS 帧报文格式如图 8-13 所示。在 RTS 帧和 CTS 帧报文格式中,省略了发送数据所需时间字段,因为本实验已经假设发送时间为 5s 了。

1字节 1字节 1字节 1字节

图 8-12 交换地理位置信息帧报文格式

1字节 1字节 1字节

图 8-13 其他报文格式

8.3.7 类图

移动节点进程(A、B、C、D)的相关类图如图 8-14 所示。其中移动节点进程类是本程序的主类,也充当了多个类的纽带,并提供了信息展示的方法。

移动节点进程类非常简单,移动节点进程在启动相关线程时,把自己(p)传给该线程,主要是为了方便线程回填相关信息、获得相邻节点类等。

相邻节点类的主体是一个数组,保存了各个相邻节点的信息。该类还提供了相关方法,对各个节点发来的坐标进行位置上的计算,从而判断其是否属于自己的相邻节点,并将相邻节点放入数组。

接收信息线程类在 ServerSocket 上监听其他节点建立 Socket 连接的请求。一旦建立连接后,就启动处理信息线程类进行并行处理。

处理信息线程类获得数据帧,设定每一个数据帧的接收时间,并定期扫描,如果超过 5s 无其他节点发来数据帧,则认为该帧接收成功;如果在 5s 内收到其他节点的数据帧,则认定为隐蔽站问题。为了反馈简单的应答信息,该类也提供了发送帧和广播帧的方法,这里的帧包括预约应答帧、数据应答帧。

发送数据帧的主要工作都在发送数据帧类中完成,它控制整个发送的过程,包括探测信道是否空闲、发送数据帧以及扩展的 RTS 预约帧、接收应答帧等。该类还可以根据发送的实际情况判断是否为暴露站问题。

发送数据帧类的处理过程主要分为 3 个阶段:

(1) 查看信道是否空闲阶段。这个功能可以通过查看发送状态类完成。如果所有相邻节点都没有正在发送数据,说明信道空闲;如果有相邻节点正在发送数据,则需要通过计算判断是否为暴露站问题。

(2) 数据帧发送阶段。通过 Socket 把数据帧发送出去,这个数据帧要发给自己的所有相邻节点,让后者记录,从而进行判断。

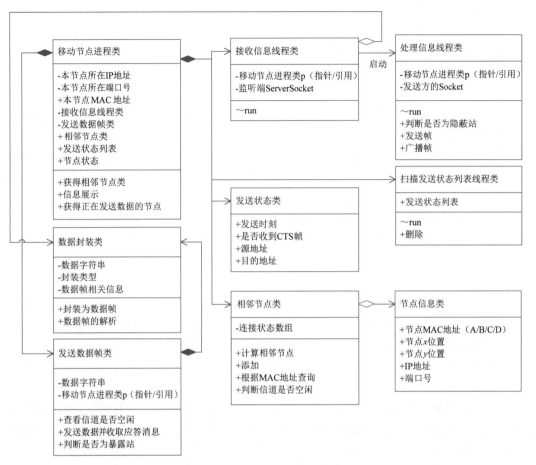

图 8-14　移动节点进程的相关类图

（3）检测是否发送成功阶段。等待对方发送应答信息，并根据收到的应答信息判断自己是否发送成功。如果发送失败，则提示发送失败。

数据封装类负责对用户的数据（或其他控制信息）进行封装和解析。

发送状态类保存了当前正在发送数据帧的相邻节点信息。移动节点进程类中有一个关于发送状态类的列表，该列表中的成员将根据相邻节点的发送情况动态变化：

（1）当某个相邻节点发送数据时，将该节点信息加入列表。

（2）扫描发送状态列表线程类定期扫描该列表，如果某个相邻节点的发送时间超时（在没有预约的情况下是 5s；在有预约的情况下，要按照 1s 和 6s 两个时刻分别处理），则从列表中删除该节点。

◆ 8.4　实 验 实 现

8.4.1　发送数据帧流程

移动节点进程的一个主要工作体现在探测是否可以发送数据帧、发送数据帧以及进行暴露站问题的判断等一系列工作。

当一个用户在移动节点进程(X)界面上单击"发送"按钮发送数据的时候,X 执行的数据发送流程如下(包含利用 RTS/CTS 帧进行预约的过程)。

(1) 令"发送"按钮的 enabled＝false(发送过程中不能再次发送)。

(2) 对数据帧进行封装。

(3) X 查询自己维护的发送状态数组。如果有相邻节点正在发送数据,则转向(4);否则转向(7)。

(4) X 针对每一个正在发送数据的相邻节点 Y,得到其正在发送的数据的目的地址 ADDr,X 根据自己的相邻节点集合和 ADDr 判断自己与 Y 之间是否产生了暴露站问题(判断依据:如果 ADDr 不属于相邻节点集合,则判断为产生了暴露站问题;否则判断为未产生暴露站问题)。

(5) 经过判断,如果与全部相邻节点都存在暴露站问题,则进行展示后转向(6)。只要有一个相邻节点和自己(X)不存在暴露站问题,则提示本次发送过程因相邻节点正在发送而失败,然后转向(11)。

(6) 针对每一个正在发送数据的相邻节点 Y,X 检查 Y 是否等于自己待发数据帧的目的地址。如果是,则提示预约失败,转向(11),完成一次发送;否则转向(7)。这个步骤是为了完成以下目标:使用 RTS/CTS 预约机制缓解隐蔽站问题。

(7) 发送 RTS 帧(包含目的节点和源节点的地址)给所有相邻节点,并开始等待接收端发回的应答帧。

(8) 如果收到的应答帧是预约失败帧,则表明接收端正在接收其他节点的数据帧(或者 RTS 帧本身产生了隐蔽站问题),此时提示预约失败,转向(11),完成一次发送;否则转向(9)。

(9) 如果收到的应答帧是 CTS,则表明此次预约成功,可以发送数据帧。在发送数据帧时,可以向全部相邻节点发送,也可以只向目的节点发送。这里假设:X 一旦预约成功,其他节点都等待 6s。

(10) 等待接收端发送应答帧。因为前面已经预约成功,所以这里的应答帧一定会发送成功。本实验不考虑更加复杂的情况。

(11) 令"发送"按钮的 enabled＝true。完成发送。

一个节点在发送数据时,如果恰巧收到了相邻节点发来的数据,在这个算法中并没有显式地给出如何从发送状态转为监听状态,进而进入接收状态处理相关事宜,但是这个算法确实能够处理这个情景,请读者根据算法描述自己分析一下。

移动节点进程发送数据帧的活动图如图 8-15 所示。

8.4.2 扫描发送状态列表线程类的工作流程

扫描发送状态列表线程类非常重要,它负责对移动节点进程类中的发送状态列表进行定期扫描,删除其中已经过期的发送节点(认为其已经发送完毕),这样才能使得本进程可以及时更新相邻节点的发送情况,进而检测自己能否发送数据。其工作流程如下(设实验采用了 RTS/CTS 机制进行发送预约)。

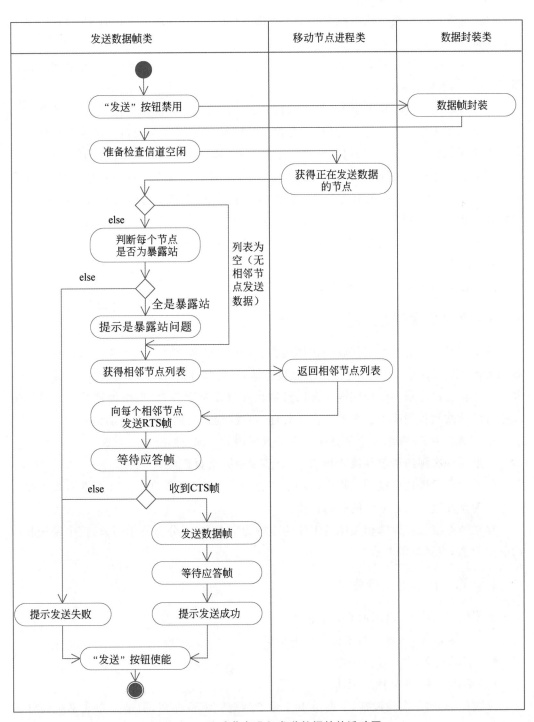

图 8-15 移动节点进程发送数据帧的活动图

（1）从发送状态列表中获得每一个成员（发送状态类）。

（2）从发送状态类中获得数据的发送时刻，通过当前时刻减去发送时刻，可以得到已发送时间。

（3）如果已发送时间大于 6s，说明数据已经发送完毕，从发送状态列表中删除该成员，转向（6）；否则转向（4）。

（4）如果已发送时间大于 1s，且未收到 CTS 帧，说明对方的预约过程失败，或者和自己属于暴露站关系。不论哪一种情况，都和自己的发送过程并无关系。在这两种情况下什么也不用做（由发送过程经过判断确定是暴露站问题即可），转向（6）；否则转向（5）。

（5）如果已发送时间大于 1s，且已经收到 CTS，说明对方正在发送数据；如果已发送时间小于 1s，说明对方正在预约申请。在这两种情况下，自己不可打扰对方的相关过程，因此什么也不做，转向（6）即可。

（6）反复执行以上过程，直到每一个成员都被扫描完毕。

（7）睡眠 0.1s，转向（1）。

此过程较为简单，这里不再给出相关的活动图。

8.4.3 接收信息流程

移动节点进程类的主要接收工作体现在处理信息线程类上。该类在接收信息线程类收到其他节点发来的 Socket 连接请求后被启动，对大部分帧（除了应答帧以外，接收应答帧的工作在发送过程中已经完成了）进行接收、处理以及应答，并根据收到的帧的具体情况进行隐蔽站问题判断等一系列工作。处理信息线程在处理完毕后自动消失。

在该算法中，不考虑一个节点连续发送数据帧的情况，即：

- 发送一次预约请求并成功预约后，只能发送一个数据帧。
- 不能在发送数据帧的过程中（5s 内）发送第二个 RTS 预约帧。5s 在本实验中被认为是发送一个数据帧的时间长度。

移动节点接收和处理相关帧的工作流程较为复杂，这里分为若干函数（其中设接收帧的节点为 X，发送帧的节点为 Y）。

1. 收取 RTS 帧并进行处理

在下面的算法中，返回值有 3 个：

- -1，表示异常，非本系统正常处理结果。
- 0 表示正常，但是预约失败。
- 1 表示正常，并且预约成功。

算法如下（根据实验设定，下面很多步骤实际上应该不存在，但是分布式系统设计需要非常缜密，要求很高，难免疏漏。在算法中包含这些步骤，就是为了防止系统设计不够缜密，这样做带来的好处除了使系统更稳健外，还可以便于追踪异常）：

（1）X 解析 RTS 帧，得到目的地址和源地址。

（2）如果 X 正在发送 RTS 帧（已经发送，但是等待时间小于 1s。这种情况在本系统设计当中是不应该存在的，因为 Y 应该收到了 X 的 RTS 帧，Y 将等待），向 Y 发送预约失败帧，提示异常信息后返回 -1，表示异常，结束本函数；否则转向（3）。

（3）如果 X 正在接收数据帧（收到了数据帧，但是等待时间小于 5s。这种情况在本系统设计当中是不应该存在的，因为 Y 应该此前收到了 X 的 CTS 帧，受其影响，不应该再发送数据帧了），向 Y 发送预约失败帧，提示异常信息后返回 -1，表示异常，结束本函数；否则转向（4）。

（4）如果 RTS 帧中的目的节点是 X，且 X 自己正在发送数据帧（已经发送了数据帧，但是等待时间小于 5s。这种情况在本系统设计当中是不应该存在的，因为 Y 应该收到了 X 的 RTS 帧和数据帧，Y 将等待），向 Y 发送预约失败帧，提示异常信息后返回 -1，表示异常，结束本函数；否则转向（5）。

（5）如果 RTS 帧中的目的节点是 X，且 X 正在接收 RTS 帧（收到了其他节点发来的 RTS 帧，但是等待时间小于 1s），则设置节点状态为存在隐蔽站，并提示产生了隐蔽站问题，向 Y 发送预约失败帧，返回 0，表示正常但是预约失败，结束本函数；否则转向（6）。

（6）如果 RTS 帧中的目的节点不是 X，且 X 正在发送数据帧（已经发送了数据帧，但是等待时间小于 5s，说明 Y 判断自己发送数据的过程和 X 的当前工作互不影响），把 Y 加入发送状态列表，提示相关信息后返回 0，表示正常但是预约失败，结束本函数；否则转向（7）。

（7）如果 RTS 帧中的目的节点不是 X，且 X 正在接收 RTS 帧（收到了其他节点发来的 RTS 帧，但是等待时间小于 1s），则设置节点状态为存在隐蔽站（X 的另一个线程会根据该状态进行处理），返回 0，表示正常但是预约失败，结束本函数；否则转向（8）。

（8）记录 RTS 相关信息（源地址、目的地址和收到时刻）。

（9）如果 RTS 帧中的目的节点是 X，转向（10）；否则提示相关信息后返回 0，表示正常但是预约失败，结束本函数。

（10）等待 1s。

（11）检查节点状态是否为存在隐蔽站。如果是，向 Y 发送预约失败帧，清空节点状态，返回 0，表示正常但是预约失败，结束本函数；否则转向（11）。

（12）向 Y 发送 CTS 帧（预约成功），节点状态设为正在接收数据帧，返回 1 表示正常且预约成功。

2. 收取预约应答帧并进行处理

一般情况下，如果是发给本移动节点的预约应答帧（不管是成功的 CTS 帧，还是预约失败帧），都是在发送线程中获取的，所以处理信息线程类中收到的预约应答帧的目的地址应该指向其他移动节点。该函数无须返回值。算法如下：

（1）解析预约应答帧，得到目的地址 ADDt（发送 RTS）和源地址 ADDs（发送 CTS）。

（2）如果预约应答帧为预约成功帧（即 CTS 帧），转向（3）；否则转向（5）。

（3）检查发送状态列表，如果没有目的节点，则添加之（即 X 没有收到目的节点发送的 RTS 帧，但是收到了源节点的 CTS 帧，知道目的节点已经预约成功，正在向源节点发送数据帧）。

（4）处理结束并返回。

（5）对发送状态列表中的每一个成员，如果源地址等于 ADDt，则删除该成员（该节点预约失败，不能发送后续的数据帧了）。

3. 收取数据帧并进行处理

一般情况下，如果是发给本移动节点的数据帧，都是在已有的接收线程中获取的，所以处理信息线程类中额外收到的数据帧的目的地址应该指向其他移动节点。此时将其简单地作为预约成功来处理即可。本设计中这种情况应该不存在，因为 X 之前应该已经收到了源节点的 RTS 帧，并加以处理了。这里之所以仍然处理这种情况是为了防止系统设计不够缜密。算法如下：

（1）解析数据帧，得到源地址 ADDs。

（2）检查发送状态列表，如果不存在源节点的信息，则添加之。

4. 收取数据应答帧并进行处理

一般情况下，发给本移动节点的数据应答帧是在发送数据线程中获取的，所以处理信息线程类中额外收到的数据应答帧的目的地址应该指向其他移动节点。算法如下：

（1）解析数据帧，得到目的地址 ADDt。

（2）检查发送状态列表，如果存在目的节点的信息，则删除之。表明目的节点已经发送完毕。

这个过程可选，因为扫描发送状态列表线程在等待 6s 后会做同样的工作。

5. 活动图

移动节点处理信息线程类的活动图如图 8-16 所示。

在算法中，读取数据帧流程被设计为处理信息线程的一次完整运行。本实验不把预约过程与数据帧接收过程分成两个线程的运行过程，这也符合无线数据传送的实际情况（即整个过程被认为是一次会话）：

（1）接收一个帧（设来源为 Y），解析该帧信息。

（2）如果该帧是 RTS 帧，则转向（3）；否则转向（8）。

（3）调用接收 RTS 帧并进行处理的方法进行处理，得到返回值。

（4）如果返回值为 1（表示预约成功），则等待接收数据帧，转向（5）；否则转向（11）。

（5）接收 Y 发送的数据帧。

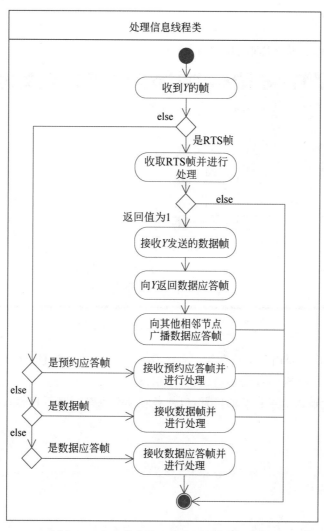

图 8-16　移动节点处理信息线程类的活动图

（6）向 Y 返回数据应答帧。

（7）向其他相邻节点广播该数据应答帧。转向（11）。

（8）如果在（1）中接收的帧是预约应答帧，调用接收预约应答帧并进行处理的方法进行处理，转向（11）；否则转向（9）。

（9）如果在（1）中接收的帧是数据帧，调用接收数据帧并进行处理的方法进行处理，转向（11）；否则转向（10）。

（10）如果在（1）中接收的帧是数据应答帧，调用接收数据应答帧并进行处理的方法进行处理。

（11）处理结束，线程消亡。

8.4.4　界面样例

移动节点进程的界面样例如图 8-17 所示。

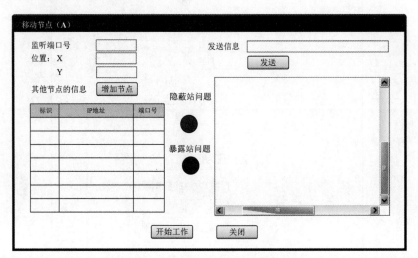

图 8-17　移动节点进程的界面样例

界面中的表格主要用于显示和输入各个移动节点的地址信息,从而使得本移动节点可以与其他节点进行 Socket 通信,交流握手信息。

X 和 Y 用于输入节点自身的位置,以便各移动节点判断是否相邻。

第 9 章

CSMA/CA 协议模拟实验

用户平时常用的 WiFi(Wireless-Fidelity,无线保真)实际上是一种遵循 IEEE 802.11 系列标准的无线局域网(WLAN),是一种有固定基础设施的无线局域网。IEEE 802.11 是一个较为复杂的标准体系,在 MAC 层使用了 CSMA/CA(Carrier Sense Multiple Access with Collision Avoidance,带冲突避免的载波侦听多路访问)协议。

本章将对 CSMA/CA 协议进行简要介绍,并设置了相关模拟实验。

◆ 9.1 概　　述

9.1.1　IEEE 802.11 及其构成

根据规范,一个 WiFi 的基本单位称为基本服务集(Basic Service Set,BSS),使用星形拓扑,其中心节点称为接入点(Access Point,AP,即平时常说的无线路由器),负责提供上网的通道,星状网络的其他节点(移动站、移动节点)通过 AP 上网。当网络管理员安装 AP 时,必须为该 AP 分配一个服务集标识符(Service Set Identifier,SSID)和一个信道,而且应该设置一个密码。

一个移动节点若要加入一个 BSS,就必须先选择一个 AP,并与此 AP 建立关联(association)。然后,AP 才会和这个移动节点进行交流,这个移动节点也才能与其他节点互相发送数据帧。

一个基本服务集可以是孤立的,也可通过 AP 连接到一个主干分配系统(Distribution System,DS),然后再接入另一个基本服务集,构成扩展服务集(Extended Service Set,ESS)。

WiFi 可以通过门户(portal)连接到非 IEEE 802.11 无线局域网,门户的作用就相当于一个网桥。还可以通过路由器连接到互联网。

WiFi 的系统构成如图 9-1 所示。

在 WiFi 中,移动节点 A 在从一个基本服务集漫游到另一个基本服务集的过程中仍可保持通信(前提是必须始终保持与某个接入点的关联)。

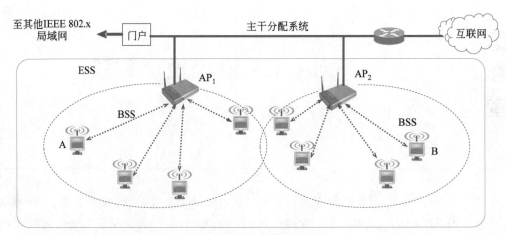

图 9-1　WiFi 的系统构成

9.1.2　CSMA/CD 协议概述

由于无线传输的特殊环境以及前面介绍的隐蔽站和暴露站问题,无线局域网在 MAC 层不能直接使用以太网的 CSMA/CD 协议,而是使用 CSMA/CA 协议。相较于 CSMA/CD,CSMA/CA 做了如下改进。

1. 引入了优先级的概念

所有的移动节点在发送数据帧前必须等待一段时间(这段时间内,移动节点仍要保持继续监听的状态),这段时间通称为帧间间隔(Inter-Frame Space,IFS)。不同优先级的帧等待的帧间间隔不同,高优先级的帧等待时间短,低优先级的帧等待时间长,这样的规定使得高优先级的帧可以得到优先发送。

一个移动节点在等待帧间间隔这段时间后,如果没有监听到其他节点有高优先级的帧发送,才能准备发送自己的数据帧。

IEEE 802.11 根据工作需要,定义了一些属于高优先级的帧的场景。例如,同一次会话过程中的相关帧属于高优先级的帧,它们具有最短的帧间间隔,称为短帧间间隔(Short Inter-Frame Space,SIFS),方便通信双方一直占用信道,把一次会话执行完毕(否则将造成较大的浪费)。这个时间可以让移动节点进行状态的转换,例如从接收(数据帧)状态转换为发送(发送应答帧)状态。

多数情况下,帧的 IFS 较长,称为分布式帧间间隔(Distributed Inter-Frame Space,DIFS),这样,当普通数据帧发送前监听到有高优先级帧正在发送时,就会停止自己的发送,这样使得 WiFi 在减小了冲突概率的同时,也可以保证高优先级帧的优先权。

DIFS 和 SIFS 是最常用的两个帧间间隔。

2. 增加了冲突避免机制

冲突避免的核心思想是:每一个移动节点在发送数据帧前(首次发送除外。首次即某数据帧的第一次尝试发送,不是因为发送不成功而后续进行的重传)需计算一个随机数 (CSMA/CA 称之为退避时间),移动节点除了等待 IFS 时间外,还需要等待这个随机数代表的时间,从而把各个节点的数据帧发送时间错开,极大地避免了多个节点同时发送数据帧所造成的信号冲突。

各个节点等待随机时间的过程叫作进入争用窗口。

3. 增加了反馈机制

在无线环境下,特别是存在隐蔽站问题的情况下,发送节点无法知道自己的数据帧是否发送成功了,所以 CSMA/CA 使用了停止等待协议,即接收端每次正确接收一个数据帧后,返回给发送端一个 ACK 反馈帧,告知发送端:数据帧已经正确收到,可以发送下一帧了。

4. 增加了通告机制

为了让节点减少监听信道的功耗(移动节点大多数是靠电池供电的,在发送前要一直监听信道,直到信道空闲),CSMA/CA 增加了通告机制,即移动节点在发送数据时,数据帧需要携带本次发送过程持续的时间(以微秒为单位,是从发送端开始发送数据帧到发送端收到接收端 ACK 帧的时间)。其他节点收到这个信息后,在这一段时间内不再需要持续监听(这种根据发送时间模拟监听的过程称为虚拟载波监听)。

综上所述,CSMA/CA 的工作如图 9-2 所示。

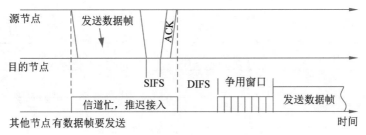

图 9-2　CSMA/CA 的工作

移动节点在发送自己的数据帧后,在以下两种情况下认为本次发送失败:
- 若源节点在规定的时间内没有收到确认帧(ACK)。
- 以上的各种机制还是无法确保多个移动节点同时发送数据并产生信号的冲突,此时,冲突的节点在感知到冲突后就立即停止发送。

针对发送失败,源节点将进行退避(即本次退让,然后下次继续尝试发送),将自己的退避次数加 1,重新计算退避时间并开始参与信道的竞争。然后在合适的情况下重传数据帧,直到收到确认为止,或者经过若干次重传失败后放弃发送。

9.1.3 退避时间

1. 计算退避时间

在上述第 2 点,节点需要计算随机等待时间(即退避时间),CSMA/CA 也采用了二进

制指数退避算法,但与 CSMA/CD 略有不同。算法如下:

设节点的退避次数为 $i(i=1,2,\cdots,6)$,则退避时间是在 $\{0,1,2,\cdots,2^{2+i}-1\}$ 这 2^{2+i} 个时隙中随机地选择的一个。第 1 次退避时在 $\{0,1,2,\cdots,7\}$ 这 8 个时隙中随机选择一个作为退避时间,第 2 次退避时在 $\{0,1,2,\cdots,15\}$ 这 16 个时隙中随机选择一个作为退避时间,以此类推。当时隙编号达到 255 时(这对应于第 6 次退避)就不再增加了。

计算退避时间后,以此设置退避计时器,以方便后续的倒计时操作。

2. 退避计时器倒计时

移动节点在等待 DIFS 时间并进入竞争窗口后,节点每经历一个时隙的时间就检测一次信道是否空闲,这可能会发生两种情况:
- 若检测到信道空闲,退避计时器继续倒计时一次。
- 若检测到信道忙,就冻结退避计时器的剩余时间(即不再倒计时),等待信道变为空闲,再经过 DIFS 时间后,从剩余时间开始继续倒计时。

当退避计时器的时间减小到 0 时,就可以开始发送数据帧了。

3. 冻结退避时间

退避时间的冻结和再启用如图 9-3 所示。

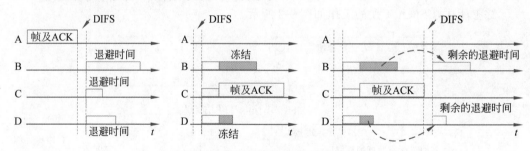

图 9-3 退避时间的冻结和再启用

开始时,节点 A 在发送数据,节点 B、C、D 也有数据帧需要发送,节点 B、C、D 各自计算一个退避时间并等待。

当节点 A 发送完毕后,节点 B、C、D 等待 DIFS 时间后,进入竞争窗口,对自己的退避时间进行倒计时。C 因为计算的退避时间最短,所以第一个发送数据帧;节点 B、D 将自己剩余的退避时间(灰色部分)进行冻结。

在节点 C 发送数据帧后,节点 B、D 使用冻结后的(剩余)退避时间进行倒计时。

冻结退避时间的做法是为了使协议对所有节点更加公平。

9.1.4 CSMA/CA 协议的算法

CSMA/CA 协议的算法如下:

(1) 如果是数据帧的第一次发送,且节点检测到信道空闲,则在等待 DIFS 时间后,就立即发送数据帧,转到(5)。

（2）如果不是数据帧的第一次发送，则节点计算退避时间，等待信道空闲。

（3）经过 DIFS 时间后，启动退避计时器进行倒计时。在退避计时器减少到 0 之前，一旦检测到信道忙，就冻结退避计时器；一旦检测到信道空闲，则退避计时器继续进行倒计时。

（4）当退避计时器时间减少到 0 时，节点发送数据帧。

（5）等待确认。

（6）若发送节点收到确认，表明发送成功，结束；否则转到(7)。

（7）退避次数加 1。

（8）如果退避次数达到上限，则提示发送失败，结束；否则转到(2)。

◆ 9.2　实　验　描　述

1. 实验目标

本实验要求学生掌握利用 Socket 进行编程的能力，并可以使用 Socket 编程模拟 CSMA/CA 协议的工作原理，以增强对无线局域网的理解。

2. 实验拓扑

本实验的网络拓扑结构如图 9-4 所示（其中的设备都以进程代替，无线链路通过 Socket 模拟）。

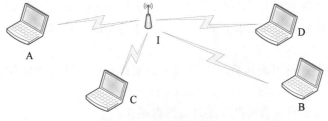

图 9-4　网络拓扑结构

为了突出 CSMA/CA 的核心思想，本模拟实验不要求 AP 对数据帧进行转发，即数据帧的目的地都为 AP 即可。

3. 实验内容和要求

实验内容和要求如下：

（1）创建 5 个进程。

● 1 个进程代表 AP(I)，由一个程序实现。

● 4 个进程代表移动节点 A、B、C、D，由一个程序实现。

● 单击“连接”按钮后，节点和 AP 可以通过 Socket 连接并交换相关信息。

（2）移动节点 A、B、C、D 可以随时发送数据给 I。

- 每个节点有输入框和"发送"按钮,单击"发送"按钮表示开始发送数据。
- 设 DIFS 为 2s,SIFS 为 1s。
- 每一个节点第一次发送数据帧时,如果发现信道空闲,等待 DIFS 之后,可以立即发送数据帧。在本实验中,人为设定节点 A 先发送。
- 数据帧携带本次发送的持续时间(发送时间 7s＋SIFS 时间 1s＋ACK 应答时间 0s,共 8s)。
- AP 进程 I 收到数据帧后,向其他节点通告发送/接收的过程(A 正在发送数据,这个过程也可以由 A 进行通告)。其他节点(设 B、C、D 在此后随即要求发送数据)收到通告后,记录 A 发送数据的起始时刻,并开始等待。
- B、C、D 如果处在退避过程中,则设自己的等待时间为 8s,并等待相应的时间,用以模拟虚拟载波监听的过程;否则什么也不需要做(关于后面会产生的结果,读者可以自行分析)。
- 在 A 发送完数据帧后(即 I 收取完毕并等待 7s 后),I 再等待 SIFS 时间,即一共等待 8s 后,发送 ACK 信息给 A。
- 本实验不考虑更加复杂的情况,只要过程中不产生冲突,就认为数据发送成功。

(3) 退避过程。

- 因为 B、C、D 也是首次发送自己的数据帧,在 A 发送完毕后,B、C、D 都将等待 DIFS 时间,并在此后转为发送状态,发送自己的数据帧。
- I 必须能够判断出多个节点同时发送数据帧时产生的冲突(依据是 8s 内收到了两个数据帧)。
- 如果发送过程中产生了冲突,I 需要发送通告给 A、B、C、D,告知后者产生了冲突。通告中应该包含冲突的节点地址(这一要求与实际不符,是为了完成实验效果而增加的)。
- B、C、D 使自己的退避次数加 1,使用二进制指数退避算法计算出一个随机数(设一个时隙为 1s)作为退避等待时隙数,进行退避。
- 首先完成退避的节点可以发送自己的数据帧。
- I 发送通告,收到通告的其他节点冻结自己的退避时间。
- 为了避免 B、C、D 中有两个甚至 3 个节点产生了相同的随机数,I 必须能够判断出多个节点同时发送数据帧时产生的冲突(依据是 8s 内收到了两个数据帧),并发送通告。
- 收到通告后,产生了冲突的节点重新计算退避时间,在等待 DIFS 时间后重新开始进行退避,重新发送;而未发送数据帧的节点在等待 DIFS 时间后,使用以前冻结的退避时间继续递减自己的计时器。
- 如果有节点的冲突次数达到 6 次,则提示发送失败。

(4) 显示。

- 各个进程提供用户图形界面,查看处理的过程。
- 移动节点显示收发情况。
- AP 显示冲突情况、数据帧收发情况等。

◆ 9.3　实验分析和设计

本实验没有采用 RTS/CTS 预约机制,有兴趣的读者可以自己尝试采用 RTS/CTS 预约机制丰富本实验。

9.3.1　用例分析

1. 移动节点进程用例分析

移动节点进程(A、B、C、D)的用例图如图 9-5 所示。

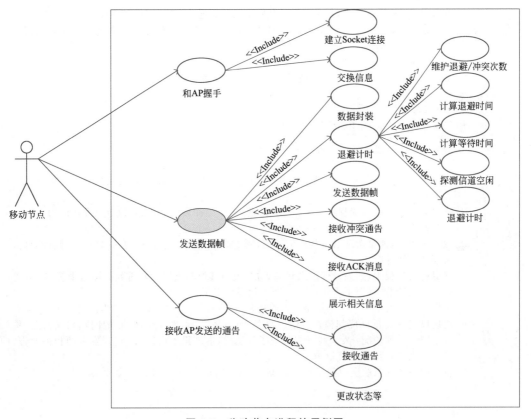

图 9-5　移动节点进程的用例图

在实验过程中,移动节点和 AP 握手(这在实际情况中是不存在的,这里是为了实现实验而人为添加的过程)后,双方交流相关信息(例如 IP 地址和监听的端口号等),从而方便 AP 进程向各个节点发送各种通告消息。

由图 9-5 可以看到,节点发送数据的过程还是比较复杂的。建议发送过程采用单独的线程进行处理(不要在主进程中进行处理)。

以图 9-5 中发送数据帧用例为例,其用例描述如表 9-1 所示。

表 9-1　发送数据帧的用例描述

名称	发送数据帧用例
标识	UC0102
描述	1. 获取用户输入的字符串,将其封装成帧。 2. 如果是数据帧的第一次发送,查看信道是否空闲,如果不空闲则计算等待时间,等待信道空闲后,再等待 DIFS 时间。 3. 如果不是数据帧的第一次发送,除了等待信道空闲、再等待 DIFS 时间外,还要等待退避时间。在等待退避时间的过程中,还要不断地监听信道,只有当信道空闲时才能将退避时间递减,否则冻结退避时间。直到退避时间递减到 0。 4. 发送数据帧。 5. 等待 ACK。 6. 在等待 ACK 的过程中,如果收到 AP 发来的冲突通告,执行下面的步骤。 　(1) 退避次数加 1(但最多为 6 次。如果达到 6 次,则提示发送失败,结束整个发送过程)。 　(2) 计算退避时间。 　(3) 转到步骤 3,重新发送。 7. 如果收到 AP 反馈的 ACK,则显示发送成功。结束发送过程
前提	和 AP 进行了握手过程。 用户输入自己的文字,单击"发送"按钮
结果	数据帧发送成功或者发送失败
注意	1. 在退避过程中,每 0.1s 扫描进程中的信道状态变量,以此查看信道的状态(空闲、忙、冲突)。 2. 需要有一个单独的线程接收来自 AP 的通告(产生冲突的通告、其他节点发送的通告等),并据此更改信道状态,并记录改变时间。 3. 退避过程中,如果发现信道状态为冲突,则更改信道状态为空闲,等待 DIFS 时间(2s)后,继续退避倒计时。 4. 在退避的过程中,如果发现信道状态为忙(说明其他节点正在发送数据帧),则等待 8s,模拟虚拟载波监听(即不需要每 0.1s 查看信道状态了)。 5. 查看信道是否忙的判断依据是:信道状态为忙,且转为忙的时刻距离当前时刻小于 8s。 6. 之所以按 0.1s 的间隔扫描查看信道状态,而不是以 1s(即 1 个时隙)的间隔扫描信道,是为了防止下列情况:发送线程先扫描了信道后,本进程才收到 AP 进程发来的相关通告,导致产生了较长的时间差。 7. 信道状态和状态改变时间是临界资源,应该实现互斥性的访问,请参考 2.2 节

2. AP 进程用例分析

AP 作为移动通信中的基站,需要有接收数据帧和发送相关通告的功能。因为不需要直接参与退避过程,所以 AP 的工作显得较为简单。

AP 最主要的一个工作是判断接收过程中是否产生了冲突。在本实验中,AP 从接到一个数据帧开始计时,如果 8s(本实验设定为一个完整会话持续的时间)收到了另一个节点的数据帧,则认为产生了冲突。这种情况是有可能产生的,因为多个节点选择了相同随机退避时间的可能性是存在的。

如果发现了冲突,则 AP 广播告知所有节点,使冲突者重新计算退避时间进行重发,而未冲突的节点继续自己的退避过程。

　　这里强烈建议采用多线程技术处理各种功能,这样才能模拟出实验的要求和现象。

　　AP 进程的用例图如图 9-6 所示。

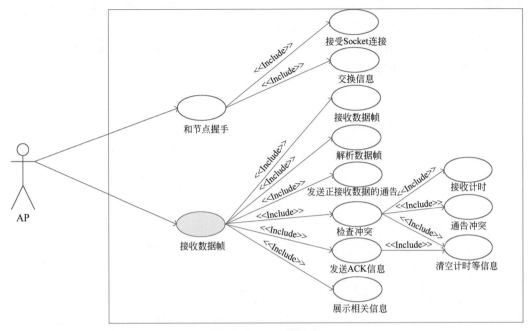

图 9-6　AP 进程的用例图

　　以 AP 进程接收数据帧为例,其用例描述如表 9-2 所示。

表 9-2　AP 进程接收数据帧的用例描述

名称	AP 进程接收数据帧的用例
标识	UC0202
描述	1. 接收一个数据帧。 2. 解析数据帧,获得目的 MAC 地址和源 MAC 地址。 3. 记下接收的时间。 4. 向所有节点通告此事件。 5. 如果在 8s 内仍然收到了其他节点的数据帧,则认为发生了冲突,向所有节点广播通告此事件。转向 7。 6. 在第 8s,向发送者反馈 ACK 信息,表明发送成功。 7. 清空计时器,清除前面发送者的相关信息。 8. 在自己的界面上显示收到的信息
前提	已经和各个移动节点建立了 Socket 连接
结果	接收数据帧成功或失败
注意	无

9.3.2　时序图

多个移动节点发送数据(从文本框中输入),AP 可以通过多线程技术同时处理,才能判断是否产生了冲突。但是在交流之前,需要实现移动节点和 AP 之间的握手过程(这一过程在实际上是不存在的)以建立 Socket 连接。

本实验的时序图如图 9-7 所示。其中展示了节点 A 的一次成功发送以及节点 A 和其他节点的一次冲突的过程。

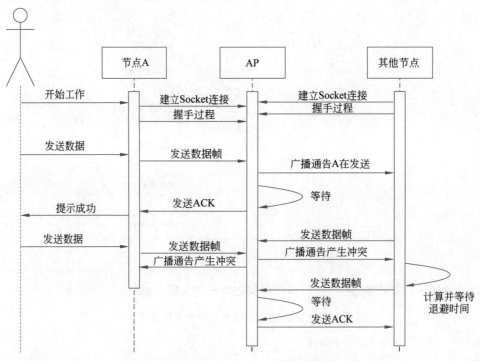

图 9-7　模拟 CSMA/CA 实验的时序图

9.3.3　部署图

在本实验中,多个进程可以部署在多台计算机上,也可以部署在同一台计算机上。这里假设实验是部署在多台计算机上的,这样,各个进程可以具有随意的端口号。如果因为实验条件所限,确实需要把所有进程部署在同一台计算机上,因为各个进程所需的 IP 地址相同,所以需要为这些进程设置不同的端口号,以防止冲突。

本实验的部署图如图 9-8 所示。其中的连线表示双方需要进行通信。

9.3.4　系统体系结构设计

针对 CSMA/CA 模拟实验,系统可以分为两部分,分别是移动节点和 AP。它们的体系结构如图 9-9 所示。

其中,移动节点进程的主要工作就是执行 CSMA/CA 协议,对发送数据帧的过程进

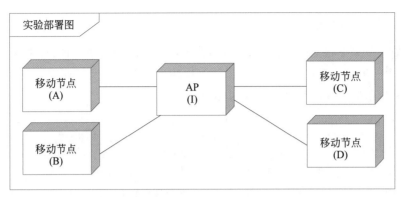

图 9-8　实验部署图

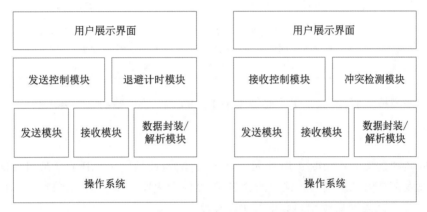

图 9-9　移动节点和 AP 的体系结构图

行控制,包括利用退避计时模块对等待、发送、接收应答等动作进行控制。当然,还包括对 AP 发送各种通告后的处理过程。

退避计时模块是 CSMA/CA 算法的核心和精髓,它利用随机数的原理分散多个节点发送数据的时刻,实现冲突的避免。其工作内容较多(但并不复杂),包括:

- 根据 AP 发送的通告,维护退避/冲突次数。
- 利用二进制指数退避算法,根据退避次数计算下一次发送的随机退避时间。
- 退避计时器的递减。
- 依据相关通告,冻结退避过程。等待 8s 后继续退避。

AP 的工作不多,主要是对接收过程进行控制,包括接收数据帧的同时,利用冲突检测模块检测是否发生了冲突,并在检测到冲突后对各移动节点进行通告。

每个角色的发送模块都是将从上层收到的数据帧发送给指定的接收者,而接收模块从下层收到数据帧并提交给上层。

数据封装模块的主要工作是将用户的数据(输入的字符串)封装成数据帧。

数据解析模块的主要工作是对数据帧进行解析,得到相关数据并转换成字符串,以方便后续展示,还可以获得一些必要的控制信息。

9.3.5 报文格式设计

本实验涉及多个报文的往返,为了方便各个进程之间的通信处理,特定义了报文类型字段,它包含的报文类型如表 9-3 所示。针对这些报文类型以及后面定义的报文格式,读者可以根据自己的设计需要进行修改和完善。

表 9-3 报文类型

类型号	类 型	备 注
0	数据帧	所有移动节点进程对 AP 进程进行传送的数据封装格式
1	ACK 确认帧	AP 进程对移动节点进程发送数据帧的确认信息,表明本次发送过程成功
2	通告有节点在发送帧	AP 进程对所有移动节点进程广播发送的帧,表明已经有移动节点进程进入发送过程,其他移动节点进程需要冻结自己的退避过程
3	通告有冲突产生帧	AP 进程对所有的移动节点进程广播发送的帧,表明有两个或更多的移动节点进程同时发送数据帧,进而产生了信号的冲突,冲突节点收到此信息后应进行退避时间的计算、重发等处理

因为是模拟实验,所以这里不必遵循 IEEE 802.11 数据帧的格式要求。

1. 数据帧的报文格式

数据帧的报文格式如图 9-10 所示。其中,目的地址始终为 AP 的地址(I);持续时间和数据长度都是以二进制形式保存的数字,持续时间表明此次会话需要持续的时间(固定为 8s),数据长度表明后续用户数据的实际长度。

2. ACK 确认帧的报文格式

ACK 确认帧的报文格式如图 9-11 所示,只包括目的节点和源节点的地址。

报文类型	目的地址	源地址	持续时间	数据长度(len)	数据
1字节	1字节	1字节	1字节	2字节	len字节

图 9-10 数据帧的报文格式

报文类型	目的地址	源地址
1字节	1字节	1字节

图 9-11 ACK 确认帧的报文格式

3. 通告有节点在发送帧的报文格式

通告有节点在发送帧的报文格式如图 9-12 所示。其中,发送节点表示正在发送数据帧的节点,发送时间的第一字节表示时,第二字节表示分,第三字节表示秒。本实验不需要时间跨度太大,也不需要精度很高。

4. 通告有冲突产生帧的报文格式

通告有冲突产生帧的报文格式如图 9-13 所示。其中的发送节点 1 和发送节点 2 是在发送过程中产生冲突的两个节点。

报文类型	目的地址	源地址	发送节点	发送时间
1字节	1字节	1字节	1字节	3字节

图 9-12　通告有节点在发送帧的报文格式

报文类型	目的地址	源地址	发送节点1	发送节点2
1字节	1字节	1字节	1字节	1字节

图 9-13　通告有冲突产生帧的报文格式

9.3.6　类图

1. 移动节点进程的相关类图

移动节点进程(A、B、C、D)的相关类图如图 9-14 所示。其中,移动节点进程类是本程序的主类,也充当了多个类的纽带,并提供了信息展示的方法。

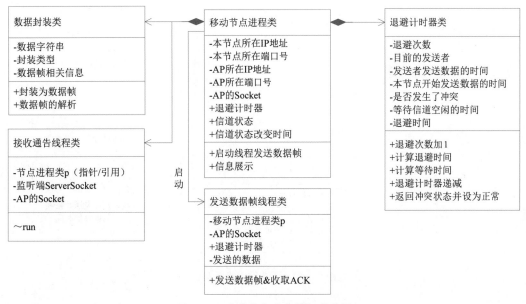

图 9-14　移动节点进程的相关类图

因为本实验的目的是突出 CSMA/CA 协议的核心思想,所以对发送数据帧要求不高,可以不采用多线程技术,采用单次顺序执行即可(可能会导致界面反应迟钝)。本书建议采用多线程的方法。

发送数据时,移动节点进程类调用自身的发送数据帧方法,该方法启动发送数据帧线程类完成具体的发送工作。发送数据帧线程类首先调用数据封装类,将用户输入的字符串封装成帧,然后,通过 AP 的 Socket 把数据帧发送出去。

本实验发送数据帧的过程需要借助退避计时器类的配合,包括计算等待信道空闲的时间、计算退避时间、探寻信道空闲后进行退避计时器的递减等。只有退避计时器的多项条件都满足后,才能够最终发送数据帧给 AP 进程。

　　发送数据帧线程类在发送数据帧后还不代表发送过程的结束,发送端还需要有接收通告线程类接收来自 AP 进程的各种通告,并根据通告对退避计时器进行后续的操作,最主要的是在接收冲突通告后重新计算退避时间、重新退避等。接收通告线程类将一直持续运行,接收 AP 进程发来的通告。

　　只有当发送数据帧线程类收到了 AP 进程的 ACK 确认帧后,才能够结束自己的数据帧发送过程。并调用信息展示方法对信息进行展示。

　　2. AP 进程的相关类图

　　AP 进程的相关类图如图 9-15 所示。AP 进程类作为主类负责程序的运行,也充当了多个类的纽带,并提供了信息展示的方法。

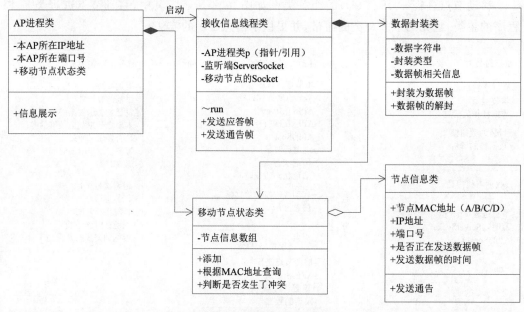

图 9-15　AP 进程的相关类图

　　AP 进程类首先要完成的是与各个移动节点之间的握手过程,建立自身与各移动节点的连接,进而建立移动节点状态类。在准备工作完成之后,可以单击"开始工作"按钮启动 AP 进程的正式工作——接收数据帧。

　　在 AP 端,应针对每一个移动节点进程产生一个接收信息线程以完成数据帧的收取和应答的发送。接收信息线程类的 run 方法包含了接收线程的主要接收工作,对接收的整个流程进行控制,包括从移动节点进程的 Socket 处读取数据帧、调用数据封装类进行数据帧的解析、设定当前发送者、调用移动节点状态类判断是否发生了冲突、发送通告等。

　　在本实验中,AP 进程将会向移动节点进程发送通告,还需要向移动节点进程发起 Socket 连接,因此在节点信息类中添加了移动节点进程的 IP 地址和端口号。

◆ 9.4　实　验　实　现

9.4.1　移动节点处理流程

移动节点进程的发送过程主要依靠发送数据帧线程完成,该线程的工作过程较为复杂,算法步骤如下:

(1) 读取用户输入的信息,封装成数据帧。

(2) 退避次数设为 0。

(3) 查看是否是本节点第一次发送该数据帧。如果是第一次,则令退避时间为 0;否则根据退避次数,依照二进制指数退避算法计算出自己的退避时间。

(4) 查看信道状态。如果为冲突,则改状态为空闲,转向(8);否则转向(5)。

(5) 如果信道状态为忙(且状态转为忙的时刻距离当前时刻小于 8s),则计算自己需要等待的时间,等待时间=信道转为忙的时刻-当前时刻+8s,转向(6);否则(信道为空闲状态),转向(8)。

(6) 等待信道空闲。

(7) 转向(4)。

(8) 等待 DIFS 时间。

(9) 如果退避时间小于或等于 0,转向(12);否则转向(10)进行退避。

(10) 等待过程中,每过 0.1s 查看一次信道状态。如果信道空闲,转向(11);否则转向(4)。

(11) 退避计时器减 0.1s,转向(9)。

(12) 发送数据帧。

(13) 等待 AP 的答复。

(14) 如果收到了 AP 发来的冲突通告,退避次数加 1 后,转向(15);否则转向(16)。

(15) 如果退避次数大于 6,则转向(17),提示失败;否则转向(3)。

(16) 收到 ACK 帧,转向(17),提示发送成功。

(17) 调用界面展示函数进行信息的展示。

移动节点进程发送数据帧流程的活动图见图 9-16。

这个算法中不包括接收通告线程类的工作。其实接收通告线程类的工作非常重要,它每时每刻都在接收 AP 的通告:

- 查看 AP 是否通告了有节点正在发送。如果有,则记录发送时间。
- 查看 AP 是否通告了有冲突发生,如果发生了冲突,则通知发送数据帧线程采取相关的应对工作。例如,发送数据帧前设置信道为空闲即可。如果已经开始发送数据帧,则要进行退避。

这个线程非常简单,就不再给出活动图了。

需要指出的是,数据帧在发送完后,发送线程除了需要等待 AP 的答复外,还需要考虑接收通告线程收到的通告。

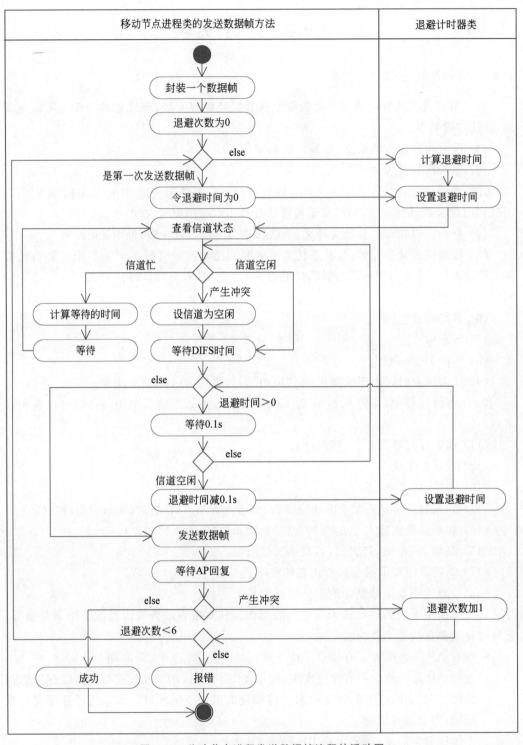

图 9-16　移动节点进程发送数据帧流程的活动图

9.4.2　AP 接收线程处理流程

AP 接收线程处理流程的活动图如图 9-17 所示。

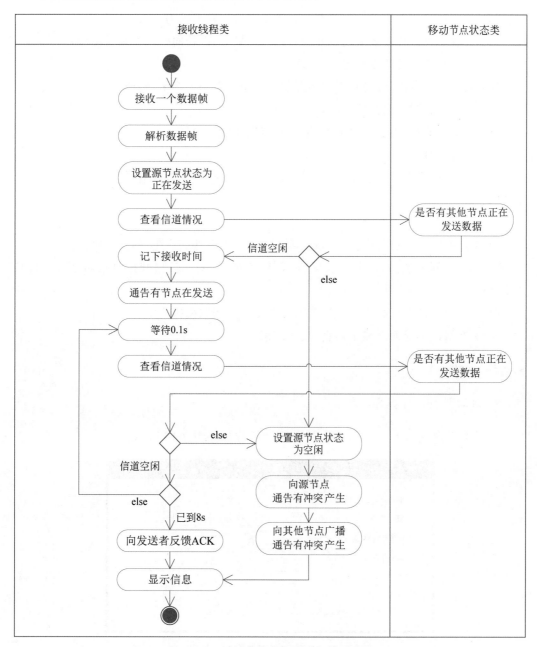

图 9-17　AP 接收线程处理流程的活动图

AP 进程每收到一个 Socket 连接请求,就启动一个接收线程,线程运行的算法步骤如下:

（1）接收一个数据帧。

（2）调用数据封装类解析收到的数据帧，获得数据帧的目的 MAC 地址和源 MAC 地址。

（3）设置移动节点状态类中源节点是否正在发送数据帧为 true。

（4）查看是否有其他节点正在发送数据。如果有，则转向（5）；否则转向（7）。

（5）向源节点发送冲突通告，设置该源节点。

（6）向所有节点进行广播（不包括源节点），通告有冲突产生，转向（13）。

（7）记下接收到数据帧的时间。

（8）向所有节点（不包括源节点）通告有节点在发送数据。

（9）等待 0.1s。

（10）查看是否有其他节点正在发送数据。如果有，则认为是信号冲突，转向（11）；否则转向（13）。

（11）向源节点发送冲突通告。

（12）向所有节点进行广播（不包括源节点），通告有冲突产生，转向（14）。

（13）如果到了第 8s，向源节点反馈 ACK 信息，表明此数据帧接收成功，转向（14）；否则转向（9）。

（14）设置移动节点状态类中源节点是否正在发送数据帧为 false。

（15）在自己的界面上显示信息，线程结束。

9.4.3 界面样例

1. 移动节点进程界面样例

针对本实验，移动节点进程（A、B、C、D）界面样例如图 9-18 所示。

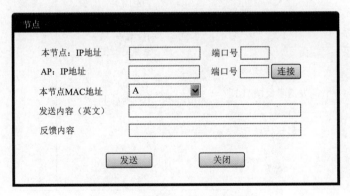

图 9-18 移动节点进程界面样例

2. AP 进程界面样例

AP 进程界面样例如图 9-19 所示。界面中的表格主要用于显示 AP 当前接收情况的相关信息。

图 9-19　AP 进程界面样例

第3部分 IP及TCP相关技术 模拟实验

　　人们上的网是互联网这个虚拟大网,它像公司总部一样,把不同功能、职能、作用的各个分公司、工厂、直营店等等统统联系起来,我们需要关注时,只需要知道总公司的信息即可(谁买一双鸿星尔克运动鞋还会关心是哪个地方产的吗?)。

　　正是这个特性使得人们遨游于网络时减少了无数的烦恼,不至于在上网时还要想一想现在上的网络是以太网还是无线局域网(WiFi),是不是需要处理冲突信息,如何能够提高效率······

　　一棵大树枝繁叶茂,需要有粗壮的树干,而互联网这个巨大的虚拟网的"树干"就是网际层(主要协议是IP)和传输层(重点是TCP),它们构成了互联网的基础。而互联网繁茂的枝叶就是各种互联网应用。

　　网际层是互联网核心的核心,它的主要内容有IP地址的管理和使用、路由算法计算路由、路由器转发IP分组等等,本部分设置的实验包含了这些主要的内容,可以说具有较好的代表性。其中,在路由器工作原理模拟实验中包含了IP地址的分析、物理地址的转换、路由器转发分组的过程等路由器的主要工作,ARP模拟实验模拟了IP地址和物理地址之间的映射过程,OSPF路由算法模拟实验模拟了当前流行的路由算法,NAT技术模拟实验则对当前非常重要的NAT技术进行了模拟。

　　传输层虽然有UDP和TCP两个重要的协议,但是UDP较为简单,知识点较少,所以本部分在最后选择TCP进行模拟,模拟了其重要的工作机理——滑动窗口技术。

第10章

路由器工作原理模拟实验

路由器是一种典型的网络设备,工作在第三层(TCP/IP 模型中的 IP 层,OSI 参考模型中的网络层,本书着眼于 IP 层),在互联网中起着极其关键的作用,负责连接不同的网络,最终形成一个覆盖全球的庞大的互联网。路由器承载了很多 IP 层的技术,本章通过模拟路由器的工作原理使读者加深对 IP 层相关技术的了解。

◈ 10.1 概　　述

10.1.1　路由器的作用

路由器是一种具有多个输入接口和多个输出接口的专用计算机,其根本的任务是以较好的策略和性能在不同网络间转发 IP 分组。也就是说,路由器某个输入接口收到 IP 分组后,根据以前的计算结果,按照 IP 分组要去的方向(即目的网络),把该 IP 分组从路由器的某个合适的输出接口发出,转发给下一跳路由器。下一跳路由器也按照这种方法处理 IP 分组,直到该 IP 分组到达终点为止。

为了满足以上要求,路由器需要具有以下作用:

- 连通不同的网络,可以起到桥梁和翻译的作用。
- 选择信息传送的路径,即在连接多个网络的基础上,在源网络到目的网络之间计算出一条较好的路径。
- 如同火车站一样,快速地把 IP 分组(火车)从输入接口发向合适的输出接口,使 IP 分组能够向目的网络不断接近。

选择通畅快捷的路径(例如近路),能够大大地提高通信的速度,减轻网络系统通信的负荷,节约网络系统资源,提高网络系统畅通率,从而让网络系统发挥出更大的效益。因此,路由器的好坏对于网络的用户体验来说是一个十分重要的因素。

连接两个网络的路由器如图 10-1 所示。

要说明的是,路由器往往可以连接多个网络,不一定只有两个。另外,图 10-1 中的两个网络是随意的,可以换成其他网络,例如广域网。

路由器必须能够兼容自己连接的网络。例如,在图 10-1 中,路由器必须既

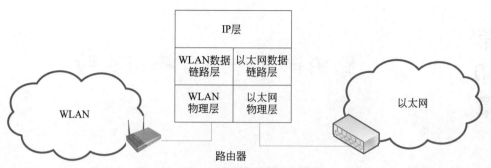

图 10-1　连接两个网络的路由器

可以执行 WLAN 的协议,也可以执行以太网的协议,才能够和这些网络进行交流,完成两者之间的翻译功能。为此,图 10-1 中的路由器将底下两层分成了左右两部分,每一部分代表了所连网络的物理层和数据链路层。从左边收到的 WLAN 的数据帧,在到达路由器后会被剥去 WLAN 的帧首,取出 IP 分组后,用以太网的帧首对 IP 分组封装,转发给以太网。

10.1.2　路由器的构造

1. 路由器的基本结构

图 10-2 展示了路由器的基本结构。从中可以看到,路由器从大的方面可以分为上下两个层次的功能:

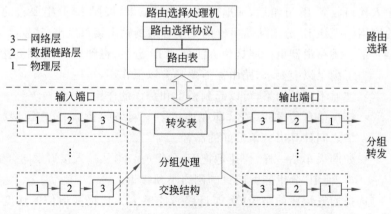

图 10-2　路由器的基本结构

- 路由选择。核心构件是路由选择处理机,它的任务是经常或定期地和其他路由器交换路由信息,根据选定的路由选择协议,计算、构造出路由表(routing table),并不断地更新和维护路由表。
- 分组转发。根据路由选择处理机计算出的路由表,抽取出转发表(forwarding table),并将收到的 IP 分组依据转发表给出的方向交换到指定的输出接口。

在讨论路由器的原理时,可以不区分路由表和转发表。

2. 分组转发部分

分组转发部分又可以划分为 3 部分:

- 一组输入接口,用于接收 IP 分组。
- 一组输出接口,用于把 IP 分组发送出去。
- 交换结构(switching fabric),其作用是根据转发表建立输入接口和输出接口之间的连接,对 IP 分组进行转发。

在路由器中,不管是输入接口还是输出接口,都有物理层、数据链路层和网络层的 3 层处理模块。

在输入接口中,物理层收到信号后,形成二进制数据流交给数据链路层的处理模块。数据链路层的处理模块将二进制数据流形成数据帧,然后剥去数据帧的首部和尾部后,将数据帧中包含的 IP 分组送到网络层。在网络层的处理模块中设有一个队列(缓冲区),来不及处理的 IP 分组暂时存放在这个队列中,等待后续送到交换结构进行转发。

查找和转发功能在路由器的交换功能中是最重要的,负责将 IP 分组转发给合适的输出接口。

在输出接口中,网络层的处理模块也设有缓冲区,接收需要发送出去的 IP 分组。数据链路层处理模块从缓冲区中取出 IP 分组,将 IP 分组加上数据链路层的首部和尾部,交给物理层后发送到外部线路。

3. 相关说明

路由器中的输入或输出队列因为某时刻 IP 分组的突发性到达,超出了队列的容量,会产生溢出(部分 IP 分组因为无法进入相关队列而被抛弃),这种情况的出现是造成互联网上 IP 分组丢失的重要原因。

上面分别讨论输入接口和输出接口只是为了方便解释,下一个时刻,可能刚才的输入接口就变成了输出接口,而输出接口就变成了输入接口。再说明白些,一个物理接口往往会有两个方向的数据流向。例如,当前大多数以太网都采用双绞线,最传统的双绞线只用了 4 根线,其中有专门的两根铜线分别用于输入和输出。

10.1.3 路由器和以太网交换机的不同

路由器和以太网交换机有着很大的不同,下面列举一些主要的不同(还有一些细小的差别读者可以自己进行分析):

- 处理粒度不同。路由器是以网络为处理粒度的,它连接的是网络,路由计算的时候是按照网络号进行计算的,转发表中保存的也是网络号,查找转发表时只看网络号;而以太网交换机是以主机为处理粒度的,站表中保存的是主机的 MAC 地址,查询站表是按照主机 MAC 地址进行的。
- 对环路的态度不同。以太网交换机是拒绝环路,会采用算法把环路断开;路由器则欢迎环路,为的是能够在多条路径中查找较好的路径。

- 对广播信息的处理不同。以太网交换机不阻断广播,例如 ARP 的广播帧可以在交换机中畅通无阻;但是路由器对于广播信息一律阻断。
- 以太网交换机站表和路由器路由表的形成过程不同。以太网交换机是通过接收数据帧后记录源站 MAC 地址的方式被动地形成站表(即自学习功能);而路由器通过事先相互交流主动地形成路由表。

◆ 10.2　实　验　描　述

1. 实验目标

本实验要求学生掌握利用 Socket 进行编程的能力,并可以使用 Socket 编程模拟路由器的基本工作原理,以增强对路由器和 IP 的理解。

2. 实验拓扑

本实验的网络拓扑结构如图 10-3 所示(其中的设备都以进程代替,物理链路通过 Socket 模拟)。

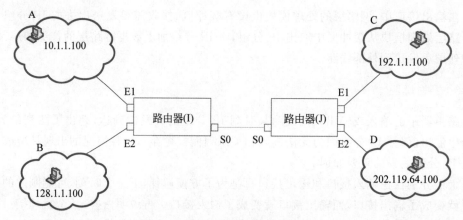

图 10-3　网络拓扑结构

3. 实验内容和要求

实验内容和要求如下:

(1) 创建 6 个进程。

- 两个进程代表的路由器(I、J),可以由一个程序实现,每个路由器具有 3 个接口,其中 E0、E1 用于连接以太网,S0 用于利用串口线连接远程路由器。
- 4 个进程代表网络 A、B、C、D,可以由一个程序实现。网络进程可以直接以一台主机的身份(图 10-3 中分别给出了网络中的 4 台主机及其 IP 地址)向路由器发送 IP 分组。
- A 是 A 类网络,代表的主机具有 A 类 IP 地址;B 是 B 类网络,代表的主机具有 B

类 IP 地址;C 和 D 是 C 类网络,代表的主机具有 C 类 IP 地址。可以事先在程序中给出 IP 地址。

注意:以上的 IP 地址都是虚拟的,是为了完成本实验而假设的,不是编程时的真实参数。

(2) 建立物理连接。

- 6 个进程在工作前需要通过握手建立物理连接,即通过建立 Socket 连接并交换相关信息模拟设备用线缆连接了起来。
- 在本实验中,默认 A 连接到 I 的 E1 接口,B 连接到 I 的 E2 接口;C 连接到 J 的 E1 接口,D 连接到 J 的 E2 接口;I 和 J 都通过 S0 接口与对方连接。
- 路由器在握手信号中获取对方的标识,根据上述关系建立对应的联系。

(3) 数据的格式要求。

- 在数据链路层,数据帧要有帧首和帧尾,帧首需要有源 MAC 地址和目的 MAC 地址。帧尾为前面所有数据(包括帧首和数据)的累加和(相当于校验和)。
- 路由器的每个接口在数据链路层都设置数据链路层处理器(一个独立的线程),负责去掉/添加数据帧的帧首和帧尾。
- 在网络层,IP 分组需要有 IP 报首,报首需要源 IP 地址和目的 IP 地址。
- 以上形成了两层嵌套的协议封装。

(4) 网络发送数据。

- 网络(A、B、C、D)接收用户的输入。
- 包装成 IP 分组,再封装成以太网帧。
- 发送给路由器。

(5) 路由器转发。

- 路由器输入接口的数据链路层处理器去掉源物理网络的帧首和帧尾,得到 IP 分组。
- 路由器的每个输入接口和输出接口在网络层都设置单独的接收队列(队列长度为 10)。
- IP 分组进入路由器后,首先进入输入队列。
- 交换结构(一个独立的线程)轮询各个接口的队列,取出队列首部的 IP 分组,进行后续的处理。
- 交换结构解析每一个 IP 分组,获得目的 IP 地址,分析出是什么类型的网络地址(A、B、C 类中的哪一类),找到网络号,查找路由表,得到目的网络的方向。
- 交换结构将 IP 分组转给目的接口的输出队列。
- 路由器输出接口的数据链路层处理器根据输出端网络是什么类型的物理网络(以太网/串口通信),将 IP 分组封装成相应的数据帧(加上目的网络的帧首和帧尾)。
- 向该方向的网络进程发送数据帧。

(6) 路由表。

- 路由器事先设定一个路由表。路由表可以事先给出以简化工作量。例如,对于路由器 I,发给 10.1.1.100 的路由表可以为(10.0.0.0,E1)。

- 建议路由表采用二叉树的数据结构,以提高查找路由表的效率。
- 需采用默认路由的处理过程,例如路由器 I 收到发给网络 C 和 D 的 IP 分组,都可以通过 S0 进行发送。

(7) 因为路由器采用了多线程技术,所以接收过程(向输入队列中写入 IP 分组)和处理过程(从输入队列中提取 IP 分组)需要考虑互斥问题。

(8) 显示。

- 各个进程提供用户图形界面。
- 在各个进程界面上,可以输入自己的标识。
- 路由器统计并显示每个存储器的使用情况。
- 网络进程显示收到的报文并保存到文件中。

◈ 10.3 实验分析和设计

10.3.1 用例分析

1. 网络进程用例分析

网络进程(A、B、C、D)包括两个主要的工作:发送数据和接收数据,没有特别复杂的要求,主要是配合路由器进程(I、J)完成相关的工作。网络进程的用例图如图 10-4 所示。

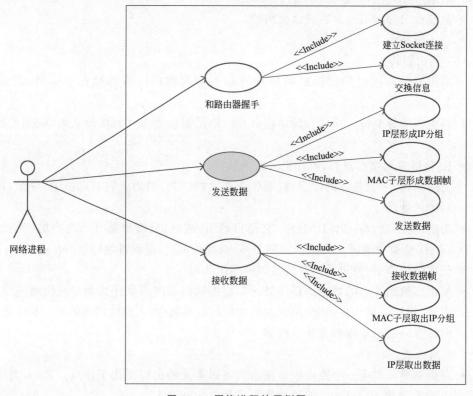

图 10-4 网络进程的用例图

在实验过程中,网络和路由器进行握手(这在实际情况中是不存在的,这里是为了实现实验而人为添加的过程)后,双方可以保留对方的 Socket 连接,也可以不保留。本实验保留 Socket 连接不释放,从而方便路由器向各个网络发送各种数据。

以图 10-4 中的发送数据用例为例,其用例描述如表 10-1 所示。

表 10-1　网络进程发送数据用例描述

名称	网络进程发送数据用例
标识	UC0102
描述	1. 获取用户输入的字符串。 2. 在网络层,将数据封装成 IP 分组。 3. 在数据链路层,将 IP 分组封装成 MAC 数据帧。 4. 发送给路由器
前提	和路由器进行了握手过程。 用户输入自己的文字,单击"发送"按钮
结果	数据发送成功
注意	1. IP 是无连接的,事先的握手过程是为了方便实验而添加的。 2. IP 是不可靠的,所以 IP 分组发送出去后,不需要保留本地备份,IP 分组丢失后无须重发

网络进程的发送过程比较简单,所以不必借助多线程技术;但是接收过程需要不断监听 Socket,所以应该采用多线程技术。

2. 路由器进程用例分析

路由器进程作为网络的中转站和桥梁,在本实验中承担的工作较多。路由器进程的用例图如图 10-5 所示。

路由器进程在和网络进程进行握手后,它的工作首先是充当翻译,即把从源网络收到的数据帧转换为目的网络的数据帧,为此需要在每一个物理接口上设置一个数据链路层处理器。

其次,路由器要模拟存储转发这个过程,因此需要在每一个物理接口上设置两个队列,分别是接收队列和发送队列。

在转发的过程中,路由器进程还要进行路由表的查询。首先抽取 IP 分组的目的地址,对目的地址进行分析,然后才能够得到目的网络号,进一步查路由表,得到后续的发送端向。

综合以上工作,加之路由器本身也需要并行接收处理多个网络进程的 IP 分组,强烈建议采用多线程技术处理各种功能。并且,路由器进程应该有 3 种类型的线程(这些线程都需要一直工作):

- 每一个物理接口有一个线程负责收取外界数据,加以处理,并把处理后的 IP 分组放入输入队列。
- 每一个物理接口有一个线程负责发送数据的相关处理,主要是对输出队列中的 IP 分组进行处理,然后发送出去。

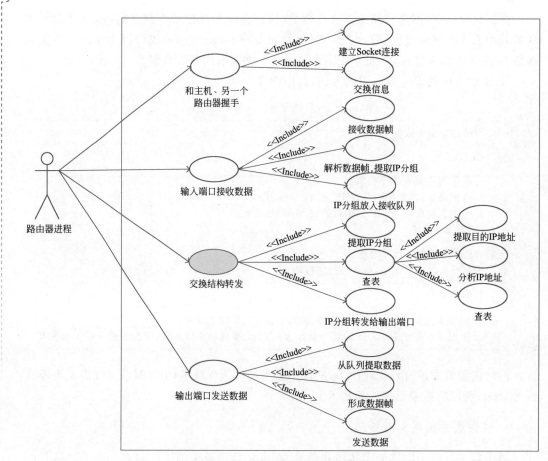

图 10-5　路由器进程的用例图

● 路由器进程有一个线程专门负责转发数据。

以交换结构转发为例,其用例描述如表 10-2 所示。

表 10-2　交换结构转发用例描述

名称	交换结构转发用例
标识	UC0203
描述	1. 轮询每一个输入接口的队列,完成以下工作。 2. 取出队首的 IP 分组。 3. 解析 IP 分组,获得目的地址。 4. 根据 IP 地址的分类规则,分析出该目的地址属于哪一类(A、B、C 之一)。 5. 提取目的地址的网络号。 6. 根据网络号在路由表中进行查询。 7. 将 IP 分组转发给输出接口,放入输出接口的队列
前提	路由器进程已经和各个网络进程或其他路由器进程建立了 Socket 连接,并且从网络进程收到用户的数据

续表

结果	发送数据到目的接口的队列
注意	路由表内的信息以 IP 地址的网络号作为索引,而不是给出整个 IP 地址,所以对 IP 地址的分析非常重要

10.3.2　时序图

本实验的时序图如图 10-6 所示,从整体上看并不复杂,最主要的工作是路由器内部的处理。

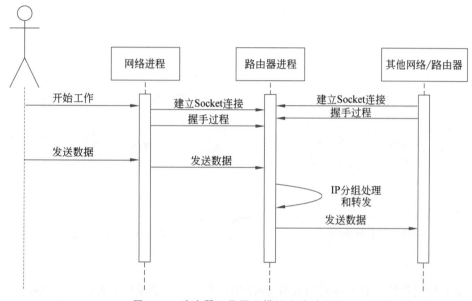

图 10-6　路由器工作原理模拟实验时序图

10.3.3　部署图

在本实验中,多个进程可以部署在多台计算机上,也可以部署在同一台计算机上。这里假设实验是部署在多台计算机上的,这样,各个进程可以具有随意的端口号。如果因为实验条件所限,确实需要把所有进程部署在同一台计算机上,因为各个进程所需的 IP 地址相同,所以需要为这些进程设置不同的端口号,以防止冲突。

本实验的部署图如图 10-7 所示。其中的连线表示双方需要进行通信。

10.3.4　系统体系结构设计

针对本实验,系统可以分为两部分,分别是网络进程和路由器进程,它们的系统体系结构如图 10-8 所示。

网络进程的主要工作是代替一台主机向路由器发送数据或者从路由器接收数据。其主要工作由发送控制模块和接收控制模块完成。

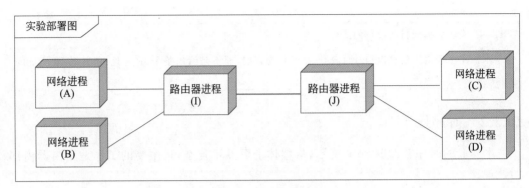

图 10-7 实验部署图

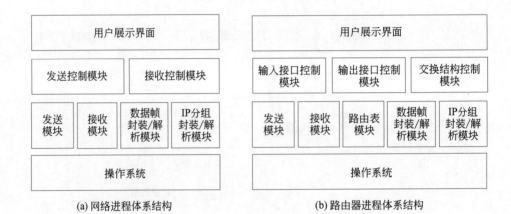

(a) 网络进程体系结构   (b) 路由器进程体系结构

图 10-8 系统体系结构

路由器进程的主要工作是完成 IP 分组的转发。从主要模块上看,它比网络进程多了一些关于路由表及转发的工作。

接收模块的主要是完成基本的数据接收功能,负责读取网络上传送到本进程的二进制数据流并交给上层。而发送模块的主要工作是将上层的二进制数据流通过网络发送出去。

数据帧封装模块的主要工作是将 IP 分组封装成数据帧。数据帧解析模块的主要工作是对数据帧进行解析,抽取 IP 分组,另外还可以获得一些必要的控制信息。

IP 分组封装模块的主要工作是将用户数据(字符串)封装成 IP 分组。IP 分组解析模块的主要工作是对 IP 分组进行解析,转换成最终的用户数据以便展示,另外还可以获得一些必要的控制信息。

发送控制模块负责组织网络进程的发送过程,将用户数据封装成 IP 分组,再封装成 MAC 数据帧,通过发送模块发给路由器进程。

接收控制模块负责组织网络进程的接收过程,从路由器获取数据帧,解析成 IP 分组,然后从 IP 分组中提取用户数据。

输入接口控制模块负责组织路由器进程的接收过程,从其他进程获取数据帧,解析成 IP 分组,保存到接口的输入队列中。

交换结构控制模块负责组织路由器进程的查表转发过程,从输入队列中读取 IP 分组,分析 IP 分组,放入合适的输出队列中。

输出接口控制模块负责组织路由器进程的发送过程,从输出队列中读取 IP 分组,将 IP 分组封装成 MAC 数据帧,通过发送模块发给其他进程。

10.3.5 报文格式设计

本实验涉及报文的类型不多,但是需要设计 3 个协议的报文格式,分别是两个数据帧的报文格式和 IP 分组的报文格式。

下面首先定义报文类型,如表 10-3 所示。针对这些报文类型以及后面定义的报文格式,读者可以根据自己的设计需要进行修改和完善。

表 10-3 报文类型

类型号	类 型	备 注
0	以太网数据帧	第一、二层物理网络
1	串行通信数据帧	第一、二层物理网络
2	握手报文	网络进程和路由器进程、路由器进程和路由器进程之间的初始化握手过程

注意:本实验是模拟实验,不必遵循相关协议的帧格式,知道原理即可。

1. IP 分组的报文格式

IP 分组是数据帧的载荷,不需要报文类型字段,其报文格式如图 10-9 所示。

IP版本	目的IP地址	源IP地址	数据长度(len)	数据
1字节	4字节	4字节	2字节	len字节

图 10-9 IP 分组的报文格式

IP 版本是 IP 的版本号,这里固定为 4,代表 IPv4。

目的 IP 地址和源 IP 地址采用 IPv4 的地址格式,即 32 位二进制。

数据长度是二进制数,占 16 位,代表后续数据的长度。这里的数据是真正的用户数据。

2. 以太网数据帧的报文格式

以太网数据帧的报文格式如图 10-10 所示。

报文类型是以太网帧没有的字段,是为了方便实验的实现而人为添加的。这里固定为 0。

源 MAC 地址和目的 MAC 地址即网络进程代表的主机的 MAC 地址以及路由器相关接口的 MAC 地址。

报文类型	目的MAC地址	源MAC地址	数据长度(len)	数据	校验和
1字节	6字节	6字节	2字节	len字节	1字节

图 10-10　以太网数据帧的报文格式

  MAC 地址由为主机或路由器分配的标识和接口号组成。例如 IE0,其中,I 是路由器 I 的标识,E0 是其 0 号以太网接口。网络进程没有接口的概念,所以 MAC 地址即其自身的标识,但是为了便于处理,可以用 00 进行填充,例如 B00。

  把这个格式的地址的每一个字符按照 ASCII 码编码规则转换为 8 位二进制数。很显然,这个格式的地址是不够 48 位的,因此在前面要填充 0。例如 IE0,最终的 MAC 地址为十六进制的 00 00 00 49 45 30。

  数据长度是二进制数,代表后续数据的长度(不包括校验和)。这里的数据指的是 IP 分组。

  校验和为前面所有信息(控制信息和数据)按字节累加的和。

3. 串行通信数据帧的报文格式

串行通信(PPP)数据帧的报文格式如图 10-11 所示。

报文类型	SYN	SYN	SOH	数据长度(len)	数据	ETX	校验和
1字节	1字节	1字节	1字节	2字节	len字节	1字节	1字节

图 10-11　串行通信数据帧的报文格式

报文类型同样是人为添加的,固定为 1。

SYN 是同步字符(ASCII 码为 16H),模拟了串行通信的帧格式。

SOH 是开始符(ASCII 码为 01H),表示后续开始传送数据,模拟了串行通信的帧格式。

  数据长度是二进制数,代表后续数据的长度(不包括 ETX 和校验和)。这里的数据指的是 IP 分组。

ETX 是终结符(ASCII 码为 03H),表示数据结束,模拟了串行通信的帧格式。

校验和为前面所有信息(控制信息和数据)按字节累加的和。

4. 握手报文

握手报文的格式如图 10-12 所示。

报文类型	源节点标识	目的路由器接口
1字节	1字节	2字节

图 10-12　握手报文的格式

10.3.6 类图

1. 网络进程的相关类图

网络进程（A、B、C、D）的相关类图如图 10-13 所示。其中,网络进程类是本程序的主类,也充当了多个类的纽带,并提供了信息展示的方法。

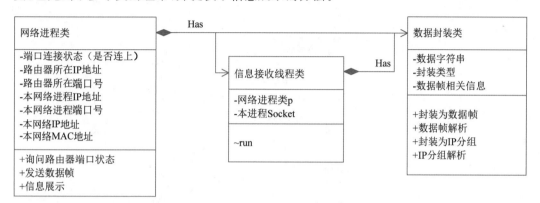

图 10-13　网络进程的相关类图

因为本实验的目的是突出路由器的工作过程,所以对网络进程发送数据要求不高,不必采用多线程,采用单次顺序执行即可。

发送数据时,网络进程类先调用数据封装类的封装为 IP 分组方法,传入目的 IP 地址、源 IP 地址、用户数据等参数,将用户输入的字符串封装成 IP 分组。然后调用数据封装类的封装为数据帧方法,传入目的 MAC 地址、源 MAC 地址、IP 分组等参数,封装成数据帧。最后,调用本身的发送数据帧方法将数据帧发送出去即可。

信息接收线程类在接到数据帧后,调用数据封装类的数据帧解析方法进行数据帧的解析,得到 IP 分组,然后调用数据封装类的 IP 分组解析方法,进行 IP 分组的解析,还原出用户的最终数据,进行信息的展示。

2. 路由器进程的相关类图

对路由器工作的模拟是本实验的重点,路由器进程的相关类图如图 10-14 所示。其中,路由器进程类是本程序的主类,也充当了多个类的纽带,并提供了信息展示的方法。

路由器进程类的工作不多,更多的是起着联系的作用。它首先要做的是接收各个网络进程或其他路由器的握手过程,建立双方的连接,完善接口连接状态,形成物理接口类数组,作为共享的信息供相关处理线程使用。准备工作完成之后,可以单击"开始工作"按钮,启动路由器的正式工作——接收和处理数据。

路由器进程的每个物理接口类都对应一个实际路由器的物理接口,该类具有数据链路层 MAC 子层的主要工作(主要由 MAC 子层发送数据帧线程类和 MAC 子层接收数据帧线程类完成)和 IP 层的主要部件(IP 层输入队列和 IP 层输出队列)。

MAC 子层接收数据帧线程类主要接收其他节点发送的数据帧,调用数据帧封装类

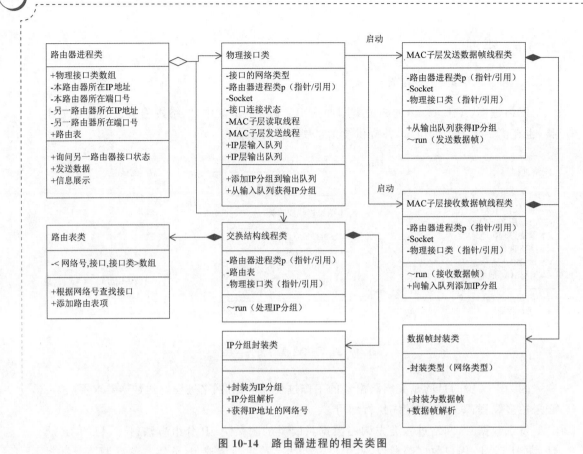

图 10-14   路由器进程的相关类图

解析后,转给本接口的 IP 层输入队列。

MAC 子层发送数据帧线程类则从 IP 层输出队列中获得转发的 IP 分组,经由数据帧封装类封装后发送出去。

交换结构线程类只需要生成一个线程即可,线程的 run 方法针对每一个路由器接口进行轮询,如果发现该接口的 IP 层输入队列存在 IP 分组,则提取出来,调用 IP 分组封装类进行解析,得到目的 IP 地址和网络号,查询路由表类,得到需要转发的目的接口,把 IP 分组添加到目的接口的输出队列中。

以上 3 个线程一旦启动,就应该一直保持运行,直至关闭进程。

IP 分组封装类和数据帧封装类分别对 IP 分组和数据帧进行封装和解析。

路由表类用于模拟一个简单的路由表。

◆ 10.4 实 验 实 现

本实验模拟路由器的主要工作过程,所以忽略了 ARP 的工作过程,不需要根据目的 IP 地址广播 ARP 请求以获得目的 MAC 地址,即假定各个设备都已经拥有可用的 ARP 高速缓存。

10.4.1　网络进程处理流程

网络进程的工作比较简单,这里以接收数据帧为例进行介绍。网络进程接收数据帧的活动图见图 10-15。

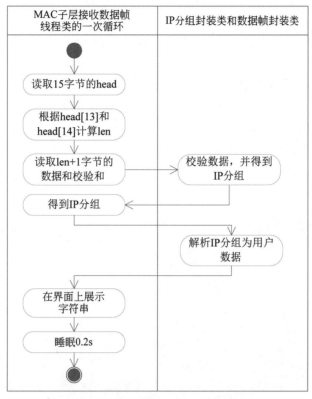

图 10-15　网络进程接收数据帧的活动图

算法步骤如下(因为实验中的网络都假设是以太网,所以简化了网络类型的处理):

(1) 读取前 15 字节(第 0~14 字节)的 head。

(2) 根据第 13 字节和第 14 字节计算后续数据长度(len)。

(3) 读取 len+1 字节的数据以及校验和。

(4) 调用数据帧封装类,校验数据是否正确,并得到 IP 分组。

(5) 调用 IP 分组封装类,解析 IP 分组,得到用户数据。

(6) 调用界面展示函数进行展示。

(7) 睡眠 0.2s,这样做的目的是让出 CPU 时间(下同,不再赘述)。

10.4.2　路由器进程相关处理流程

路由器的工作较多,这里首先介绍物理接口类的接收过程。

1. 物理接口类的接收过程

物理接口类的 MAC 子层接收数据帧线程类的一次循环算法步骤如下：

(1) 读取第 0 字节的 net_type(网络类型)。

(2) 如果 net_type=0(以太网),则 head_len=14;否则 head_len=5。

(3) 读取 head_len 的帧首。

(4) 根据第 12、13 字节(net_type=0)或者第 3、4 字节(net_type=1)计算后续数据长度(len)。

(5) 读取 len+1 字节的数据以及校验和。

(6) 调用数据帧封装类,校验数据是否正确,并得到 IP 分组。至此,已经去掉了 MAC 帧的帧首和帧尾。

(7) 将 IP 分组添加到本接口的 IP 层输入队列中。

(8) 调用界面展示函数展示相关信息。

以上算法的活动图见图 10-16。

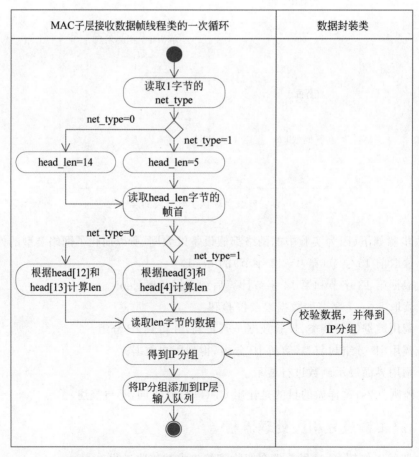

图 10-16   MAC 子层接收数据帧线程类的一次循环活动图

2. 交换结构线程类的处理过程

交换结构线程类的算法步骤如下：

（1）针对路由器的每一个物理接口，从该接口的 IP 层输入队列中获得队首的待处理 IP 分组。

（2）调用 IP 分组封装类解析该 IP 分组，获得目的 IP 地址。

（3）通过计算得出 IP 地址的网络号。

（4）到路由表类中查找该网络号对应的目的接口。

（5）将 IP 分组添加到目的接口的 IP 层输出队列。

（6）调用界面展示函数进行展示。

（7）接口如果尚未遍历完毕，则处理下一个接口；否则睡眠 0.2s 后重新遍历。

在算法中，交换结构线程类针对每一个物理接口，均只处理其 IP 层输入队列中的第一个 IP 分组，处理完毕立即处理下一个接口，而不是将一个接口中的所有 IP 分组处理完毕才处理下一个接口，这样兼顾了公平性。

以上算法的活动图见图 10-17。

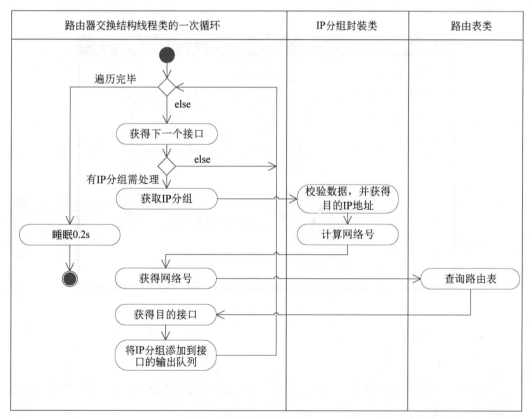

图 10-17　路由器交换结构线程类的一次循环活动图

3. 物理接口类的发送过程

物理接口类的 MAC 子层发送数据帧线程类的一次循环算法步骤如下：

（1）检查 IP 层输出队列中是否有 IP 分组。如果有,则转向（2）；否则转向（4）。

（2）使用数据帧封装类对 IP 分组进行封装。如果 net_type＝0,则封装为以太网数据帧；否则封装为串行通信数据帧。

（3）通过接口中的 Socket 进行发送,转向（1）。

（4）调用界面展示函数展示相关统计信息。

（5）睡眠 0.2s。

以上算法较为简单,这里不再给出活动图。

10.4.3 界面样例

1. 网络进程界面样例

针对本实验,网络进程（A、B、C、D）界面样例如图 10-18 所示。其中,本进程的 IP 地址是虚拟的 IP 地址,不是编程所需的 IP 地址。

图 10-18　网络进程界面样例

2. 路由器进程界面样例

路由器进程的界面样例如图 10-19 所示。界面中的表格主要用于显示路由器进程当前路由表的相关信息。

两个路由器之间不需要建立两个连接,因此路由器进程应该做到：一旦一个路由

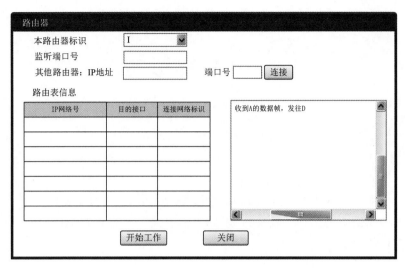

图 10-19　路由器进程界面样例

器连接到另一个路由器后,另一个路由器的"连接"按钮需要变成灰色,不允许用户再单击。

ARP 模拟实验

地址解析协议（Address Resolution Protocol，ARP）是 IP 层中一个非常重要的辅助协议，天天"默默地"辅助人们上网。本章将对 ARP 协议进行介绍和实验的模拟。

◆ 11.1 概 述

11.1.1 为什么需要 ARP

世界上有很多类型的网络，如何把这些网络互联呢？只有大家都采用相同的协议，才能实现这些网络的互联，互联网中的 IP 就是这样一个大家共同遵守的协议。于是就产生了两类网络：

- 一类是虚拟的 IP 网络，工作在第三层（IP 层），用于统一各个物理网络，使它们协调工作。
- 一类是具体的物理网络，一般工作在 OSI 参考模型的底下两层（下面以以太网为例）。

这就导致了用户的数据在进行传输时实际上经过了这两类网络的处理的：用户的数据先经过 IP 的处理被封装成 IP 分组，然后在物理网络的处理过程中被封装成 MAC 数据帧。这进而导致了用户的数据最终被添加了两个网络的地址：虚拟网络的 IP 地址和物理网络的 MAC 地址，如图 11-1 所示（其中每一类地址的两个方块分别代表了源地址和目的地址）。

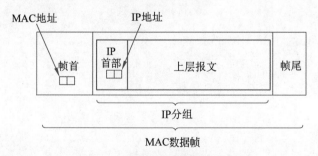

图 11-1 数据被嵌套包裹的示意图

可见,这里涉及两个地址,IP 地址和 MAC 地址。而 IP 地址在具体的物理网络中是不被认可的,每一个物理网络都是按照自己的地址进行处理的。例如,IPv4 的地址是 32 位的,而以太网的地址是 48 位的,两者格式也不相同。

打一个比较形象的比方,可以把 IP 地址比做省、市、区和门牌号,是一种大家都认可的逻辑地址(人类可以理解的抽象的地址);而 MAC 地址可以被比做东经××、北纬×× 的物理地址(导航仪可以理解的实实在在的地址)。

如何将两者结合起来,完成数据传输过程呢?手段就是建立一定的映射关系。那么,如何在已经知道了一个设备(主机或路由器)IP 地址的情况下找出其相应的 MAC 地址呢?互联网是使用 ARP 完成地址解析的,可以说 ARP 是 IP 层中一个非常重要的辅助协议。下面介绍 ARP 的相关内容。

11.1.2 ARP 的工作过程

首先,每一个主机都设有一个 ARP 高速缓存(ARP Cache),相当于一个转换表/映射表,每一个表项都保存了各个主机或路由器的 IP 地址到物理网络 MAC 地址的映射,其主要内容是 IP 地址,MAC 地址,映射有效时间。

ARP 的工作过程如下:

(1) 当主机 A 要向本局域网上的主机 B 发送数据时,就先在自身的 ARP 高速缓存中查看有无主机 B 的映射信息。

(2) 如果存在 B 的映射信息,就可查出其中 B 的 MAC 地址,再将此 MAC 地址写入数据帧,然后通过物理网络将该数据帧发往此 MAC 地址。结束。

(3) 如果不存在 B 的信息,则 ARP 实体在本局域网上广播发送一个 ARP 请求分组,包括本机(A)IP 地址、MAC 地址以及目的方(B)的 IP 地址、MAC 地址(因为暂时不知,所以填 0)。

(4) A 在本地广播此 ARP 请求。

(5) 本网络的所有主机都可以收到此请求,但是只有 B 会对 A 发送 ARP 响应分组,包含发送端(B)的 IP 地址、MAC 地址以及接收端(A)的 IP 地址、MAC 地址。

(6) A 在收到 ARP 响应分组后,将得到的 B 的 IP 地址、MAC 地址信息写入 ARP 高速缓存中。后续发送数据帧时可以采用此信息。

一个网络内的 ARP 工作过程如图 11-2 所示。

从工作过程第一步可知,ARP 高速缓存的存在可以有效减少 ARP 广播的数量,大大减轻网络的负担,提高数据传送的效率。

另外,为了减少网络上的通信量,当主机 B 收到 A 的 ARP 请求分组时,将主机 A 的(IP 地址,MAC 地址)映射信息写入自己的 ARP 高速缓存中。这样,主机 B 以后向 A 发送数据时就更方便了,免去了一次 ARP 请求的过程。

从 IP 地址到 MAC 地址的解析是自动进行的,主机的用户对这种地址解析的过程是不需要知道的,因此前面说 ARP 是在"默默地"工作。

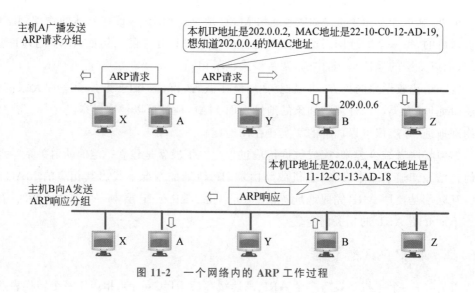

图 11-2   一个网络内的 ARP 工作过程

11.1.3   ARP 的典型工作情况

注意：ARP 只能用于解决同一个物理网络上的主机或路由器的地址映射问题。其原因有两个。第一，ARP 的广播分组会被路由器截断；第二，其他物理网络的硬件地址对于本网络来说可能根本无法使用。

那么，如果要查找的目的主机和源主机不在同一个物理网络上，应该怎么办呢？这时就要通过 ARP 找到一个位于本局域网上的某个路由器（更具体地说是这个路由器的一个物理接口），使用 ARP 找到这个路由器的硬件地址，然后把 IP 分组发送给这个路由器，让这个路由器把 IP 分组转发给下一个物理网络，剩下的工作就由下一个物理网络完成。

这样就存在使用 ARP 的以下 4 种典型工作情况（这里假设所有参与者的 ARP 高速缓存都是空的）：

- 发送端是主机 A，要把 IP 分组发送到本网络上的主机 B，此时 A 使用 ARP 找到目的主机的 MAC 地址，使用此 MAC 地址把 IP 分组发送给 B。
- 发送端是主机 A，要把 IP 分组发送到另一个网络上的主机 F，此时 A 使用 ARP 找到本网络上的路由器 R1 的 MAC 地址，使用此 MAC 地址把分组发送给 R1，剩下的工作由 R1 完成。
- 发送端是路由器 R1，要把 IP 分组转发到另一个网络上的主机 F，此时 R1 使用 ARP 找到更加靠近 F 的路由器 R2 的 MAC 地址，使用此 MAC 地址把 IP 分组转发给 R2，剩下的工作由 R2 完成。
- 发送端是路由器 R2，要把 IP 分组转发到本网络上的主机 F，此时 R2 使用 ARP 找到目的主机 F 的 MAC 地址，使用此 MAC 地址把分组转发给 F。

第一种情况是最基本的 ARP 工作过程，不再赘述。针对后面 3 种情况，ARP 的工作过程如图 11-3 所示。

需要强调的是，目前，不少路由器之间采用串口线直接连接，在这种情况下，相关接口

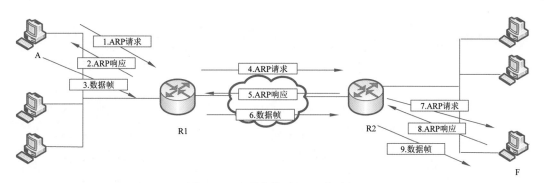

图 11-3　跨网络的 ARP 工作过程

是不必分配 IP 地址的(当然,也可以为其分配 IP 地址),进而路由器之间无须使用 ARP
获得对方的 MAC 地址。

　　本实验为了强调 ARP 的作用,假设两个路由器之间是使用局域网连接的,但是为了
简化实验,两个路由器之间是直接连接的,没有更为复杂的设备。

◇ 11.2　实 验 描 述

1. 实验目标

　　本实验要求学生掌握利用 Socket 进行网络编程的方法,并可以使用 Socket 编程模
拟 ARP,从而完成获取 MAC 地址的过程,以增强对 ARP 的理解。

2. 实验拓扑

　　本实验的网络拓扑结构如图 11-4 所示(其中的设备都以进程代替,物理链路通过
Socket 连接模拟,物理连接使用的接口也在图 11-4 中进行了标注,均为以太网接口)。

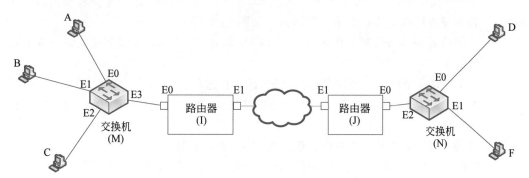

图 11-4　网络拓扑结构

　　各个设备的模拟地址如表 11-1 所示。这些 IP 地址和 MAC 地址都是虚拟的,是为了
完成实验而人为设定的,不是编程时所需的真实参数,读者一定要注意这一点。

表 11-1　各个设备的模拟地址配置

设备标识	接口	IP 地址	MAC 地址
A		202.119.64.101	11-10-22-ED-87-78
B		202.119.64.102	12-10-22-ED-87-78
C		202.119.64.103	13-10-22-ED-87-78
D		202.119.65.101	14-10-22-ED-87-78
F		202.119.65.103	16-10-22-ED-87-78
I	E0	202.119.64.100	17-10-22-ED-87-78
	E1	202.119.66.100	18-10-22-ED-87-78
J	E0	202.119.65.100	19-10-22-ED-87-78
	E1	202.119.66.101	20-10-22-ED-87-78

3. 实验内容和要求

实验内容和要求如下:

(1) 创建 9 个进程。

- 两个进程代表的路由器(I、J)可以由一个程序实现,每个路由器具有两个接口,其中 E0 用于连接主机,E1 用于连接其他路由器。两个 E1 接口直接连接,表示一个简单的网络。
- 5 个进程代表主机 A、B、C、D、E,由一个程序实现。主机进程是本实验的主要参与者。
- 两个进程代表交换机,负责中转相关报文,由一个程序实现。

(2) 建立物理连接。

- 9 个进程在工作前需要建立物理连接,即通过建立 Socket 连接并交换相关信息来表示设备用线缆连接起来。连接方法如图 11-4 所示。
- 交换机进程和路由器进程在握手信号中获取对方的标识,根据上述关系建立对应的联系。

(3) 模拟在一个网络内发送数据时 ARP 的工作过程。

- A 向 B 发送数据,但是不知道 B 的 MAC 地址,则发送 ARP 请求给交换机 M,请求广播。
- M 将这个 ARP 请求广播给所有主机(B、C)和路由器 I。
- B 得到 ARP 请求后通过 M 单播 ARP 响应信息给 A,其他节点忽略该请求。
- A 在自己的 ARP 高速缓存中加入 B 的 MAC 地址信息。
- A 向 B 发送数据。

(4) 模拟跨网络发送数据时 ARP 的工作过程。

- A 希望发送数据给 F,通过分析 IP 地址,A 发现 F 和自己不在同一个网络中,于是发送 ARP 请求给交换机 M,请求 I 的 MAC 地址。

- M 广播 ARP 请求给所有主机(B、C)和路由器 I。
- I 得到 ARP 请求后通过 M 单播 ARP 响应信息给 A。
- A 在自己的 ARP 高速缓存中加入 I 的 MAC 地址信息。
- A 向 I 发送数据。
- I 向 J 方向广播(实际上是单播模拟广播)ARP 请求,在得到 J 的响应后,I 向 J 发送 A 的数据。
- J 向 F 所在网络广播 ARP 请求,经过 N 到达 F。F 通过 N 发送 ARP 响应报文给 J,J 向 F 发送 A 的数据。

(5)显示。

- 各个设备提供用户图形界面,显示自己的工作情况。
- 在各个进程的界面上,可以选择或输入自己的标识。

◇ 11.3　实验分析和设计

11.3.1　用例分析

1. 主机进程用例分析

主机进程(A、B、C、D、F)包括两个主要的工作:发送 ARP 请求和接收 ARP 响应。主机进程的用例图如图 11-5 所示。

在实验的过程中,主机进程和交换机进程进行握手(这在实际情况中是不存在的,这里是为了实现实验而人为添加的过程,可以假设为用物理线缆连接主机和交换机,后续交换机和路由器之间以及路由器和路由器之间都基于这样的假设)后,双方可以保留对方的 Socket 连接,也可以不保留,本实验中假设保留 Socket 连接不释放,从而方便交换机进程在收到相关报文后向各个主机或路由器进程转发/广播这些报文。

以图 11-5 中执行 ARP 用例为例,其用例描述如表 11-2 所示。

表 11-2　执行 ARP 用例描述

名称	执行 ARP 用例
标识	UC0102
描述	1. 获取用户指定的目的 IP 地址。 2. 判断目的主机是否在本网内。 3. 查询 ARP 高速缓存,如果发现存在目的 MAC 地址,则直接返回并结束。 4. 组装 ARP 请求报文。 5. 向交换机发送 ARP 请求报文。 6. 不断从 ARP 高速缓存查询 MAC 地址,直到得到 MAC 地址。 7. 将目的主机或路由器的 MAC 地址写入 ARP 高速缓存
前提	和交换机进程进行了握手过程,建立了各方的联系。 用户输入自己的文字,单击"发送"按钮

结果	得到目的主机或路由器的 **MAC** 地址
注意	主机进程需要事先指定自己连接的路由器信息。在现实中,需要在本地连接属性中完成默认网关的填写;在实验中,需要在界面上提供工具,以方便用户填写路由器的信息。 在这个发送的过程中,不需要发送端接收 ARP 响应报文,自有主机负责接收数据的线程接收 ARP 响应报文,并将结果写入 ARP 高速缓存,发送端只需要不断查询 ARP 高速缓存即可

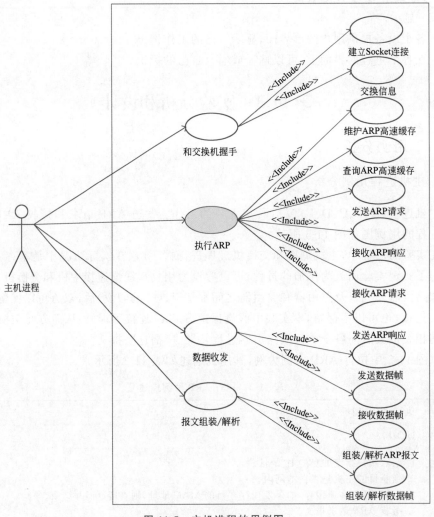

图 11-5　主机进程的用例图

　　主机进程的发送过程(包括发送数据帧和 ARP 请求、接收 ARP 响应),过程并不复杂,时间不长,所以不必借助多线程技术。但是接收数据帧的过程需要不断监听 Socket 以及时进行处理,所以应该采用多线程技术实现。

2. 交换机进程用例分析

交换机进程作为桥梁,工作比较简单,主要是记住自己所连接的主机和路由器,对收到的各种报文进行转发或广播。交换机的工作不是本实验的重点,所以实验中假设交换机已经具有完整的站表,不需要执行逆向学习的过程。体现在实验中,交换机站表的生成是通过握手的过程完成的(或者在程序中事先给出)。

这里建议采用多线程技术处理每一个接口(用 Socket 代替)的读取功能,即每一个接口都使用一个线程进行监听。

交换机进程的用例图如图 11-6 所示。

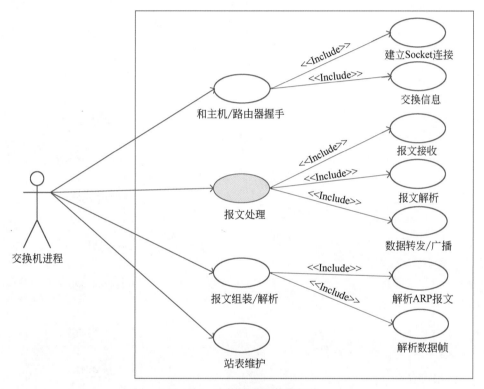

图 11-6　交换机进程的用例图

以交换机进程的报文处理用例为例,其用例描述如表 11-3 所示。

表 11-3　报文处理用例描述

名称	报文处理用例
标识	UC0202
描述	1. 从 Socket 读到报文。 2. 解析报文。 3. 如果是数据帧报文,则根据其中的目的 MAC 地址进行转发,结束。 4. 如果是 ARP 请求报文,则广播该 ARP 请求报文给其他所有接口。 5. 如果是 ARP 响应报文,则根据其中的目的 MAC 地址进行转发

续表

前提	主机、路由器都和交换机进行了握手过程。 交换机具有完备的站表
结果	发送报文到指定的目的地
注意	每一个接口的线程都完成以上工作。 此处不需要报文的组装

3. 路由器进程用例分析

路由器进程作为中转站,在本实验中,和主机的工作类似,但是复杂一些。路由器进程的用例图如图 11-7 所示。

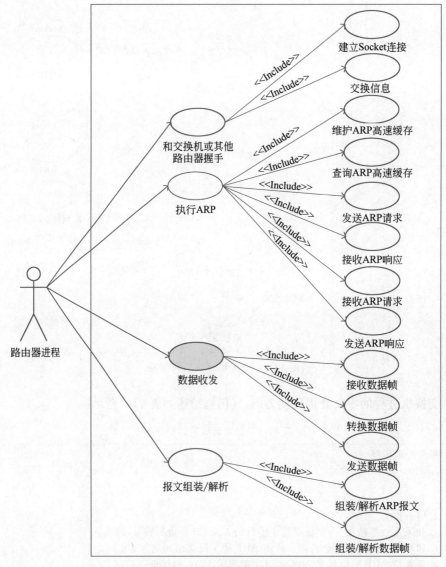

图 11-7 路由器进程的用例图

路由器进程除了和交换机进程进行握手过程外,还要充当翻译的功能,要把从源网络中收到的数据帧的目的 MAC 地址和源 MAC 地址转换为下一跳网络中的 MAC 地址。转换规则如下(以路由器进程 I 在收到数据帧后发送给路由器进程 J 的过程为例):

- 将数据帧源 MAC 地址设为 I 的 E1 接口的 MAC 地址。
- 将数据帧目的 MAC 地址设为 J 的 E1 接口的 MAC 地址。

因为路由器的其他工作不是本实验的重点,所以实验中假设路由器已经具有完整的路由表(不需要执行路由算法以建立路由表),体现在实验中,路由表的维护由人工完成(或者在程序中事先给出)。而本实验中采取了一种更加"偷懒"的手段:从 E0 接口收到的数据帧直接发给 E1 接口,从 E1 接口收到的数据帧直接发给 E0 接口。但是,这里还是应该对每一个接口分别用一个线程处理接收的工作,以保证其并行性。

以数据收发用例为例,其用例描述如表 11-4 所示。

表 11-4　数据收发用例描述

名称	路由器数据收发用例
标识	UC0303
描述	1. 收到 IP 分组。 2. 解析 IP 分组,获得目的 IP 地址。 3. 解析出目的网络号,并根据路由表找出下一跳的目的 IP 地址 IP_{next}(例如路由器进程 I 通过路由表找到路由器进程 J 的 E1 接口的 IP 地址)。 4. 在 ARP 高速缓存中查看是否有 IP_{next} 对应的 MAC 地址。 5. 如果 ARP 高速缓存中存在相关的地址信息,则转向 8。 6. 否则向目的接口连接的网络广播 ARP 请求报文。 7. 不断从 ARP 高速缓存中查询 MAC 地址,直到得到 MAC 地址为止。 8. 转换数据帧(转换源 MAC 地址和目的 MAC 地址)。 9. 从目的接口发送出去
前提	路由器进程已经和交换机进程或其他路由器进程建立起了 Socket 连接,并且从进程读取了用户的数据。 路由器具有完备的路由表
结果	发送数据到下一跳
注意	查询路由表的步骤可以简化。 在这个转发的过程中,不需要转发方法接收 ARP 响应报文,而是由路由器负责接收数据的线程接收 ARP 响应报文,并将结果写入 ARP 高速缓存,转发方法只需要不断查询 ARP 高速缓存即可

11.3.2　主机状态图

主机在发送一次数据时的状态图如图 11-8 所示。

11.3.3　时序图

本实验的时序图如图 11-9 所示。这里假设为本局域网内的一次数据发送过程。根

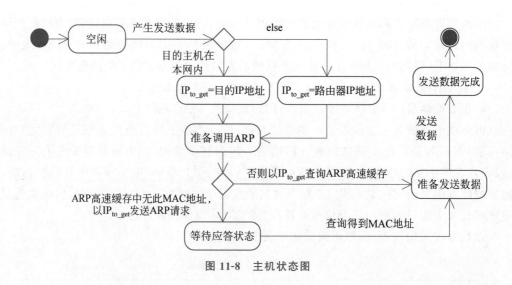

图 11-8　主机状态图

据时序图可知,在主机工作之前,主机进程和路由器进程需要向交换机进程发起握手的过程,以便进行后续的通信。

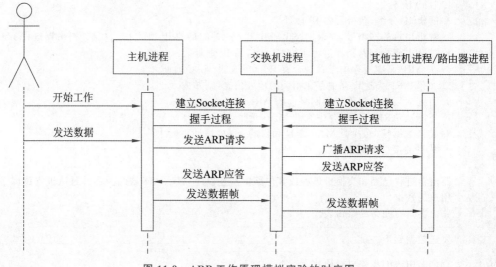

图 11-9　ARP 工作原理模拟实验的时序图

11.3.4　部署图

在本实验中,多个进程可以部署在多台计算机上,也可以部署在同一台计算机上。这里假设实验是部署在多台计算机上的,这样,各个进程可以具有随意的端口号。如果因为实验条件所限,确实需要把所有的进程部署在同一台计算机上,因为各个进程所需的 IP 地址相同,所以需要为这些进程设置不同的端口号,以防止冲突。

本实验的部署图如图 11-10 所示。其中的连线表示双方需要进行通信。

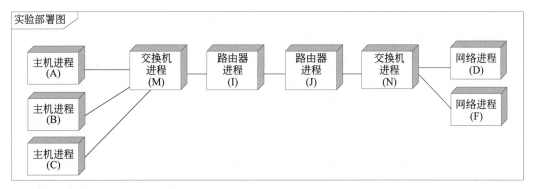

图 11-10　实验部署图

11.3.5　系统体系结构设计

针对本实验,系统可以分为 3 部分,分别是主机进程、交换机进程和路由器进程。它们的体系结构如图 11-11 所示。

(a) 主机进程体系结构　　　　　　　　(b) 交换机进程体系结构

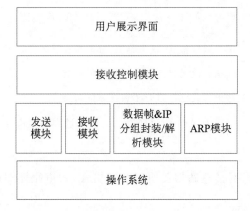

(c) 路由器进程体系结构

图 11-11　系统体系结构

其中,主机进程作为数据的发送者是 ARP 的最初发起者。其主要工作由发送控制模块和接收控制模块完成,其中的接收控制模块非常简单。

路由器进程和主机进程的体系基本上是一样的,但是具体由哪个功能做主控却有所不同。路由器进程的主要工作都是被动的,是接收到其他节点发来的报文而产生的后续动作,所以路由器进程的主要工作是由接收控制模块完成的,体现为接收数据帧后启动 ARP 功能,得到 MAC 地址后把数据帧发送出去;而主机进程的主要工作是用户启动的,由发送控制模块组织完成,接收控制模块较为简单。

另外,路由器进程比主机进程多了数据帧的格式转换(在本实验中体现为地址的转换)的功能。在本实验中,因为拓扑结构简单,所以省略了路由表维护、查询等相关功能的模块。

交换机进程主要是为了转发数据帧,同路由器进程一样,主要工作也是由接收控制模块主导完成的。另外,交换机进程多了一个站表维护模块。

发送模块将从上层收到的数据帧发送给指定的接收者,接收模块从下层收到数据帧并提交给上层。

数据帧 & IP 分组封装模块主要实现将用户数据封装成 IP 分组+数据帧的功能。这里简化了数据封装的过程,不再是先封装成 IP 分组再封装成数据帧。

而数据帧 & IP 分组解析模块的主要工作是对数据帧和 IP 分组进行解析,得到用户的最终数据,还可以获得一些必要的控制信息。

在本实验中,将 IP 分组和数据帧合成一个报文处理(简化实验工作量),但是读者需要注意,两者是在不同的层次由不同的网络实体形成的。

11.3.6 报文格式设计

本实验涉及多个报文的往返,为了方便各个进程之间的通信处理,特定义了报文类型字段,其中包含的报文类型如表 11-5 所示。针对这些报文类型以及后面定义的报文格式,读者可以根据自己的设计需要进行修改和完善。

表 11-5 报文类型

类型号	类 型	备 注
0	数据帧	用户数据格式,这里将 IP 分组和数据帧合并了
1	ARP 请求报文	这里假设已经进行了数据帧的封装
2	ARP 响应报文	这里假设已经进行了数据帧的封装
3	握手报文	主机进程和交换机进程、交换机进程和路由器进程、路由器进程和路由器进程之间的初始化握手过程

本实验是模拟实验,不必遵循相关协议的帧格式,知道原理即可。

1. 数据帧的报文格式

数据帧的报文格式如图 11-12 所示。其中:

- 报文类型是以太网帧没有的,是为了方便实验的实现而人为添加的,这里固定为 0。
- 目的 MAC 地址、源 MAC 地址、目的 IP 地址和源 IP 地址如表 11-1 所示。
- 数据长度是二进制数,代表了后续数据的长度。
- 数据是用户需要发送的字符串。

报文类型	目的MAC地址	源MAC地址	目的IP地址	源IP地址	数据长度(len)	数据
1字节	6字节	6字节	4字节	4字节	2字节	len字节

图 11-12　数据帧的报文格式

再次提醒:MAC 地址在数据发送的过程中是经常变换的,本实验也要模拟这个过程。

由主机进程发送的数据帧报文,其源 IP 地址和源 MAC 地址都是该主机自身的地址;目的 IP 地址是目的主机的 IP 地址,目的 MAC 地址则是下一个接收者(源和目的主机在同一个网络时,则为目的主机;否则为路由器的某个接口)的 MAC 地址。

由路由器进程发送的数据帧报文,其源 IP 地址是源主机的 IP 地址,保持不变,源 MAC 地址则是路由器自身的某接口的地址;目的 IP 地址同样不变,而目的 MAC 地址则是下一个接收者的 MAC 地址。

2. ARP 请求报文格式

ARP 请求报文格式如图 11-13 所示。报文类型固定为 1。

报文类型	目的MAC地址	源MAC地址	目的IP地址	源IP地址
1字节	6字节	6字节	4字节	4字节

图 11-13　ARP 请求报文格式

源 IP 地址和源 MAC 地址,都是 ARP 请求报文发出者自身的地址;目的 IP 地址是下一跳(不是目的主机)的 IP 地址,而目的 MAC 地址则是全 0。

3. ARP 响应报文格式

ARP 响应报文格式如图 11-14 所示。报文类型固定为 2。

报文类型	目的MAC地址	源MAC地址	目的IP地址	源IP地址
1字节	6字节	6字节	4字节	4字节

图 11-14　ARP 响应报文格式

虽然看上去 ARP 响应报文和 ARP 请求报文的格式是一样的,但是 ARP 响应报文中的地址正好和 ARP 请求报文中的地址是反过来的,即,源 IP 地址和目的 IP 地址位置颠倒,源 MAC 地址和目的 MAC 地址位置颠倒。

4. 握手报文格式

握手报文格式如图 11-15 所示。握手是主机或路由器进程向交换机进程、路由器进程向另一个路由器进程发起的过程。

报文类型固定为 3。接口标识是指主机或路由器进程想要连接的交换机或其他路由器进程的接口号(例如 E0),源 MAC 地址是主机或路由器进程的 MAC 地址,以便交换机根据这个信息建立自己的站表(这个过程不符合实际交换机的工作原理,交换机站表是依靠自学习的方法建立的,读者请注意)。

报文类型	接口标识	源MAC地址
1字节	1字节	6字节

图 11-15 握手报文格式

因为交换机的接口一般不涉及 MAC 地址,所以主机或路由器进程向交换机进程发起握手时,只需要单向发送该报文即可。但是,当路由器进程向另一个路由器进程发起握手时,需要双方互相发送该报文,才可以进行信息的互通。

11.3.7 类图

1. 主机进程的相关类图

主机进程(A、B、C、D)的相关类图如图 11-16 所示。其中,主机进程类是本程序的主类,充当了多个类的纽带,并提供了信息展示的方法。

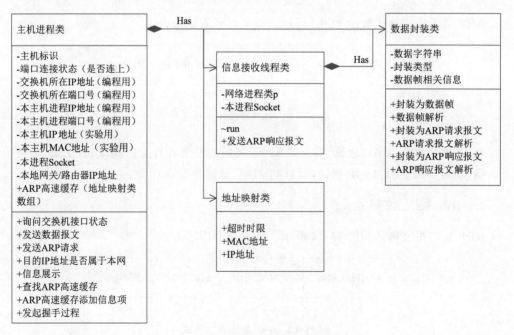

图 11-16 主机进程的相关类图

因为本实验的主要目的是学习 ARP 的工作过程,对主机进程发送数据过程(包括执行 ARP 请求和发送数据帧两个步骤)的并行性要求并不高,所以发送过程不必采用多线程技术,按顺序执行即可。

主机进程发送数据的过程是由用户发起的,而发送的过程是由主机进程类的发送数据报文方法完成的。发送数据时,主机进程首先检查目的 IP 地址是否属于本网。如果目的 IP 地址属于本网,就广播 ARP 请求以获得目的主机的 MAC 地址;如果目的 IP 地址不属于本网,就广播 ARP 请求以获得路由器的 MAC 地址。然后,主机进程等待 ARP 响应(在等待的过程中定期查看 ARP 高速缓存中是否已经存在映射信息)。

ARP 响应报文的接收是由信息接收线程类完成的,该线程将获得的 MAC 地址写进入 ARP 高速缓存中。

发送数据报文方法一旦查到了映射信息,主机进程就调用数据封装类的封装为数据帧方法,传入目的 IP 地址、源 IP 地址、目的 MAC 地址、源 MAC 地址、用户数据等参数,将用户输入的字符串封装成数据帧,最后发送出去即可。

信息接收线程类还负责接收其他主机发送的数据帧,解析后进行展示。

ARP 高速缓存中还包含了超时时限,表明多少时间后应该删除该映射信息,对此功能本实验不做硬性规定。

信息接收线程类如果接收的是数据帧,则调用数据封装类的数据帧解析方法进行数据帧的解析,还原出用户最终的数据,进行信息的展示;如果是其他节点发来的 ARP 请求报文,并且是请求自己的 MAC 地址,则调用数据封装类的封装为 ARP 响应报文方法,生成 ARP 响应报文,通过交换机进程发送给请求者即可。

2. 交换机进程的相关类图

交换机进程(M、N)的相关类图如图 11-17 所示。其中交换机进程类是本程序的主类,也充当了多个类的纽带,并提供了信息展示的方法。

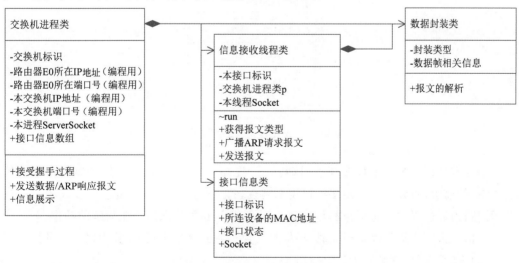

图 11-17　交换机进程的相关类图

交换机具有多个物理接口(每一个接口一个 Socket),针对每一个接口,有一个信息接收线程进行监听。收到报文后,通过数据封装类进行解析。如果收到的报文是 ARP 请求报文,就进行广播(向其他主机进程和相连路由器进程发送一遍);如果是其他报文,就抽取出 MAC 地址,并根据目的 MAC 地址进行发送即可。

接口信息类保存了交换机每一个接口的连接信息,可以充当交换机的站表(当然,实际的站表里面是没有 Socket 等信息的)。接口标识指的是交换机的物理接口的标识,如 E0、E1 等。

3. 路由器进程的相关类图

路由器进程的工作内容与主机进程类似,只是在如何开始执行 ARP 上有所不同。路由器进程的相关类图如图 11-18 所示。其中,路由器进程类是本程序的主类,也充当了多个类的纽带,并提供了信息展示的方法。

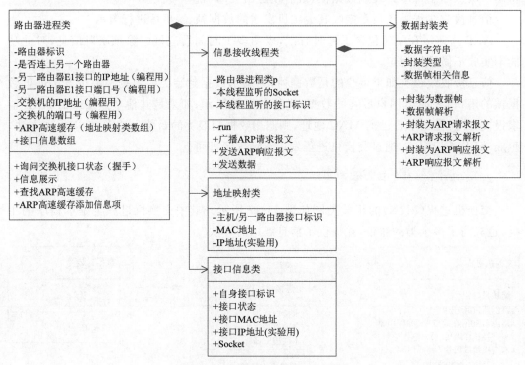

图 11-18　路由器进程的相关类图

路由器进程因为要处理多个接口(每一个接口一个 Socket,接口信息保存在接口信息类中)的监听,所以应该采用多线程技术实现,每一个接口由一个信息接收线程类进行监听。路由器进程的所有动作都是被动的,在接收到相关信息后产生后续的动作。

当信息接收线程类收到报文时,根据报文类型判断是什么报文,分为以下两种操作。

(1) 收到 ARP 请求报文时的操作。

信息接收线程类调用数据封装类进行报文的解析,判断报文中的目的 IP 地址是否指向自己。如果是,则调用数据封装类封装一个 ARP 响应报文,通过交换机进程反馈给发送者;否则抛弃该报文。

在 ARP 响应报文中,源 IP 地址和源 MAC 地址是路由器进程中接收此 ARP 请求报文的接口的 IP 地址和 MAC 地址,目的 IP 地址和目的 MAC 地址是 ARP 请求报文的源 IP 地址和源 MAC 地址。

(2) 收到数据帧时的操作。

信息接收线程类根据自己所属接口的标识判断数据帧是从相连的交换机发来的还是从另一个路由器发来的。如果是从相连的交换机发来的,则下一跳是另一个路由器的 E1 接口;如果是从另一个路由器的 E1 接口发来的,则下一跳是目的 IP 地址指向的主机。应该说这个操作非常不规范,其目的是为了避免路由表的查询工作。

不管是哪一种情况,如果在 ARP 高速缓存中找不到下一跳的 MAC 地址,信息接收线程都可以调用广播 ARP 请求报文方法,将 ARP 请求报文发送给路由器进程的另一个接口对应的 Socket(从接口信息类数组中查询即可)。

同主机进程一样,发送完毕后,本信息接收线程一直等待即可,自有其他的信息接收线程负责接收 ARP 响应报文,完善 ARP 高速缓存。

ARP 高速缓存中的标识(即地址映射类的标识)可能是主机的标识,也可能是另一个路由器的接口标识(E1)。这个标识主要是为了展示相关信息。

◇ 11.4　实　验　实　现

11.4.1　主机进程处理流程

1. 发送数据流程

这里以发送数据为例介绍主机进程的相关工作,算法步骤如下:

(1) 用户输入字符串,单击"发送"按钮。

(2) 获得用户选择的目的主机标识,进而得到其 IP 地址。

(3) 检查目的 IP 地址是否属于本网。如果目的 IP 地址属于本网,令 IP_{next} 等于该目的 IP 地址;否则令 IP_{next} 等于与本主机相连的路由器 E0 接口的 IP 地址(即默认网关的 IP 地址)。

(4) 在 ARP 高速缓存中查找 IP_{next} 是否存在对应的 MAC 地址。如果有,则转向(9);否则转向(5)。

(5) 使用数据封装类封装一个 ARP 请求报文,其中的目的 IP 地址为 IP_{next},目的 MAC 地址为全 0,源 IP 地址和源 MAC 地址为本主机的 IP 地址和 MAC 地址。

(6) 向与自己相连的交换机发送 ARP 请求报文。

(7) 等待 0.1s。

(8) 在 ARP 高速缓存中查找 IP_{next} 是否存在对应的 MAC 地址。如果有,则转向(9);

否则转向(7)。

(9) 调用数据封装类的封装为数据帧方法,输入各种地址信息,将用户输入的字符串封装成数据帧。

(10) 调用本身的发送数据方法将数据帧发送出去。

(11) 调用界面展示函数进行展示。

主机进程发送数据流程的活动图见图 11-19。

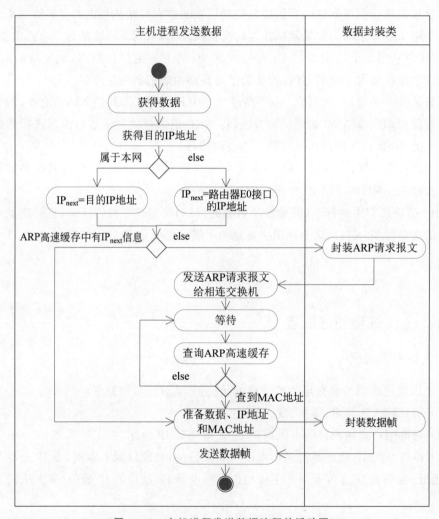

图 11-19　主机进程发送数据流程的活动图

2. 接收信息流程

接收信息是由信息接收线程类完成的,一次循环的处理流程如下:

(1) 收到一个报文。

(2) 调用数据封装类解析报文。

（3）如果是数据帧，则显示数据，处理结束；否则转向（4）。

（4）如果是 ARP 请求报文，判断报文中的目的 IP 地址是否指向自己。如果不是，则处理结束；否则转向（5）。

（5）如果是 ARP 请求报文且指向自己，调用数据封装类封装一个 ARP 响应报文，通过原路返回发送者，处理结束；否则转向（6）。

（6）将地址信息写入 ARP 高速缓存。

以上算法较为简单，这里不再给出活动图。

11.4.2　交换机进程信息接收处理流程

交换机进程的工作不算复杂，主要工作就是产生多个信息接收线程，每一个信息接收线程针对一个物理接口进行监听，并在收到报文后进行相关的处理。

信息接收线程在收到一个报文后的处理算法如下：

（1）收到一个报文。

（2）调用数据封装类对报文进行解析。

（3）如果收到的报文是 ARP 请求报文，则针对每一个已经连接的接口（除了报文的进入接口），使用其 Socket 发送一遍 ARP 请求报文，转向（7）；否则转（4）。

（4）调用数据封装类，解析出目的 MAC 地址。

（5）根据目的 MAC 地址，到接口信息数组中查出对应的接口以及 Socket。

（6）通过 Socket 发送报文。

（7）调用界面展示函数进行展示。

以上算法的活动图见图 11-20。

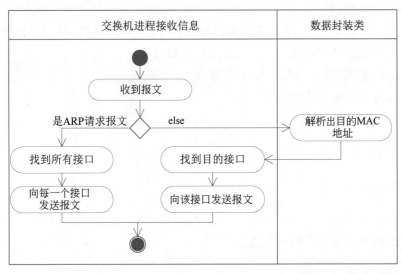

图 11-20　交换机进程信息接收处理流程的活动图

11.4.3　路由器进程信息接收处理流程

针对每一个物理接口,路由器进程都产生一个信息接收线程进行监听,当该线程收到报文后进行相关的处理。该线程收到报文后的一次处理工作步骤如下:

(1) 从接口收到一个报文。

(2) 根据第一字节的报文类型进行判断。如果收到的报文是 ARP 请求报文,则转向(3);否则转向(6)。

(3) 调用数据封装类进行解析。

(4) 检查 ARP 请求报文中的目的 IP 地址是否是指向自己。如果不是指向自己,不予处理,转向(16);否则转向(5)。

(5) 调用数据封装类封装一个 ARP 响应报文,填入自己所属接口的 MAC 地址,从原路发回该报文,转向(16)。

(6) 如果收到的报文是 ARP 响应报文,则转向(7);否则转向(8)。

(7) 将 ARP 报文中的地址信息写入 ARP 高速缓存,转向(16)。

(8) 查询自己所属接口的标识。如果标识是 E0 接口,则令 IP_{next} 为另一个路由器 E1 接口的 IP 地址;否则令 IP_{next} 为报文中的目的 IP 地址。

(9) 在 ARP 高速缓存中查看是否存在 IP_{next} 对应的 MAC 地址。

(10) 如果 ARP 高速缓存中不存在该地址,转向(11);否则转向(14)。

(11) 调用数据封装类封装一个 ARP 请求报文,从另一个接口发送出去。

(12) 等待 0.1s。

(13) 在 ARP 高速缓存中查看是否存在 IP_{next} 对应的 MAC 地址。如果存在,则转向(14);否则转向(12)。

(14) 使用目的 MAC 地址替换数据帧原来的目的 MAC 地址,使用路由器进程另一个接口的 MAC 地址替换数据帧原来的源 MAC 地址。

(15) 将数据帧从另一个接口发送出去。

(16) 调用界面展示函数进行展示。

以上算法的活动图见图 11-21。

11.4.4　界面样例

1. 主机进程界面样例

针对本实验,主机进程(A、B、C、D、F)界面样例如图 11-22 所示。该界面中的表格主要用于显示 ARP 高速缓存的相关信息。

2. 交换机进程界面样例

交换机进程(M、N)界面样例如图 11-23 所示。

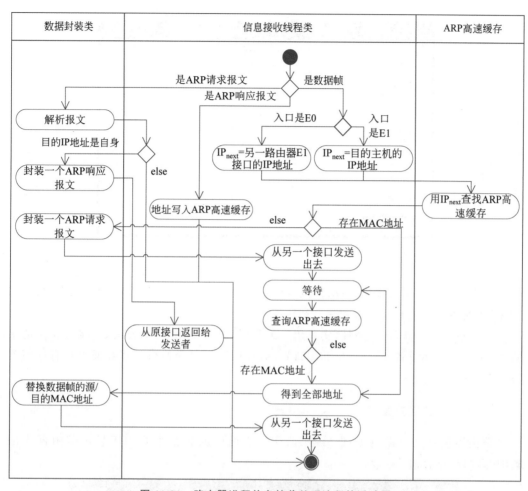

图 11-21　路由器进程信息接收处理流程的活动图

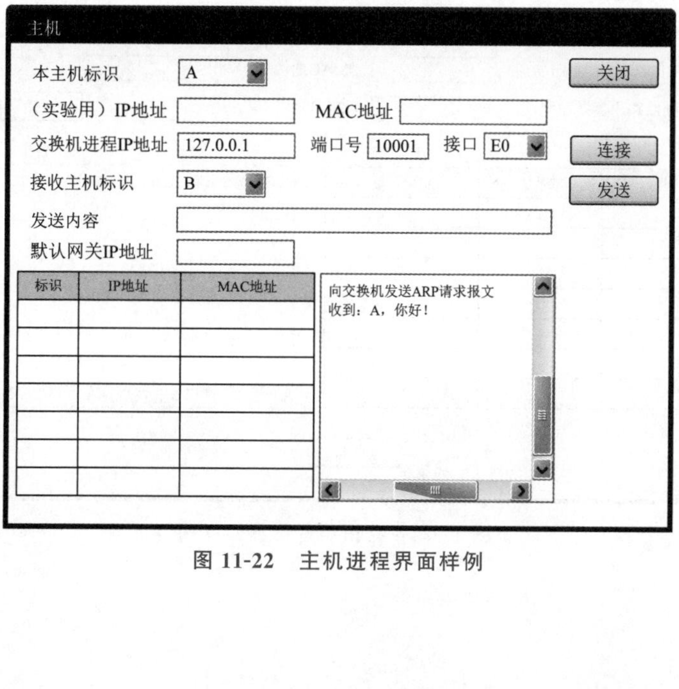

图 11-22　主机进程界面样例

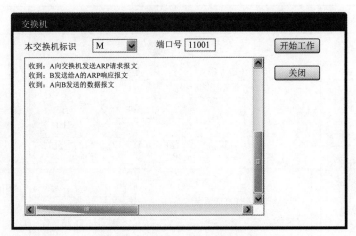

图 11-23　交换机进程界面样例

这里假设所有主机标识/路由器接口标识和交换机物理接口之间的对应关系、相关的 MAC 地址都可以通过握手过程建立和获得。

交换机本身不涉及 IP 地址(实验用),编程时,只需要用 ServerSocket 接收连接请求即可,不需要其他设备的 IP 地址和端口号(编程用),所以交换机进程界面上没有任何关于 IP 地址的信息。

3. 路由器进程界面样例

路由器进程界面样例如图 11-24 所示。界面中的表格主要用于显示路由器当前 ARP 高速缓存的相关信息。

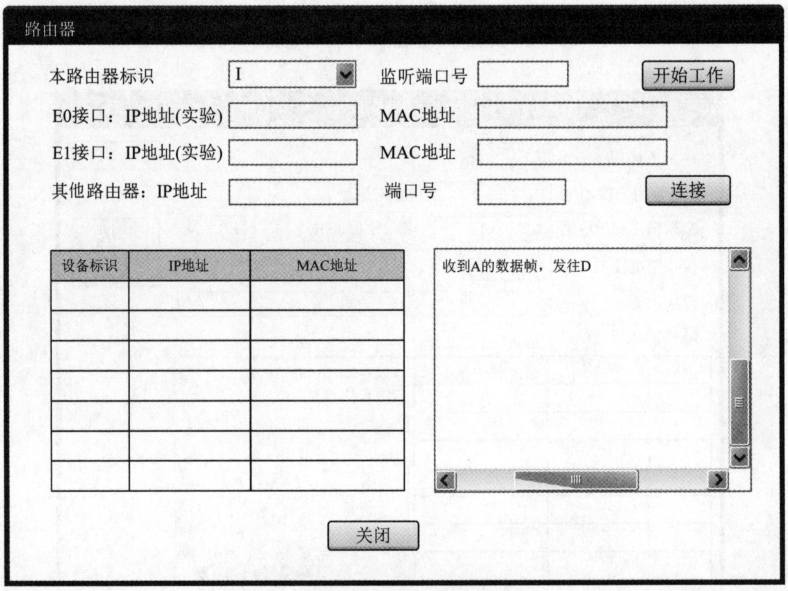

图 11-24　路由器进程界面样例

　　这里假设路由器接口和交换机接口之间的对应关系、相关的 MAC 地址都可以通过握手过程建立和获得。

　　使用本路由器连接另一个路由器,默认就是使用自身的 E1 接口连接对方的 E1 接口。并且一旦一个路由器连接了另一个路由器,另一个路由器的"连接"按钮需要变成灰色,不允许用户再单击。

OSPF 路由算法模拟实验

如前所述,世界上有很多类型的网络,IP可以把这些网络互联,互联后的网络是一个非常庞大、跨越洲际的庞大互联网。如何在这个互联网上实现数据的有效投递呢?这时就需要路由算法了。本章将以OSPF算法为例介绍路由相关知识,并设置一个模拟实验以增强读者对其的理解。

◆ 12.1 概　　述

12.1.1　路由算法概述

从互联网的任一个节点上网,理论上都可以发送数据到互联网的任意一个地方,而且路径也可以有很多条。这样,就出现了两个问题:

- 如何能够从一个节点传送数据到互联网上任意一个地方?
- 如何能够较好地实现数据的传送?

第一个问题是找路径问题,第二个问题是找一条较好的路径的问题,这都需要利用路由器的一个非常重要的工作来完成,那就是路由选择。路由选择算法(简称路由算法)的目的就是找到一条从源到目的之间的好路径(即具有最低耗费的路径)。

对路由算法有很多要求,以下两个要求尤为重要:

- 路由算法必须健壮,在出现不正常或不可预见事件的情况下必须能正常工作,因为路由器位于网络的连接点,当它们失效时会产生重大的网络断连问题。好的路由算法通常是那些经过了时间考验,在各种条件下都很稳定的算法。
- 路由算法必须能快速收敛,即所有路由器得出较佳路径的过程要非常短。这对某条路径忽然不可用时尤为重要,路由器必须通过与其他路由器的相互交流,促使新的路径产生,快速恢复上网的过程,这也是计算机网络追求的目标。

路由算法有很多分类方法,一个很重要的分类方法是分为内部网关协议(Interior Gateway Protocol,IGP)和外部网关协议(External Gateway Protocol,EGP)。对于内部网关协议,计算机网络教材一般会介绍两个:一个是RIP,另一个是 OSPF。前者是互联网中最先得到广泛使用的内部网关协议;然而,因为 RIP 具有一些局限性,所以目前 OSPF 得到了广泛使用。

12.1.2　OSPF 概述

OSPF 的全称为开放最短路径优先(Open Shortest Path First)协议。"开放"表明 OSPF 不是受某一家厂商所控制的,是公开发表的。"最短路径优先"是因为该协议使用了 Dijkstra 提出的最短路径算法。而且,OSPF 只是一个协议的名字,它并不意味着其他的路由选择协议不是最短路径优先的。

OSPF 采用分布式的链路状态协议(link state protocol)。链路状态是指本路由器和哪些路由器相邻(即具有链路)以及该链路的度量(metric,即状态)是什么。

OSPF 具有 3 个要点:

- 每一个路由器都向本区域内的所有其他路由器发送链路信息,发送信息使用的方法是洪泛法[1],最终整个区域中所有的路由器都得到了这些信息。
- 每一个路由器发送的信息是链路状态信息的集合,这些信息表示了自己与相邻路由器的连接情况。
- 在一段时间内,只有当链路状态发生变化时,路由器才会使用洪泛法向所有路由器发送此信息。

由于各路由器之间交换链路状态信息,因此利用所有路由器的链路状态信息能建立一个链路状态数据库。这个数据库实际上就是全网的拓扑结构图,它在全网范围内是一致的。这样,每一个路由器都知道全网共有多少个路由器,哪些路由器是相连的,相连路由器之间的代价是多少,等等。

在建立链路状态数据库的基础之上,OSPF 算法就可以进行最短路径的计算了,从而构造出自己的路由表。当然,OSPF 算法最终计算出来的结果是从自己到某个网络的路径,交换的链路状态信息也较为复杂。为了便于理解,下面关于算法的介绍和模拟实验都只考虑从一个路由器到另一个路由器的最短路径。

OSPF 的链路状态数据库能较快地进行更新,使各个路由器能及时更新其路由表。并且该数据库具有一次收集、一次计算即可收敛的特点,使得 OSPF 本身具有良好的快速收敛性。相比之下,RIP 需要多次收集、多次比对后才能够完成收敛。

本实验忽略 OSPF 分级的特性,只模拟一个区域内的工作情况。另外,OSPF 采用 IP 分组进行工作,而本实验采用 TCP(流式 Socket 工作模式)来模拟。

12.1.3　OSPF 算法的工作过程

每一个路由器都执行 OSPF 算法,寻找从自身到网络中其他各节点的最短路径。假设从路由器 A 开始计算,步骤如下:

---

[1]　洪泛法(flooding)本是一种简单的路由算法,将收到的数据向所有的路径(来源路径除外)上传递,直到数据到达目的主机为止。在这里是路由器通过所有输出接口向所有相邻的路由器发送信息,而每一个相邻路由器收到此信息后,又将此信息发往其所有相邻的路由器(来源路由器除外)。

（1）初始化。

建立节点集合 N，它包括所有已经计算完毕的节点，目前只包括源节点 A。

建立节点集合 M，它包括所有尚未完成计算的节点，目前包括除 A 之外的所有其他节点。

根据链路状态数据库，初始化其他各节点（v）与 A 的距离。这里定义 $L(x, y)$ 为从 x 到 y 之间的度量（耗费，为了容易理解，下面称之为距离），该信息是链路状态信息之一。

$$D(v) = \begin{cases} L(\text{A}, v), & v \text{ 与 A 相邻} \\ \infty, & v \text{ 与 A 不相邻} \end{cases}$$

（2）计算。

在 M 中找一个 $D(v)$ 值最小的节点 v，加入集合 N，并将 v 从 M 中删除。

对 M 中的所有节点 u，调整它们到 A 的距离：

if($D(u) > L(\text{A}, v) + L(v, u)$)
{

　　$D(u) = L(\text{A}, v) + L(v, u)$;

　　修改从 A 到 u 的路径，即记录 u 的上一跳为 v；

}

（3）重复执行第（2）步，直到将 M 中的所有节点都加入 N。

下面举一个例子说明 OSPF 算法的工作过程。图 12-1 是一个网络的拓扑结构，现在计算从 A 到其他各节点的最短路径。

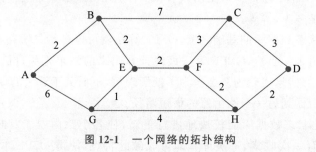

图 12-1　一个网络的拓扑结构

计算过程如表 12-1 所示，7 次循环即可完成。其中距离 D 的值中，数字表示相关节点到源节点 A 的距离，字母表示该节点是通过哪一个节点得到此距离的。

表 12-1　OSPF 的工作过程

步骤	已计算节点集	$D(\text{B})$	$D(\text{C})$	$D(\text{D})$	$D(\text{E})$	$D(\text{F})$	$D(\text{G})$	$D(\text{H})$
初始化	A	2/A	∞	∞	∞	∞	6/A	∞
第 1 轮	A, B		9/B	∞	4/B	∞	6/A	∞
第 2 轮	A, B, E		9/B	∞		6/E	5/E	∞
第 3 轮	A, B, E, G		9/B	∞		6/E		9/G
第 4 轮	A, B, E, G, F		9/B	∞				8/F

续表

步骤	已计算节点集	$D(B)$	$D(C)$	$D(D)$	$D(E)$	$D(F)$	$D(G)$	$D(H)$
第 5 轮	A, B, E, G, F, H		9/B	10/H				
第 6 轮	A, B, E, G, F, H, C			10/H				
第 7 轮	A, B, E, G, F, H, C, D							

处理完毕,根据计算的结果,从每一个节点利用上一跳信息开始反推,就可以形成由最短路径组成的网络拓扑结构了,如图 12-2 所示。

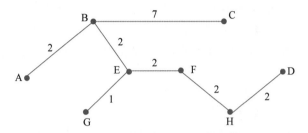

图 12-2　由最短路径组成的网络拓扑结构

◈ 12.2　实验描述

1. 实验目标

本实验要求学生掌握利用 Socket 进行网络编程的能力,并可以使用 Socket 编程模拟 OSPF 协议,从而完成路由计算的过程,以增强对 OSPF 协议的理解。

2. 实验拓扑

本实验的网络拓扑结构如图 12-3 所示(其中的路由器都以进程代替,物理链路通过 Socket 连接模拟)。当然,本实验也可以实现得更加灵活,让用户自己通过操作决定网络拓扑结构。

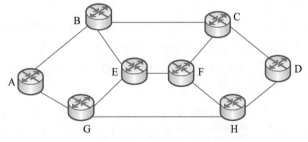

图 12-3　网络拓扑结构

路由器之间的距离(度量)可以自己定义,也可以采用图 12-1 中给出的距离。

3. 实验内容和要求

实验内容和要求如下：

(1) 创建 8 个进程。

- 每个进程代表一个路由器，它们都是由一个程序实现的。
- 在路由器的进程界面中，用户可以选择路由器的标识。标识的取值范围为 A～H。

(2) 建立物理连接。

- 8 个进程工作前，需要建立相应的物理连接，即通过建立 Socket 连接并交换相关信息表示设备用线缆连接了起来。路由器相邻关系如图 12-3 所示。
- 不能重复连接，即，如果 X 已经连接了 Y，则 Y 不能再连接 X。
- 路由器进程在握手信号中相互交流和获取对方的标识等信息，从而形成自己的链路状态信息。
- 可以人工输入网络之间的距离。

(3) 模拟 OSPF 的工作过程。

- 单击"开始工作"按钮，路由器进程采用洪泛法交换自己的链路状态信息：一个路由器进程向相邻路由器进程发送自己的链路状态信息，相邻路由器进程再向自己的相邻路由器进程（除来源路由器进程外）继续发送该信息，直至每一个路由器进程都收到所有其他路由器进程的链路状态信息为止。
- 单击"开始计算"按钮，路由器进程开始按照 Dijkstra 算法计算出本进程到所有其他进程的最短路径（包括下一跳、最短距离等）。
- 在算法成功计算完毕后，断开 E 和 F 之间的链路，让 OSPF 重新计算最短路径。

(4) 显示。

- 各个路由器进程提供用户图形界面，显示自己的工作过程和情况。
- 在各个进程的界面上，可以选择或输入自己的标识，并输入对方的标识和距离。

◆ 12.3　实验分析和设计

12.3.1　用例分析

路由器进程有 4 个主要的工作：和相邻路由器进程建立物理连接，向相邻路由器进程传送链路状态信息，接收相邻路由器进程的链路状态信息并通过洪泛法继续传送，根据收集到的链路状态信息计算从自身到所有其他路由器进程的最短路径。

路由器进程的用例图如图 12-4 所示。

在实验过程中，路由器之间进行握手（这在实际情况中是不存在的，这里是为了实现实验而人为添加的过程，可以视为用物理线缆连接路由器）后，双方可以保留对方的 Socket 连接，也可以在交换完握手信息后就断开 Socket 连接。在本实验中，因为每一个路由器进程都必须具有 ServerSocket，所以可以不保留对方的 Socket，而且第二种方案在实现上更加方便，因此本实验采取第二种方案。

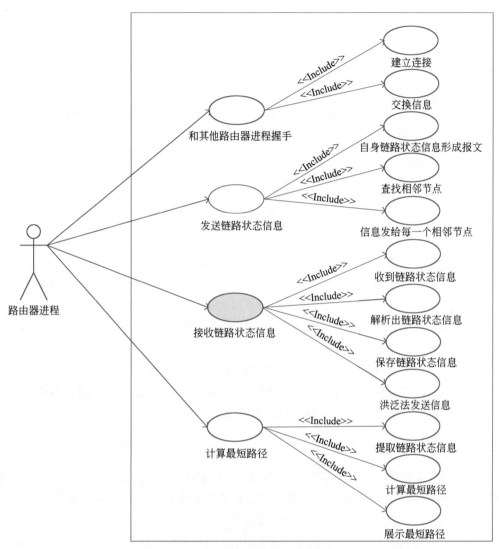

图 12-4 路由器进程的用例图

以图 12-3 中接收链路状态信息用例为例,其用例描述如表 12-2 所示。

表 12-2 接收链路状态信息用例描述

名称	接收链路状态信息
标识	UC0103
描述	1. 收到相邻节点 X 发送的链路状态信息报文。 2. 解析报文。 3. 根据报文标识判断自己是否已经收到过该报文。如果收到过该报文,则抛弃该报文不予处理,结束。 4. 获得链路状态信息。 5. 更新链路状态数据库。 6. 对于自己的每一个相邻节点,如果该节点不是报文的发出节点,则将报文发送给该节点

续表

前提	和相邻路由器进行了握手过程
结果	更新链路状态数据库。 继续发送链路状态信息
注意	路由器需要事先指定自己的相邻节点。 链路状态信息需要包含那些曾经连接过,但是现在断开的链路的信息,以方便接收者更新自己的链路状态数据库。 一定要注意非常重要的一点,用洪泛法发送报文的过程一定要有结束判断条件,否则报文会在网络上无休止地循环发送。本用例的判断条件是:解析该报文,判断自己是否已经收到过该报文,如果是,则抛弃该报文并结束。 发送链路状态信息时,只发送与自己相关的信息。 收到其他路由器进程的链路状态信息并对自己的链路状态数据库进行更新后,不要和自己已有的其他链路状态信息合并后再进行洪泛

如何判断是否已经收到过某个链路状态信息报文?读者自己先设想一下。

由于用户单击按钮的过程有先后,所以必然有一些路由器进程会先得到其他路由器进程发来的链路状态信息,而后才被用户操作以发送自己的链路状态信息,因此无法判断所有路由器进程发送的链路状态信息是否已经收集齐全。为此,本实验设定路由器进程开始计算的过程也是人工操作的。

路由器进程发送链路状态信息报文的过程并不复杂,时间也不是很长,所以不必借助于多线程技术。但是接收链路状态信息报文的过程需要不断监听其他路由器的连接请求,需要并行处理,所以应该采用多线程技术实现。

12.3.2 时序图

OSPF 模拟实验的时序图如图 12-5 所示,可以看出,总体过程是非常简单的。路由器进程的两个主要工作(利用洪泛法发送自己的链路状态信息和计算最短路径)都是由用户启动的,只有当收到相邻节点的链路状态信息时,才自动处理并向外继续洪泛。

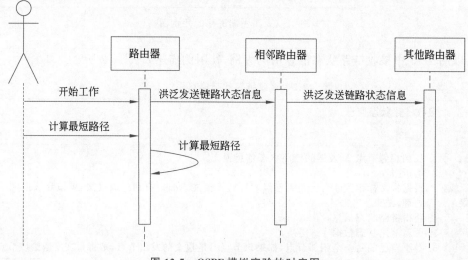

图 12-5　OSPF 模拟实验的时序图

12.3.3　部署图

在本实验中,多个进程可以部署在多台计算机上,也可以部署在同一台计算机上。这里假设实验是部署在多台计算机上的,这样,各个进程可以具有随意的端口号。如果因为实验条件所限,确实需要把所有进程部署在同一台计算机上,因为各个进程所需的 IP 地址相同,所以需要为这些进程设置不同的端口号,以防止冲突。

本实验的部署图如图 12-6 所示。其中的连线表示双方需要进行通信。

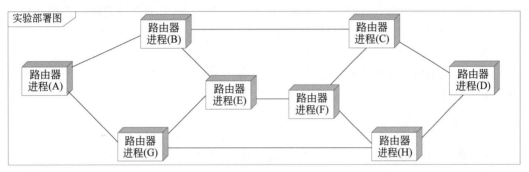

图 12-6　实验部署图

12.3.4　系统体系结构设计

针对 OSPF 模拟实验,系统只需要一个路由器角色即可,其体系结构如图 12-7 所示。很显然,在实验中,每一个路由器进程既是链路状态信息的发送者,也是链路状态信息的接收者和使用者。

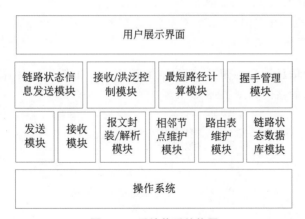

图 12-7　系统体系结构图

接收模块的主要工作是完成基本的数据接收功能,负责读取网络上传送到本进程的二进制数据流。而发送模块的主要工作是将上层的二进制数据流通过网络发送出去。

报文封装模块的主要工作是将相关信息封装成报文。

报文解析模块的主要工作是对报文进行解析,得到相关信息,以方便进行后续处理,还可以获得一些必要的控制信息。

路由器进程的工作是由用户启动的,具体完成则是由链路状态信息发送模块和接收/洪泛控制模块完成的,前者负责发送路由器进程自己的链路状态信息,后者接收其他路由器进程的链路状态信息并进行后续的洪泛发送。通过这两个模块,可以实现在所有路由器进程之间交流链路状态信息的目的。

在各路由器进程交流了链路状态信息后,由用户启动最短路径计算模块,完成最短路径计算的工作。

相邻节点维护模块和链路状态数据库模块是辅助模块,前者帮助完成链路状态信息的洪泛发送,后者负责完成链路状态信息的保存和维护。

路由表维护实际上是对最终计算结果的维护。

握手管理模块负责在系统运行的初期完成各个路由器进程之间的握手过程,以模拟物理连接的效果。

12.3.5 报文格式设计

本实验涉及的报文有两个:链路状态信息报文和握手报文。为了方便各个进程之间的通信处理,特定义了报文类型字段,其中包含的报文类型如表 12-3 所示。针对这些报文类型以及后面定义的报文格式,读者可以根据自己的设计需要进行修改和完善。

表 12-3 报文类型

类型号	类 型	备 注
0	链路状态信息报文	用于传送链路状态信息的报文
1	握手报文	完成路由器进程之间的初始化握手过程

1. 链路状态信息报文格式

有了链路状态信息报文的相互交流,才能够实现路由器进程计算最短路径的目的。链路状态信息报文的格式如图 12-8 所示。

报文 类型	发送者 标识	报文 标识	信息 个数	邻节点1 标识	距离1	邻节点2 标识	距离2	…
1字节	1字节	1字节	1字节	1字节	1字节	1字节	1字节	…

图 12-8 链路状态信息报文格式

报文类型固定为 0。

发送者标识是最初发送本链路状态信息报文的路由器进程(下称源路由器进程)的标识。

报文标识是源路由器进程发出报文的"身份证",可以用简单累加计数的方式加以实现,用于唯一地标识报文。

将发送者标识和报文标识结合,可以使得接收者对报文的判断(判断自己是否已经接收过该报文)变得非常简单。只有接收者判断出已经接收过某链路状态信息报文,才能终止该链路状态信息报文在网络中无休止的传送。

信息个数是后面的(相邻节点标识,距离)信息对的个数,每一个信息对代表了源路由器进程和相邻路由器进程之间的链路状态。

邻节点标识是和源路由器进程相邻的路由器进程的标识。

距离是源路由器进程和相邻路由器进程之间的距离度量,其值大于 0,小于或等于 100。如果距离为 -1,则表示两个路由器进程曾经连接,但是后来断开了。增加 -1 这个值只是为了让用户显示的信息更加全面。

2. 握手报文格式

握手报文的格式如图 12-9 所示,此报文是为了实现路由器进程之间交互初始信息的握手过程,在 Socket 连接建立后,路由器进程需互相发送此报文。

报文 类型	本路由 器标识	距离
1字节	1字节	1字节

图 12-9 握手报文格式

报文类型固定为 1。

本路由器标识是指发出此报文的路由器进程的标识(A~H)。

距离是指路由器进程之间的距离度量,其值大于 0,小于或等于 100。如果距离为 -1,则表示两个路由器进程曾经连接,但是后来断开了。

12.3.6 类图

路由器进程的相关类图如图 12-10 所示。具体来说,这些类又可以按照功能分为 4 类。

1. 发送链路状态信息相关类

路由器进程类是主进程,也充当了多个类的纽带,并提供了信息展示的方法。

在本实验中,路由器进程还需要根据用户单击按钮的指令发送自身的链路状态信息给相邻路由器进程,该路由器首先查询自身的相邻节点信息列表,搜集自身所保存的、与相邻节点之间的链路状态信息,然后调用数据封装类将这些链路状态信息封装成报文,最后调用向相邻节点发送链路状态信息方法完成洪泛发送的第一步。而向相邻节点发送链路状态信息方法则通过相邻节点信息类的发送数据方法具体完成发送过程。

相邻节点信息列表类是在实验系统中各个路由器进程相互握手之后形成的,保存了路由器进程与相邻节点之间的链路状态信息(主要是距离度量,另外还添加了一些辅助通信的信息)。为了方便实现,当两个路由器进程断开连接(如实验要求那样,E、F 路由器之间断开连接)后,重新握手建立新的信息列表之前,距离度量为 -1。

2. 洪泛相关类

信息接收线程类是完成洪泛发送信息的主要类,该类收到其他路由器进程发来的 Socket 连接请求后,可以自己进行处理,也可以生成新的线程进行处理。因为业务并不复杂,所以本实验采用前一种方法。

202

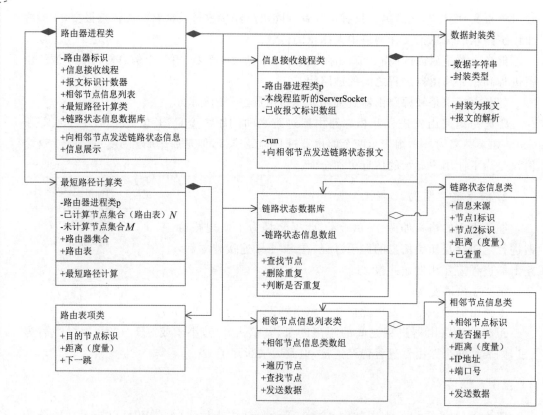

图 12-10 路由器进程的相关类图

信息接收线程类时刻监听相邻节点发送的报文,依据报文解析后得到报文标识等信息,判断是继续洪泛发送还是抛弃不理。判断的依据是该类中保存的已收报文标识数组(<发送者标识,最大报文标识数>的数组)。如果新接收的报文标识小于或等于最大报文标识数(前提是发送者标识相同),则认为是已经收到的报文;否则认为是新的报文,此时需要更新已收报文标识数组。

如果信息接收线程类判断出需要将收到的链路状态信息报文继续洪泛发送,说明该报文中的信息对自身也是有用的,此时将解析出的链路状态信息更新到路由器的链路状态数据库中(包括添加、删除等操作)。

注意:信息接收线程在利用洪泛法继续发送链路状态信息报文的过程中,需要排除来源方向的路由器进程。

链路状态数据库保存了整个网络拓扑中所有路由器与相邻节点之间的链路状态信息,这个信息较为简单,只包括了距离信息和起始节点。

3. 计算最短路径相关类

最短路径计算类负责在用户单击"开始计算"按钮后,依据 SPF 算法进行最短路径的计算。计算的输入是链路状态数据库,输出是已计算节点集合 N。

计算的第一步,需要对链路状态数据库中重复的信息进行清除,因为从 X 到 Y 的链

路和从 Y 到 X 的链路实际上是同一条链路,在数据库中无须保存重复的链路信息。为此,链路状态数据库需要提供判断重复信息的方法。

为了方便计算,链路状态数据库还需要提供一个根据路由器标识查找链路的方法,这个查找的方法稍显特殊:无论是链路的节点 1 还是节点 2,只要其中一个标识等于传进的路由器进程的标识,就算是找到链路了。

最短路径计算类中包含了两个数组:

- 已计算节点的集合 N,记录了那些已经计算出最短路径的节点的信息(包括距离、上一跳等)。
- 未计算节点集合 M,记录了那些尚未计算出最短路径的节点的信息(包括距离、上一跳)。该集合为空时,表示计算过程的结束。

这两个节点的集合是最短路径计算类在计算过程中必需的。在 M 中的节点,如果与源节点的距离是无穷大(可能是根本不相连,也可能是暂时不相连),则设距离为 120,上一跳为"-"。

4. 公共类

数据封装类完成链路状态信息报文、握手报文的封装和解析。

◈ 12.4　实 验 实 现

12.4.1　洪泛法发送信息流程

洪泛法发送链路状态信息是一个非常重要的功能,是实现 OSPF 的基础之一,不仅要实现类似于广播的效果,还要避免重复报文在网络中不断发送。

当一个路由器进程收到其他路由器进程发来的链路状态信息后,处理算法的步骤如下:

(1) 收到相邻节点 X 发送的链路状态信息报文。

(2) 解析报文标识。

(3) 根据发送者标识和报文标识判断自己是否已经收到过该报文。如果收到过该报文,则抛弃该报文,转(9);否则转(4)。

(4) 解析报文,获得链路状态信息。

(5) 在链路状态数据库中,根据链路状态信息类的信息来源删除所有来自 X 的链路状态信息。

(6) 将新的链路状态信息插入链路状态数据库。

(7) 修改已收报文标识数组中发送者的最大报文标识数。

(8) 针对自己的每一个相邻节点 Y,如果 Y 不是 X,则将报文发送给 Y。

(9) 调用界面展示函数进行展示。

洪泛法发送信息的活动图见图 12-11。

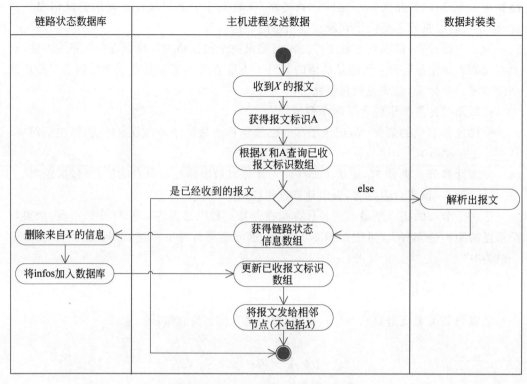

图 12-11　洪泛法发送信息的活动图

12.4.2　计算最短路径算法流程

　　用户在路由器进程 X 的界面上单击"开始计算"按钮,X 进程即启动计算最短路径的算法,对链路状态数据库中的信息进行处理,计算出从自己到其他任意一个路由器进程的最短路径以及下一跳路由器进程的标识,从而构成简单的路由表。

　　计算最短路径算法的步骤如下:

　　(1) 准备已计算节点集合 N,初始成员只有本路由器进程的标识 X。

　　(2) 清空路由表项类。

　　(3) 对链路状态数据库进行清理,删除重复信息,即 $I \rightarrow J$ 和 $J \rightarrow I$ 两条链路中只需要保留一条即可。具体做法是:对于每一条链路($I \rightarrow J$,即节点 1 为 I,节点 2 为 J),标记其为已查重,遍历所有未查重的其他链路,如果存在链路 $J \rightarrow I$,则删除链路 $J \rightarrow I$。

　　(4) 提取所有链路的起止路由器进程的标识,将它们加入到路由器进程集合中。这个过程需要避免重复。

　　(5) 准备未计算节点集合 M,初始成员包括路由器进程集合中除了 X 以外的其他所有路由器进程的标识。

　　(6) 对于 M 中每一个成员 Y,计算 Y 到 X 的距离 L:如果 Y 和 X 相邻,则 $L(X,Y)$ 为 X、Y 的距离;否则 $L(X,Y)$ 为无穷大(设定为数值 120)。

　　注意:如果距离是 -1,则也要令其等于 120。

（7）从 M 中查找距离最小的路由器进程 Y。

（8）将 Y 加入 N（记录上一跳是哪一个路由器进程）。从 M 中删除 Y。

（9）如果 M 为空，转向（12）；否则转向（10）。

（10）在链路状态数据库中查找 Y 的所有相邻节点 $Z(Z \in M)$。

（11）对每一个 Z，调整 Z 到 X 的距离：如果 $L(X, Z) > L(X, Y) + L(Y, Z)$，则令 $L(X, Z) = L(X, Y) + L(Y, Z)$，且记 Z 的上一跳为 Y。转向（7）。

（12）使用溯源法，从每一个节点 Y 向 X 溯源，从而找到从 X 出发到 Y 的下一跳。具体做法是：根据 Y 的上一跳找到 Z_1，根据 Z_1 的上一跳找到 Z_2……一直溯源找到 X 为止，如果 $Z_n = X$，则从 X 出发到 Y 的下一跳（为 Z_{n-1}）。

（13）调用界面展示函数展示路由表和拓扑图。

以上算法的活动图见图 12-12。

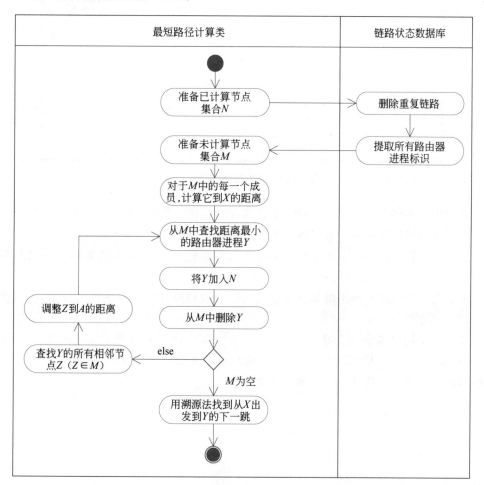

图 12-12　计算最短路径算法的活动图

12.4.3 界面样例

针对本实验,路由器进程界面样例如图 12-13 所示。

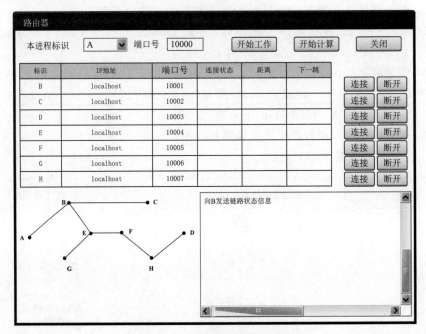

图 12-13 路由器进程界面样例

界面中的表格主要用于显示各个节点的计算过程以及最后的计算结果。

本实验也可以借助这个表格输入相邻路由器进程的距离度量。

注意:如果相邻两个路由器进程输入的距离度量不同,可以使用发起握手过程的路由器进程的距离度量,忽略另一个路由器进程的距离度量。

本实验中还给出了网络的拓扑图以及最后的最短路径生成树的图形展示,可以改善用户的使用体验。

如果希望用户体验再友好一些,可以在最短路径计算的过程中实现一步一步(step by step)的操作方式,即每计算一步,就向用户展示相关计算结果,让用户单击"下一步"按钮后才进行下一步的计算过程和结果展示。

第 13 章

NAT 技术模拟实验

NAT(Network Address Translation,网络地址转换)是目前互联网上又一个非常重要的辅助协议,可以帮助更多的用户上网。本章将对 NAT 技术进行介绍,并设计了一个模拟实验,以增强读者对 NAT 技术的理解。

◆ 13.1 概　　述

13.1.1　为什么需要 NAT 技术

互联网需要有 IP 地址才能上网,但是 IP 地址理论上只有 2^{32} 个(不到 43 亿个,实际可用的更少)。早在 2011 年,IANA 亚太区委员会就对外宣布,除了个别保留的 IP 地址外,本区域所有的 IPv4 地址基本耗尽。

而目前需要上网的设备却远远超过了这个数量,这些设备不仅包括主机等固定设备,而且包括手机、平板计算机等移动设备,甚至一个人拥有几台上网的设备在如今已经非常普遍,再加上还有很多的设备无人值守,却需要对外提供服务,例如路由器(一个路由器往往具有两个以上的 IP 地址)和各种服务器(例如 Web 服务器)等。

同时,很多单位可以在本单位的内部采用互联网的技术进行组网,使用一些不属于正规发放的 IP 地址组成自己的专用网,这些网络中的主机如果想要连上互联网,会因为 IP 地址的不合法性而遇到困难。

如何解决这两个问题呢? 可以有两种方法:

- 升级 IPv4 到 IPv6。这个是一劳永逸的方法,地址空间可以得到极大地解放。但是,目前基于 IPv4 的系统和软件的数量规模太大,大到难以估量,以至于 IPv6 推出这么久,仍然无法完全替代 IPv4。
- 使用 NAT 技术。这种技术有些"不上台面",违背了网络体系结构分层独立的原则。但是 NAT 技术却非常实用,而且可以为各种专用网提供良好的支持,规范了本地 IP 地址的使用。这种方法取得了广泛的应用,从目前情况看,NAT 的出现使 IPv4"起死回生"。

13.1.2　NAT 技术概述

首先,相关标准规定了 3 个保留的内部 IP 地址(又可称为私有 IP 地址、内

网 IP 地址等)空间给单位内部网络(专用网、私有网络)使用:

- 10.0.0.0~10.255.255.255。
- 172.16.0.0~172.31.255.255。
- 192.168.0.0~192.168.255.255。

　　这 3 个 IP 地址范围分别处于 A、B、C 3 类地址段,被作为私有的地址保留,不向用户分配。这些地址可以在任何单位内部使用,但也只能在单位内部使用,不允许在公网上使用。也就是说,出了该单位的网络范围,这些地址就不再有意义了,无论是作为源地址还是作为目的地址,都会被认为是非法的。

　　与之相对,那些可以在广大互联网(或称公网)上公开使用的 IP 地址被称为公网 IP地址(或公有 IP 地址)。

　　对于一个封闭的单位,如果其网络不连接到互联网,就可以使用这些地址而不用向IANA 提出申请,在单位内部的工作机制与其他网络没有什么差异。但是,如果单位内部的主机想要访问互联网,就必须借助 NAT 技术实现了。

　　NAT 是一个 IETF 标准,其全称是网络地址转换(Network Address Translation),于 1994 年被提出。

　　在 NAT 技术支持下,在单位的网络出口位置需要部署一个 NAT 网关(装有 NAT软件的设备,如路由器、防火墙等,它们至少需要一个有效的公网 IP 地址),在报文需要离开专网而进入互联网时,NAT 网关将源 IP 地址(私网的内部 IP 地址)替换为公网 IP 地址,报文才可以被发送到互联网上去。

　　如图 13-1 所示,主机 A 向公网上的服务器 S 发送了一个请求,该 IP 分组的源 IP 地址是内部 IP 地址(192.168.0.3,不能在公网上出现)。IP 分组到达 NAT 网关后,NAT 网关使用自己的一个公网 IP 地址(172.38.1.5)替换了 IP 分组中的源 IP 地址(192.168.0.3),这个 IP 分组就可以在公网上畅通无阻地进行传送了,直至到达 S。

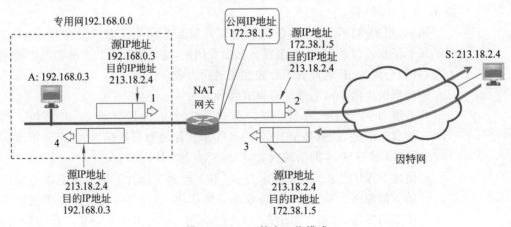

图 13-1　NAT 基本工作模式

　　当 S 返回一个应答分组给 A 时,以 NAT 网关的公网 IP 地址(172.38.1.5)为目的地址,自然会回到 NAT 网关,NAT 网关将目的地址改为 A 的内网地址(192.168.0.3),再把

IP 分组在内网中进行发送,IP 分组将到达 A。这样在通信双方均无感知的情况下(对用户透明),完成了一次内网主机访问互联网服务器的过程。

很显然,世界上可以有非常多的单位采用专用网及内部 IP 地址,数量庞大的内网主机就可以不再都需要公网 IP 地址了。依据这种模型,使得 IP 地址可以重复使用,极大地扩展了 IP 地址的数量规模,也巧妙地化解了 IPv4 的地址危机。

13.1.3　NAT 的分类

NAT 技术从实现上来看可以分为 3 种类型,分别是静态 NAT、动态地址 NAT 和网络地址端口转换。

1. 静态 NAT

静态 NAT(static NAT)要求 NAT 网关有足够的公网 IP 地址,以便将内部 IP 地址一对一地转换为公网 IP 地址,并且这种映射关系是一直不变的。

静态 NAT 方法实现起来最简单,能够解决内网主机上网的问题,但是无法解决扩展 IP 地址的问题(因为内部有多少个内部 IP 地址需要同时上网,NAT 网关就需要配置多少个公网 IP 地址与其对应)。

如果想让连接在公网上的主机能够使用某个私有网络上的服务器(如 Web 网站服务器)或应用程序(如游戏),那么静态映射是必需的。如果还要考虑这些服务器或应用程序的安全性,NAT 就需要配合防火墙来一起使用。

2. 动态地址 NAT

当采用动态地址 NAT(pooled NAT)方式时,在 NAT 网关处拥有一些合法的公网 IP 地址(这些公网 IP 地址可以组成一个公网 IP 地址池),当 NAT 网关收到内部网络的 IP 分组时,将随机地从地址池中抽取一个 IP 地址,替换 IP 分组中的源 IP 地址(这是一个内部 IP 地址)。

这种 NAT 技术下,内网和公网的 IP 地址之间的映射是不确定的。当然,在这台主机同外网主机进行会话的期间,它们的映射关系是不会变的;当会话结束后,这个公网 IP 地址会被返还到公网 IP 地址池中。所以,这种映射关系是临时性的、动态的。

动态地址 NAT 方式适用于那些申请到公网 IP 地址较少,而内部需上网的主机数目较多的单位,内部网络的主机轮流使用公网 IP 地址。

动态地址 NAT 技术因为实现了对内网主机的隐藏性,对于来自公网的攻击具有一定的防范作用。即公网上的主机因为无法直接看到内网主机,而通信过程多是由内网主机发起的,所以公网主机难以对内网主机主动发起进攻。

3. 网络地址端口转换

网络地址端口转换(Network Address Port Translation,NAPT)借用了第 4 层(传输层)的端口信息,采用基于端口的多路复用方式,使得内网的所有主机通过共享一个合法的公网 IP 地址即可实现对互联网的访问,从而最大限度地节约 IP 地址资源。

NAPT 也可以隐藏网络内部的所有主机,有效地避免来自互联网的攻击。

NAPT 是当前非常流行的 NAT 模式,也是本书主要讲解和模拟的内容。

13.1.4 NAPT 的工作原理

在 NAT 技术的工作过程中,NAT 网关是一个关键的设备,NAT 网关需要维护一个 NAT 转换表(即映射表),用来把非法的内部 IP 地址映射到合法的公网 IP 地址上去,但是 NAPT 做得更加精细。

为了最大化重复使用公网 IP 地址,NAPT 借用了传输层的端口号,当内部数据分组被传送到 NAT 网关时,NAT 网关用公网 IP 地址和自己产生的一个端口号代替数据分组的源 IP 地址和端口号,并在转换表中记录这样的对应关系。当外部的应答信息返回时,会根据转换表的内容将地址和端口信息转换回去。

下面以图 13-2 为例加以说明。

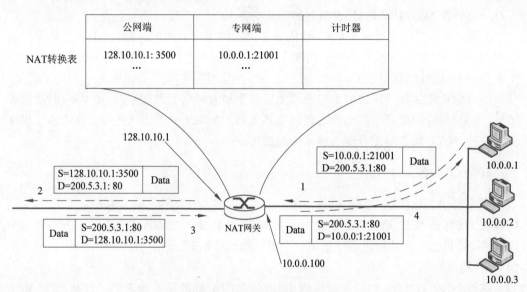

图 13-2　NAPT 基本工作过程

NAT 网关具有一个公网 IP 地址 128.10.10.1,右侧为一个内网,NAT 网关在该网内的 IP 地址为 10.0.0.100。内网具有 3 台主机,IP 地址见图 13-2。

(1) 设一个主机(IP 地址为 10.0.0.1)向公网的 Web 服务器(IP 地址为 200.5.3.1,端口号为 80)发起请求。该分组的源地址信息为 10.0.0.1:21001(冒号前是 IP 地址,冒号后是端口号),目的地址信息为 200.5.3.1:80。

(2) 分组到达 NAT 网关,网关选取一个端口号(3500),使用 128.10.10.1:3500 替换分组的源地址信息。NAT 网关将修改后的分组发送给 Web 服务器,并在自己的 NAT 转换表中建立一个 128.10.10.1:3500 到 10.0.0.1:21001 的映射关系。

(3) Web 服务器处理请求后,返回应答消息,该消息的源地址信息为自己的 200.5.3.1:80,而目的地址信息则指向 NAT 网关 128.10.10.1:3500。所以 NAT 网关将收到该分组。

(4) NAT 网关收到分组后,到转换表中进行查找,发现 128.10.10.1:3500 对应的是

10.0.0.1:21001,于是用 10.0.0.1:21001 替代应答分组中的目的地址 128.10.10.1:3500,并将该分组发给了最终的源主机。

可以看到,正是因为端口号的借用,一个组织可以做到只需要申请一个合法的公网 IP 地址,就可以让整个内网中的计算机都接入到互联网中。

在内网中,还可以在不同部门使用这种技术,利用一个内部 IP 地址,让更多部门的人上网,理论上可以做到无穷嵌套使用,让无数人上网。

大多数家庭的路由器(包括无线路由器)就可以完成这个任务。

NAPT 又可以根据 IP 地址和端口号是否受限分为两大类:锥型 NAT 和对称型 NAT。具体内容读者可以自行了解。

13.1.5　NAT 的缺点

NAT 技术很好地解决了公共 IP 地址紧缺的问题,但是 NAT 也有自身的缺陷。

1. 使得 IP 会话的保持时间变短

在一个会话建立后,NAT 网关会增加一个转换表的表项,建立内外主机的映射关系,并且,在会话静默的这段时间,NAT 网关会对这个表项进行倒计时操作,一旦计时结束,该表项将被认为是过期而废除。这是任何一个 NAT 网关都必须做的事情,因为 IP 地址和端口资源有限,但通信的需求无限,所以必须在会话结束后回收资源,这对采用 UDP 的会话过程尤为重要,因为 NAT 网关不知道这个会话什么时候结束。

但是,这会带来一个问题,如果应用系统需要维持连接的时间大于计时器设定的时间,则 NAT 网关在回收相关转换表信息后,如果公网数据此时向内网主机发送数据,就会产生无法找到映射关系而导致通信中断的情况。

很多应用的设计者已经考虑到了这种情况,所以会在自己的应用中设置一个连接保活的机制,即在一段时间内若没有数据需要发送,就会定期发送一个没有实际数据的消息,促使 NAT 网关重置 NAT 的会话定时器,以增加会话的时间。

2. 不能处理嵌入的 IP 地址

NAT 网关只能翻译那些位于 IP 分组报文首部中的地址信息和位于 TCP/UDP 报文首部中的端口信息,而不能翻译那些嵌入在应用程序数据中的 IP 地址或端口信息(而这些信息对于某些应用本身来说是非常必要的),这样会让应用程序产生错误。

例如,一些应用程序用 A 端口发送数据,而用 B 端口进行接收,由于 NAT 网关在翻译时不知道这一点,它仍然建立一条针对 A 端口的映射,就会在对方响应的数据要传给 B 端口时,由于 NAT 网关找不到相关映射条目而丢弃该数据。

3. 对双向通信产生阻碍

另外,NAT 对 P2P 技术也产生了阻碍。例如,大家用 QQ、微信等工具进行聊天的时候,不仅存在从内网到公网的通信,还有从公网甚至别的内网到自己内网的通信,而 NAT 技术的单向性导致这种通信产生了困难。

为了解决以上问题,有人提出了一些 NAT 穿越技术,以满足这些需求,这需要公网主机和内网主机之间的密切配合才能完成。具体的 NAT 穿越技术这里不再赘述。

4. 使得互联网变得脆弱

在 TCP/IP 体系中,如果某个路由器出现了故障,TCP/IP 体系会感知到并转由其他的路径进行数据的发送。但是,当存在 NAT 技术时,NAT 网关作为唯一的路径,将使得互联网变得较为脆弱,连通性完全依靠于 NAT 网关。

5. NAT 技术违反了网络分层模型的设计原则

在传统的网络分层结构模型中,第 N 层是不能修改第 $N+1$ 层的报头内容的。NAPT 技术显然破坏了这种各层独立的原则。

尽管如此,NAT 技术仍然得到了广泛的使用,说明其发挥的作用远大于其弊端。

13.2 实 验 描 述

1. 实验目标

本实验要求学生掌握利用 Socket 进行网络编程的能力,并可以使用 Socket 编程模拟 NAPT 的工作过程,从而完成地址复用的目的,以增强对 NAT 技术的理解。

2. 实验拓扑

本实验的网络拓扑结构如图 13-3 所示(其中的设备都以进程代替,物理链路则通过 Socket 连接模拟)。在图 13-3 中,主机进程 A、B、C 和交换机进程 M 代表一个内网。路由器进程 I 作为 NAT 网关。

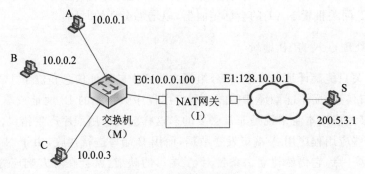

图 13-3 网络拓扑结构

各设备的 IP 地址分配如图 13-3 所示。

3. 实验内容和要求

实验内容和要求如下:

(1) 创建 6 个进程。

- 3 个进程代表客户端主机 A、B、C,由一个程序实现。主机进程负责发送最初的请求报文,报文的源端口号都固定为 8888(两字节)。A、B、C 只具有内网 IP 地址,不具有公网 IP 地址。在各个主机进程界面上,可以输入自己的进程标识。
- 一个进程代表交换机 M,负责中转相关报文,由一个程序实现。
- 一个进程代表 NAT 网关 I,I 的 E0 接口具有内部 IP 地址(10.0.0.100,默认网关,实验用),E1 接口具有合法的公网 IP 地址(128.10.10.1)以供复用,从而完成对内、外网络 IP 地址和端口号的转换工作。
- 一个进程代表主机 S,具有一个合法的公网地址(200.5.3.1),提供 80 端口(两字节)作为其服务端口对外提供服务。
- 以上的 IP 地址和端口号都是虚拟的,是为了完成实验而假设的,不是编程时的真实参数。

(2) 通过握手过程建立物理连接。在本实验中,握手的意义不大,可以事先交换一些辅助信息以增强用户体验。

- 6 个进程在正式工作之前,分别需要通过握手过程建立彼此之间的物理连接,即通过建立 Socket 连接并交换相关信息表示物理设备采用线缆连接了起来。连接方法如图 13-3 所示。
- 虽然图 13-3 中进程 I 的 E1 接口和主机进程 S 是通过网络连接的,但是在做实验时假设它们是通过一条物理线缆连接即可。
- 为了突出中心工作(NAT 网关的转换过程),实验中可以不必理会交换机进程 M 和 NAT 网关进程 I 的物理接口情况,即,不需要理会哪一个主机连接交换机的哪一个接口,以及交换机哪一个接口连接路由器的哪一个接口,只需要完成中转和转发的工作即可。

(3) 模拟一个主机(例如 A)向 S 发送请求时 NAT 的完整工作过程。

- 主机进程 A 获取用户输入的字符串,封装形成报文(具有内部 IP 地址和一个端口号作为源地址信息,目标地址指向服务器进程 S)后,经由交换机进程 M 发给 NAT 网关进程 I。
- 进程 I 获得进程 A 的请求报文,申请一个端口(端口号从 12000 开始),用 E1 的 IP 地址和端口号替换报文中的源 IP 地址和源端口号。
- 进程 I 将内、外地址信息作为一个转换表项加以保存后,将修改后的报文发给进程 S。
- 进程 S 解析报文后,将字符串扩展为用户输入的字符串。将报文的源地址和目的地址颠倒后,形成应答报文,发给进程 I。
- 进程 I 根据目的地址信息搜索转换表,获得 A 的内部网络地址信息,用此信息代替报文中的目的地址。
- 进程 I 将修改后的报文发给 A,A 解析后进行展示。

(4) NAT 网关需要有刷新转换表的功能。

- NAT 网关进程对转换表中每一个表项进行计时。

- 如果在 2min 内又收到同一个主机进程发来的请求报文,则重新设立定时器。
- 当定时器超时时,NAT 网关将删除对应的转换表表项,并回收该表项中使用的 NAT 网关的端口号。

(5) 显示。

- 各个设备具有自己的界面,显示自己的收发情况。
- NAT 网关进程应显示自己转换地址的情况和转换表当前的状况。

13.3 实验分析和设计

13.3.1 用例分析

1. 主机进程用例分析

主机进程(A、B、C)的工作非常简单,包括两个主要的工作:发送请求,接收应答。主机进程的用例图如图 13-4 所示。

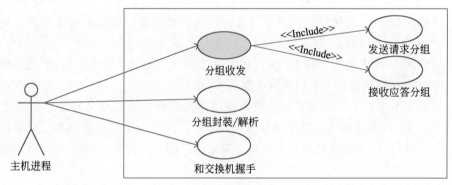

图 13-4 主机进程用例图

以图 13-4 中的数据收发用例为例,其用例描述如表 13-1 所示。

表 13-1 数据收发用例描述

名称	数据收发用例
标识	UC0101
描述	1. 获取用户数据。 2. 将用户数据封装成数据分组。 3. 发送数据分组给交换机。 4. 等待应答。 5. 收到交换机的应答分组。 6. 解析分组,得到用户数据。 7. 展示用户数据
前提	用户输入自己的文字,单击"发送"按钮。 已经和交换机进行了握手过程

续表

结果	得到服务器进程返回的应答分组
注意	1. 发送过程和接收过程可以是两个独立的程序,发送过程发出后即结束,由专门的接收线程接收应答。读者可以自己设计方案。 2. 考虑到主机进程的发送过程和接收过程非常简单,且时间不长,所以整个过程可以不必借助多线程技术。本实验在主机进程和交换机进程之间的一次会话过程中,Socket 始终保持连接,主机进程采用同步①的方式与交换机进程进行数据的通信。这种同步的操作模式也符合大部分网络应用的情况

2. 交换机进程用例分析

交换机进程作为中转站,工作更加简单,对收到的请求进行转发。一个是收到主机进程的报文转发给 NAT 网关进程,另一个是收到 NAT 网关进程的应答转发给主机进程。

交换机进程用例图如图 13-5 所示。

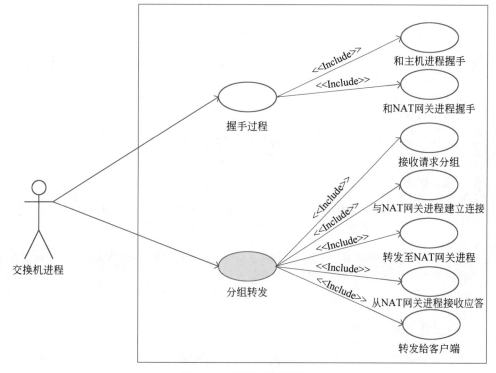

图 13-5　交换机进程用例图

交换机的工作不是本实验的重点,所以在本实验中假设交换机已经具有完整的站表,不需要执行逆向学习的过程。

---

① 同步传输模式是指发送方发出数据后,必须等到接收方发回响应数据以后才能发送下一个数据的通信方式;而异步传输模式是指发送方发出数据后,不必等到接收方发回响应数据,就可以接着发送下一个数据的通信方式。

体现在本实验中,交换机收到客户端主机的请求分组后就直接转发给 NAT 网关,并等待从网关收取应答分组后转发给客户端主机。即交换机的所有工作都是起始于客户端主机,两次经过 NAT 网关,结束于客户端主机。在这个过程中,交换机不必拆分成两个独立的过程:接收从客户端发来的分组和接收从 NAT 网关发来的分组。这两个过程以同步的方式进行工作,涉及的两个 Socket 连接(从主机进程向交换机进程发起的 Socket 连接和交换机进程向 NAT 网关进程发起的 Socket 连接)也不必拆除。

由于交换机进程需要并行接收和处理来自多个客户端主机进程的请求分组,所以这里建议采用多线程技术处理数据分组的读取功能。即,前面的两个转发功能是在一个线程中完成的,但是用多个线程处理多个客户端主机进程的请求。

以分组转发为例,其用例描述如表 13-2 所示。

表 13-2　分组转发用例描述

名称	交换机报文处理用例
标识	UC0202
描述	1. 从 Socket 读到客户端主机进程的请求分组。 2. 与 NAT 建立 Socket 连接。 3. 将请求分组发送给 NAT 网关进程(此后 NAT 网关进程等待服务器进程的应答分组)。 4. 从 NAT 网关进程收到应答分组。 5. 通过与客户端主机进程间的 Socket 连接发送应答分组给主机进程。 6. 关闭 Socket 连接
前提	和客户端主机进程以及 NAT 网关进程进行了握手的过程。 客户端主机进程向交换机进程建立了 Socket 连接
结果	完成数据分组的转发
注意	因为本实验不强调交换机的工作,所以本实验中没有涉及数据帧的封装和解析的过程,导致由交换机直接处理分组。但是读者一定要注意,交换机处理的对象是数据帧,而不是分组。 在本实验中,交换机的工作是同步地完成两个方向的数据转发;但是实际上交换机设备根本没有同步这个概念,也不知道哪些数据属于一个会话过程

3. NAT 网关进程用例分析

NAT 网关进程作为内部网络对外的门户,在本实验中是主要功能的体现者。NAT 网关进程主要包括以下 3 个工作:

- 对请求分组的源 IP 地址和端口号转换处理。
- 对应答分组的目的 IP 地址和端口号转换处理。
- 映射表/转换表的维护,包括建立和过期拆除。

为了使实验模拟得更加逼真,这 3 个工作应该是独立完成的,所以应该采用多线程技术加以实现。

因为 NAT 网关的其他工作不是本实验的重点,所以在本实验中假设 NAT 网关进程的数据发送端向固定(不必查询路由表等操作):当 NAT 网关进程收到请求分组时就发向服务器进程,当 NAT 网关进程收到应答分组时就发向交换机进程。

NAT 网关进程用例图如图 13-6 所示。

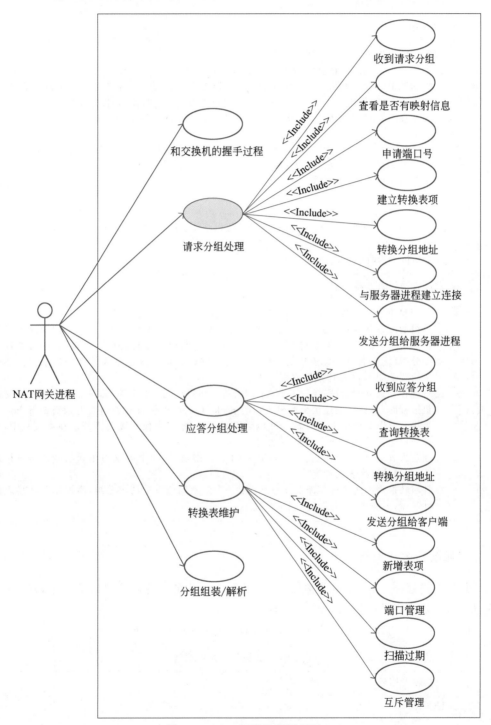

图 13-6　NAT 网关进程用例图

以请求分组处理为例,其用例描述如表 13-3 所示。

表 13-3　请求分组处理用例描述

名称	请求分组处理用例
标识	UC0302
描述	1. 收到交换机进程发来的请求分组。 2. 解析分组,获得源 IP 地址、源端口号以及协议类型(TCP/UDP)。 3. 根据源 IP 地址、源端口号和协议类型到转换表中查询,查看是否存在它们对应的表项。 4. 如果存在,则使用该表项内的端口号,并刷新该表项的计时器,延长其生存期。 5. 如果没有查到相关表项,则申请一个端口号,并建立一条关于该地址信息的新转换表表项。 6. 使用 E1 接口的公网 IP 地址和刚获得的端口号替换请求分组中的源 IP 地址和源端口号。 7. 与服务器进程建立 Socket 连接。 8. 将分组发送给服务器进程。 9. 关闭 Socket 连接
前提	NAT 网关进程初始化完成,具有转换表等数据结构,并且已经和交换机进程进行了握手的过程。 从交换机进程收取到用户的分组
结果	发送数据到服务器进程
注意	1. 在实验中,NAT 网关进程发送请求分组给服务器进程的过程和从服务器进程接收应答分组的过程是相互独立的,这种工作方式更加符合实际情况。因为,NAT 网关这个设备虽然使用了端口号,但是它不会替代客户端建立与公网主机的相关连接,它处理的仅仅是分组(IP 的传输是无连接的),而不是传输层的 PDU。这也是为什么本需求的描述中最后要关闭 Socket 连接的原因。 2. 这种相互独立的处理,导致了 NAT 网关进程在接收到应答分组后,进而需要转发给交换机进程时,需要寻找连接交换机进程的 Socket(如前所述,交换机进程并没有断开 Socket 连接),所以交换机进程的 Socket 应予以妥善保存,以方便后续的查找。在本实验中,将交换机进程的 Socket 融入转换表中。 3. 在转换表中,还需要体现协议(TCP/UDP);否则,如果两个协议用相同的端口号进行通信,会导致转换表的冲突。 4. 针对转换表的两个操作需要注意互斥:一个是刚到达一个请求分组,需要刷新转换表的计时器;另一个是扫描转换表是否过期

4. 服务器进程用例分析

服务器进程(S)的工作也非常简单,包括两个主要的工作:接收请求分组,发送应答分组。服务器进程的用例图如图 13-7 所示。

以图 13-7 中的数据收发用例为例,其用例描述如表 13-4 所示。

表 13-4　数据收发用例描述

名称	数据收发用例
标识	UC0401

续表

描述	1. 从 NAT 网关进程收到建立 Socket 连接的请求。 2. 收到请求分组。 3. 关闭 Socket 连接。 4. 解析请求分组,获得地址信息和用户数据。 5. 对用户数据进行处理。 6. 封装成应答分组。 7. 向 NAT 网关进程建立 Socket 连接请求。 8. 将应答分组返回给 NAT 网关进程。 9. 关闭 Socket 连接
前提	从 NAT 网关进程收到了连接请求
结果	将应答分组返回给 NAT 网关进程
注意	1. 封装成应答分组时,需要将来自请求分组中的源 IP 地址、端口号和目的 IP 地址、端口号的位置交换。 2. 因为 NAT 网关进程发送分组后就断开了 Socket 连接,所以服务器进程需要知道 NAT 网关进程的 IP 地址和监听端口号,以便将处理后的应答报文发给 NAT 网关。具体如何实现,请读者自己考虑

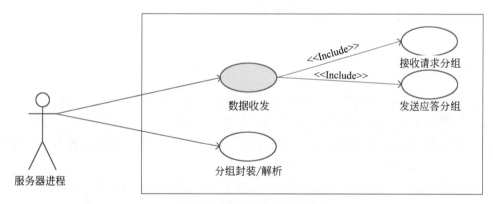

图 13-7　服务器进程的用例图

　　服务器进程的接收、处理和发送过程都非常简单,且时间不长,所以服务器进程只需要生成一个监听端口的线程即可(保证界面不卡顿),处理报文的整个过程可以不必再生成新的线程,在监听线程中按顺序执行即可。

13.3.2　时序图

　　本实验的时序图如图 13-8 所示。

　　在实验中,交换机进程和 NAT 网关进程最重要的不同是:交换机进程发送请求数据给 NAT 网关进程后,不断开连接,处理也不中断(表现为激活没有断开);而 NAT 网关进程发送请求数据给服务器进程后,断开连接,结束处理,与后期的接收应答数据过程不相关(表现为激活断开了)。

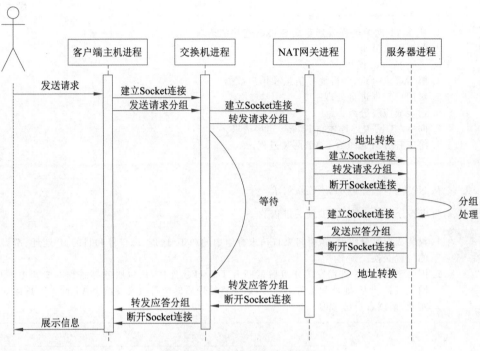

图 13-8 NAT 模拟实验时序图

13.3.3 部署图

在本实验中,多个进程可以部署在多台计算机上,也可以部署在同一台计算机上。这里假设实验是部署在多台计算机上的,这样,各个进程可以具有随意的端口号。如果因为实验条件所限,确实需要把所有进程部署在同一台计算机上,因为各个进程所需的 IP 地址相同,所以需要为这些进程设置不同的端口号,以防止冲突。

本实验的系统部署图如图 13-9 所示。其中的连线表示双方需要进行通信。

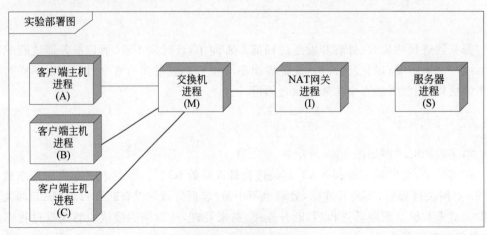

图 13-9 实验部署图

13.3.4　系统体系结构设计

针对 NAT 模拟实验,系统可以分为 4 部分,分别是客户端进程、交换机进程、NAT 网关进程和服务器进程。它们的体系结构如图 13-10 所示。

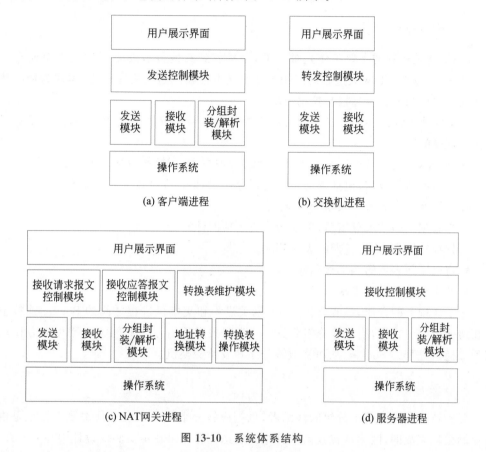

图 13-10　系统体系结构

其中,发送模块将从上层收到的数据报文发送给指定的接收者,而接收模块从下层收到数据报文并提交给上层。

分组封装模块将用户数据封装成分组。分组解析模块将分组解析,得到用户的最终数据,以方便进行展示,还可以获得一些必要的控制信息。

1. 客户端进程

客户端进程作为请求分组的发送者,是整个模拟过程的最初发起者。其主要工作由发送控制模块完成即可,因为从发送请求分组到接收应答分组,在本实验的设计中是由一个方法完成的。

2. 交换机进程

交换机进程主要是为了转发数据帧,主要工作是由转发控制模块主导完成的,该模块是一个线程的业务方法,在收到客户端进程的请求分组并转发给 NAT 网关进程后,并不中断执行,而是等待 NAT 网关进程发回应答分组,回传给客户端进程后,线程自行结束。并且,交换机进程不需要对分组内容进行了解,所以不需要有分组封装和解析的工作。

因为本实验中的交换机进程是简化版,所以也无须实现对站表的维护。

3. NAT 网关进程

NAT 网关进程的主要工作是被动的,是接收到其他节点发来的相关分组而产生的后续动作,所以 NAT 网关进程的组织工作也是由接收控制模块完成的,体现为接收请求报文控制模块和接收应答报文控制模块。

为了完成上面的功能,NAT 网关也需要分组封装和解析模块的支持,主要是为了完成地址替换的工作。

另外,NAT 网关进程还增加了转换表的维护模块,该模块包括以下功能:

- 对转换表的查询,包括查询表项是否存在,如果存在则返回映射信息。
- 在转换表中插入一条新的表项。
- 当收到新的请求分组后,更新转换表表项的计时器。
- 扫描转换表,并将过期的表项删除。
- 将已删除表项的端口号回收。
- 产生新端口号给需求者。

为了实现上的方便,本实验将 NAT 网关进程和交换机进程之间的 Socket 连接也保存在转换表中。这样,当应答分组到达 NAT 网关进程后,NAT 网关进程可以方便地查询到交换机进程的 Socket,从而将应答分组转发给交换机。

4. 服务器进程

服务器进程作为请求分组的终结者,也是应答分组的发送者。其主要工作也是由接收控制模块完成的,因为从接收请求分组到发送应答分组在本实验的设计中并未分开,所以是由一个线程的业务方法完成的。

相比于交换机进程,服务器进程多了一个分组封装/解析模块,因为服务器必须对分组加以处理才能完成规定的功能。

13.3.5 报文格式设计

本实验涉及两个分组报文的往返(不考虑握手的过程),为了方便各个进程之间的通信处理,特定义了报文类型字段,它包括的报文类型如表 13-5 所示。针对这些报文类型以及后面定义的报文格式,读者可以根据自己的设计需要进行修改和完善。

表 13-5　报文类型

类 型 号	类 型	备 注
0	请求分组	客户端进程发给服务器进程的报文
1	应答分组	服务器进程发给客户端进程的报文

本实验是模拟实验,不必遵循相关协议的格式(例如 IP 分组的格式等),知道原理即可。

两个报文的格式完全相同,如图 13-11 所示。

报文 类型	协议	目的IP地址	源IP地址	目的 端口号	源端口号	数据长度 (len)	数据
1字节	1字节	4字节	4字节	2字节	2字节	2字节	len字节

图 13-11 分组的报文格式

报文中,报文类型为 0 代表请求分组,为 1 代表应答分组。

协议指明本报文采用了什么传输层协议,本实验中包括两个协议:

- 0 代表 TCP。
- 1 代表 UDP。

目的 IP 地址、源 IP 地址、目的端口号和源端口号是二进制数的形式,分别占 32 位和 16 位。

需要指出的是,在这个分组中,不论是 IP 地址还是端口号都是虚拟的,不是编程所需的真正地址信息。NAT 网关进程需要对这些地址信息进行转换。

数据长度是二进制数,代表后续数据的长度。

13.3.6 类图

1. 主机进程的相关类图

客户端进程(A、B、C)的相关类如图 13-12 所示。其中主机进程类是本程序的主类,也充当了多个类的纽带,并提供了信息展示的方法。

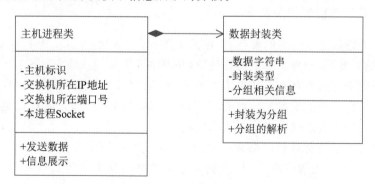

图 13-12 主机进程的相关类图

因为本实验的目的主要是突出 NAT 技术的工作过程,对客户端进程数据收发过程(包括发送请求分组和接收应答分组两个步骤)的并行性要求并不高,所以不必采用多线程技术,采用顺序执行即可。

客户端进程发送数据的过程是由用户发起的。客户端进程对用户的数据需要进行封装,传入目的 IP 地址、源 IP 地址、目的端口号和源端口号,形成规定格式的分组,再调用进程本身的发送数据方法发送出去即可。

然后客户端进程等待接收应答分组。当客户端进程从交换机进程收到应答分组后，进行解析，得到用户数据，并加以展示。

以上都是由发送数据方法组织完成的。

2. 交换机进程的相关类图

交换机进程(M)的相关类图如图 13-13 所示。

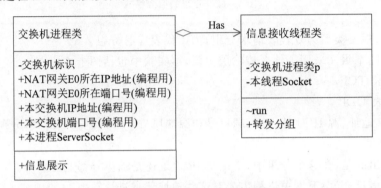

图 13-13　交换机进程的相关类图

交换机进程因为要及时地转发来自多方(客户端进程和 NAT 网关进程)的分组，需要保持并行性，所以应该采用多线程技术实现。

交换机进程的处理过程比较简单，只有一类线程，每一个线程都要完成以下工作：从客户端进程接收到请求分组，将其转发到 NAT 网关进程，等待，从 NAT 网关进程接收服务器进程的应答分组，将应答分组返回给客户端进程。

3. NAT 网关进程的相关类图

NAT 网关进程是本实验的重点，其相关类图如图 13-14 所示。其中 NAT 网关进程类是本程序的主类，也充当了多个类的纽带，并提供了信息展示的方法。

NAT 网关进程需要具有对转换表进行查询、维护的相关类(转换表类)和扫描转换表的相关类(转换表扫描线程类)，前者用来辅助 NAT 网关进程完成对分组地址进行转换的功能，后者用来实现过期转换表项的回收。

NAT 网关进程的所有动作都是被动的，都只在接收到相关信息后才产生后续的动作。当信息接收线程类收到报文时，根据其报文类型判断出是什么报文，分为以下两种操作。

(1) 如果是请求分组报文，进行以下操作。

首先调用数据封装类解析出源 IP 地址和源端口号。

其次，使用源 IP 地址和源端口号，调用转换表类的查询方法，查看转换表中是否存在转换表项。如果存在，则利用该表项信息得到以前分配的端口；否则申请新的端口。

最后，进行内、外网络 IP 地址和端口号的转换，将转换后的分组发送给服务器进程。

(2) 如果是应答分组报文，进行以下操作。

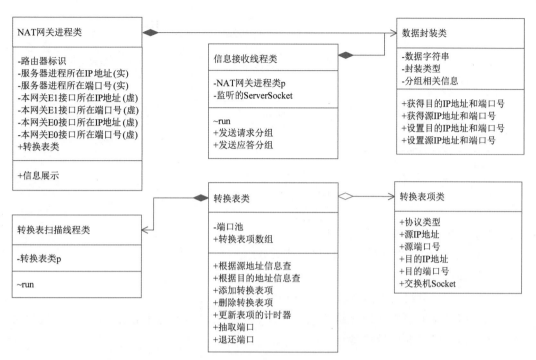

图 13-14　NAT 网关进程的相关类图

首先,调用数据封装类解析出目的 IP 地址和目的端口号。

其次,使用目的 IP 地址和目的端口号,调用转换表类的查询方法,查看转换表中是否存在转换表项。如果存在,则获取该信息的内部 IP 地址和端口号;否则报错终止。

最后,进行内、外网络 IP 地址和端口号的转换,将转换后的分组发送给交换机进程。

NAT 网关进程因为要及时处理来自多方(交换机进程和服务器进程)的分组,需要保持并行性,所以应该采用多线程技术实现。

更加完善的方案是在图 13-14 中增加两个处理线程类:接收请求分组报文线程类、接收应答分组报文线程类。信息接收线程类在收到建立连接的请求时,根据报文第一字节判断它是什么报文类型的分组,生成对应的线程,将 Socket 传递给该线程,由该线程进行后续的处理。本实验对此不做硬性要求。

转换表作为共享资源,对它的访问和处理需要注意互斥性。

为了更加逼真地模拟 NAT 网关,实际上可以为 NAT 网关进程设置两个监听端口,生成两个 ServerSocket,一个负责监听内网发来的请求分组,另一个负责监听公网返回的应答分组。本实验只设置了一个监听端口。

4. 服务器进程的相关类图

服务器进程(S)的相关类图如图 13-15 所示。

因为服务器进程不是本实验的重点工作,所以对它的功能也要求不高。虽然服务器进程必须以多线程的形式运行,以防止界面的卡顿或无响应,但只需要一类线程即可满足

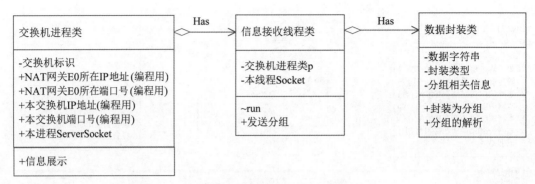

图 13-15　服务器进程的相关类图

工作要求。该类线程要完成以下工作：

- 从 NAT 网关进程接收客户端的请求分组。
- 处理请求分组，得到应答数据，并封装成应答分组。
- 并将应答分组发送给 NAT 网关进程。

因为服务器进程要处理分组的数据，并获得源/目的 IP 地址信息(用于封装应答分组)，所以需要增加数据封装类。

13.4　实验实现

13.4.1　客户端进程处理流程

在本实验中，客户端进程作为发起方，其功能相对简单。这里以客户端进程发送数据为例介绍主机进程的相关工作(如前所述，该过程包括发送请求分组和接收应答分组的整个过程)，算法步骤如下(这里假设客户端的标识和 IP 地址的对应关系已经按照图 13-3 的标注在程序中直接给出了，并且已经知道交换机的 IP 地址和端口号)：

(1) 用户输入字符串，单击"发送"按钮。

(2) 获得用户选择的客户端进程的标识，进而得到其 IP 地址，记为 IP_{in}(实验用，非编程用)。

(3) 调用数据封装类，将用户数据封装成 IP 分组。其中，源 IP 地址为 IP_{in}，源端口号为 8888，目的 IP 地址指向服务器进程 S(实验用，非编程用)。

(4) 向交换机进程发起 Socket 连接。

(5) 将形成的请求分组通过 Socket 发送出去。

(6) 等待读取应答分组。

(7) 得到应答分组，使用数据封装类解析该分组。

(8) 关闭 Socket 连接。

(9) 调用界面展示函数进行展示。

客户端进程数据发送流程的活动图见图 13-16。

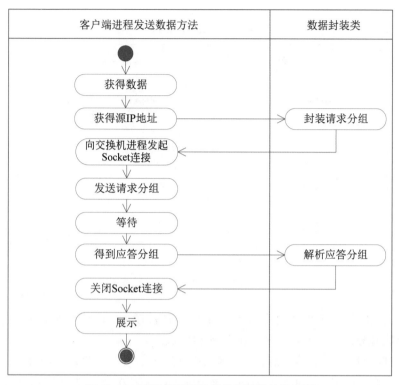

图 13-16　客户端进程数据发送流程的活动图

13.4.2　交换机进程信息接收线程处理流程

交换机进程的工作更少,主要是收到相关分组后向另一个方向发送出去,这个工作需要多线程的支持。线程执行的算法如下(这里假设交换机进程已经知道 NAT 网关的 IP 地址和端口号):

(1) 收到从客户端进程发来的请求分组。

(2) 与 NAT 网关进程建立 Socket 连接。

(3) 向 NAT 网关进程发送请求分组。

(4) 等待。

(5) 收到来自 NAT 网关进程的应答分组。

(6) 断开与 NAT 网关进程的 Socket 连接。

(7) 向客户端进程发送应答分组。

(8) 断开与客户端进程的 Socket 连接。

(9) 调用界面展示函数进行展示。

交换机进程信息接收线程处理流程的活动图见图 13-17。

13.4.3　NAT 网关信息接收线程处理流程

NAT 网关作为内网和公网之间的桥梁,在互联网中承担了较多的工作,也是本实验

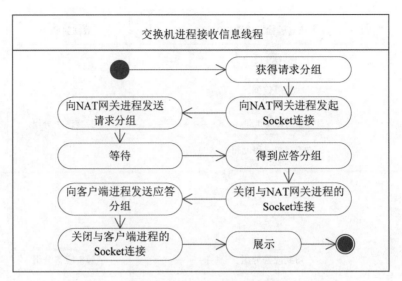

图 13-17　交换机进程信息接收线程处理流程的活动图

重点模拟的设备。NAT 网关进程的相关工作也是被动的,主要体现在其信息接收线程上,当线程收到分组报文后进行相关的处理和发送。

信息接收线程的一次循环的算法步骤如下(这里假设 NAT 网关进程知道服务器进程的 IP 地址和端口号,以便建立 Socket 连接,并且这里涉及的地址信息都是实验用 IP 地址和端口号,而不在编程中使用):

(1) 收到其他进程发来的分组。

(2) 对分组类型进行解析。

(3) 如果收到的分组是来自内网客户端进程的请求报文,转(4);否则转(15)。

(4) 解析该分组,得到协议类型、源 IP 地址和端口号。

(5) 在转换表中进行查询,查看是否存在指定协议类型、内网源 IP 地址和端口号与该分组对应的转换表项。

(6) 如果存在,转(7);否则转(9)。

(7) 此时表明以前已经发送过相同路径的请求,刷新该表项的计时器以延长表项生存期。设置该转换表项内的交换机的 Socket 为此次发起连接的交换机的 Socket。

(8) 返回该表项记录的外网 IP 地址和端口号。转(11)。

(9) 调用转换表类的相关方法,申请一个新的端口号,建立新的转换表项(包括协议类型、内部 IP 地址和端口号、外网 IP 地址和新申请的端口号、定时器、交换机的 Socket)并将其插入转换表。本实验设置计时时间为 2min。

(10) 返回外网 IP 地址和新申请的端口号。

(11) 使用外网 IP 地址和端口号替换请求分组中的源 IP 地址和端口号。

(12) 向服务器进程请求建立 Socket 连接。

(13) 向服务器进程发送请求分组。

(14) 断开与服务器进程之间的 Socket 连接。转(23)。

（15）得到的分组是应答分组，解析分组，得到协议类型、目的 IP 地址和端口号。

（16）断开与服务器进程之间的 Socket 连接。

（17）使用协议类型、目的 IP 地址和端口号查询转换表。

（18）如果存在转换表项，返回内部 IP 地址和端口号、交换机的 Socket，转（19）；否则提示错误，转（23）。

（19）使用内部 IP 地址和端口号替换应答分组中的目的 IP 地址和端口号。

（20）通过得到的 Socket 发送应答分组给交换机。

（21）断开与交换机之间的 Socket 连接。

（22）令转换表内的交换机的 Socket 为 null。

（23）调用界面展示函数进行展示，结束本次处理。

NAT 网关信息接收线程处理流程的活动图如图 13-18 所示（为了便于展示，该图只保留了信息接收线程类的相关部分）。

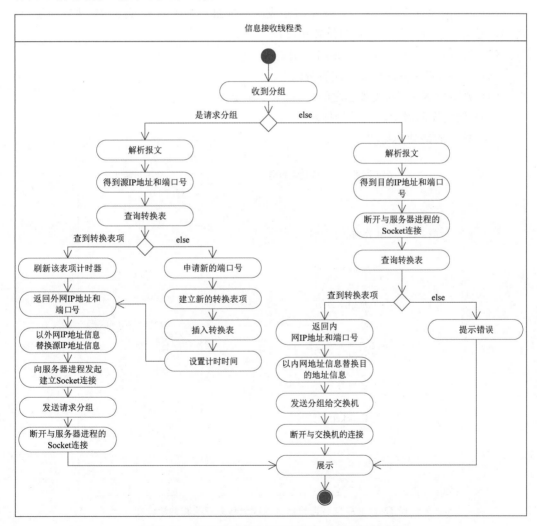

图 13-18　NAT 网关信息接收线程处理流程的活动图

13.4.4 服务器进程信息接收线程处理流程

服务器进程的工作不多,主要工作就是收到请求分组后进行简单处理,封装成应答分组并返回。这个工作需要多线程的支持,以防止界面卡顿,失去控制。

服务器进程信息接收线程执行算法的步骤如下(这里假设服务器进程已经知道 NAT 网关的 IP 地址和端口号):

(1) 收到从 NAT 网关进程发起的 Socket 连接请求。

(2) 读取客户端进程发出的请求分组。

(3) 断开与 NAT 网关进程之间的 Socket 连接。

(4) 调用数据封装类解析请求分组,得到其中的地址信息和数据。

(5) 处理请求分组,得到应答数据。这里的处理就是提取分组的数据并在数据的前面加上"收到:"即可。

(6) 调用数据封装类,将应答数据封装成应答分组。其中的源/目的 IP 地址和源/目的端口号与请求分组相应信息的位置相反。

(7) 与 NAT 网关进程建立 Socket 连接。

(8) 向 NAT 网关进程发送应答分组。

(9) 关闭与 NAT 网关进程之间的 Socket 连接。

(10) 调用界面展示函数进行展示。

以上算法的活动图见图 13-19。

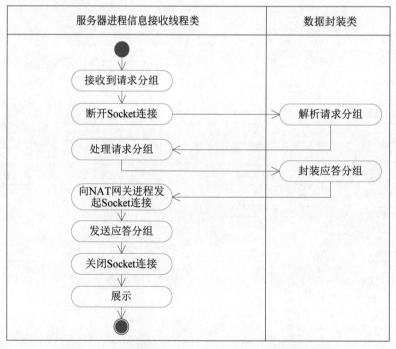

图 13-19　服务器进程信息接收线程处理流程的活动图

13.4.5　界面样例

1. 客户端进程界面样例

针对本实验,客户端进程(A、B、C)界面样例如图 13-20 所示。

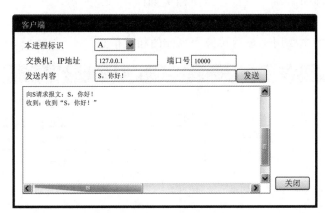

图 13-20　客户端进程界面样例

这里假设:

- 所有客户端进程都已经设置了默认网关的 IP 地址(NAT 网关 I 的 E0 接口的 IP
  地址)。虽然整个实验中都没有用到默认网关的概念及其 IP 地址,但是读者应该
  清楚地知道,客户端进程只有设置了默认网关(人工设置或者自动获取),才能发报
  文给其他网络上的主机。
- 所有客户端进程都已经知道服务器进程(S)的 IP 地址和端口号(虚拟的,非编程所需)。

2. 交换机进程界面样例

交换机进程(M)界面样例如图 13-21 所示。可见,交换机进程的界面非常简单,这与
它的工作和功能相吻合。交换机进程的端口号设为 10000。

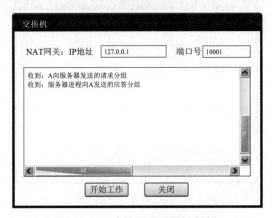

图 13-21　交换机进程界面样例

这里假设交换机进程已经建立了完整的站表,无须再进行逆向学习和广播等操作,即已经知道 NAT 网关是连在自己的哪一个物理接口上的。

3. NAT 网关进程界面样例

NAT 网关(即路由器)进程(I)界面样例如图 13-22 所示。NAT 网关进程的端口号设为 10002。

界面中的表格主要用于显示转换表当前的相关信息。

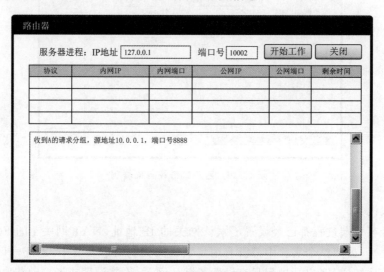

图 13-22   NAT 网关进程界面样例

4. 服务器进程界面样例

服务器(即交换机)进程(S)界面样例如图 13-23 所示。服务器进程的端口号设为 10001。

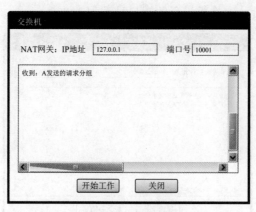

图 13-23   服务器进程界面样例

第 14 章

滑动窗口技术模拟实验

在 TCP/IP 体系中,IP 层提供了从一台主机跨越千山万水传输 IP 分组到另一台主机的能力,但是这还不是结束,因为主机还不是面对用户的最终接口。面对用户的最终接口是进程。进程提供了用户界面,区分不同应用(例如 QQ、浏览器、邮件等)以分发 IP 分组。进程之间的通信要依靠传输层完成。

TCP/IP 体系结构中的传输层主要包含两大协议,即 TCP 和 UDP。UPD 相对简单,控制很少。本章主要对 TCP 进行介绍,并对其重要的滑动窗口机制设置了模拟实验,以增强读者对该机制工作原理的理解。

◆ 14.1 概　　述

14.1.1 可靠传输概述

传输控制协议(Transmission Control Protocol,TCP)作为传输层两大协议之一,重点是提供高可靠性的服务质量,其工作显得较为复杂。TCP 最基本的可靠性工作机制是滑动窗口机制。该机制的基础是停止等待协议,即,发送端每发送完一个报文段就停止发送,等待接收端的确认(ACK),在收到确认后再发送下一个报文段,如图 14-1 所示。

在这个协议中,如果报文段丢失、出错,接收端都不会发送应答消息给发送端,发送端会在等待一段时间(超时时限)后重新发送刚才的报文段。

如果确实因为某些原因,发送端发送了重复的报文段,为了让接收端能够识别它是重复数据,停止等待协议给每一个报文段标注序号(标识,相当于身份证),让接收端借助序号判断是否收到了重复的报文段。这种传输协议常称为自动重传请求(Automatic Repeat reQuest,ARQ),意思是重传的请求是自动进行的。

注意:图 14-1 中的确认消息(ACK)后面标注的序号是报文段的序号,但不是刚刚收到的报文段的序号(n),

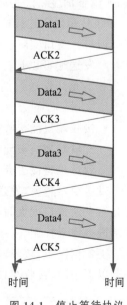

图 14-1　停止等待协议

234

它表示接收端已经收到了第 n 个报文段并期待第 $n+1$ 个报文段。这是网络中常用的一种确认方式。

这样的协议工作简单,能提供较好的可靠性,而且能够实现良好的流量控制[①]。但是这个协议有一个致命的缺点,那就是效率太低了,于是人们又提出了批量发送的概念,即每次发送多个报文段,接收端对收到的几个报文段统一进行确认(累积确认的方式,对到达接收端的最后一个报文段发送确认,表示之前的所有报文段都已正确收到了,是一种常用的方式)。这种批量化改进后的 ARQ 协议叫作连续 ARQ 协议。

接收端到底收多少个报文段进行回复比较好呢?其实它是一个很难固定的数量,往往和网络情况、接收端当前的接收能力相关。在网络情况好且接收端接收能力强的时候,这个数量应该大一些;而在网络情况差或接收端接收能力弱的时候,这个数量应该小一些,甚至减小到 1(这时候连续 ARQ 协议已经蜕化到停止等待协议了)。

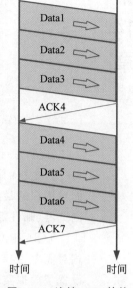

图 14-2 连续 ARQ 协议

连续 ARQ 协议如图 14-2 所示。可以很明显地看出,连续 ARQ 协议批量发送的方法效率高了很多。

可以说,TCP 采用了连续 ARQ 协议的思想,并在此基础上进行了改进,形成了 TCP 的滑动窗口机制。

14.1.2 TCP 滑动窗口

首先需要指出,TCP 的可靠传输机制使用字节的序号进行控制,这对于理解稍显麻烦,所以下面主要还是以报文段的形式进行介绍。

TCP 是面向连接的协议,连接的每一端都必须设有一个窗口:一个发送窗口和一个接收窗口。窗口实际上就是一个范围而已,如图 14-3(a)所示。

- 发送端可以把处于发送窗口内的报文段连续发送出去,而发送窗口外的报文段不允许发送。例如,图 14-3(a)中标识为 3~7 的报文段是当前被允许发送的报文段。
- 接收端只能接收处于接收窗口内的报文段。例如,图 14-3(a)中标识为 3 和 4 的报文段是当前被允许接收的报文段。凡是标识没有落在接收窗口内的报文段,即便到达也将被丢弃。

发送窗口越大,发送端可以连续发送的报文段越多,因而可能获得的传输效率越高。但是当发送窗口太大时,有可能会导致接收端来不及接收,所以发送窗口经常被用来对发送端进行流量控制。

正常情况下,接收窗口等于 1 即可,因为大部分情况下报文段是按序到达的。但是考虑到以下情况,接收窗口等于 1 时无法处理,造成了浪费。

---

① 所谓流量控制,就是采取一定的手段保证接收方能够来得及接收发送方的数据。

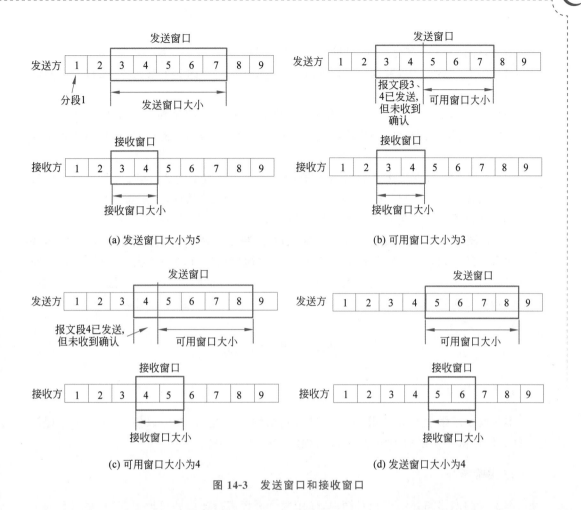

图 14-3　发送窗口和接收窗口

- 互联网本身不保证数据到达的有序性(用户看到的有序性是通过接收端 TCP 重新排序实现的),如果标识靠后的报文段先到达,但没有落在接收窗口的范围内,此报文段只能被丢弃。
- 在发送端发送了一批报文段的情况下,其中一个报文段如果丢失,将使得后续的报文段无法处理而只能被丢弃。

为此,接收窗口应该大于 1,失序的报文段可以先临时存放在接收窗口中,等到前面的报文段到达后,再按序提交给上层的应用进程。

很显然,接收窗口越大,能够处理的失序报文段越多,使得网络重传的报文段越少,浪费的网络带宽越少;但是,接收窗口越大,对接收端的资源要求越高,这在当前每一台计算机都可能同时具有很多个 TCP 连接的时候尤为可观。

所谓滑动窗口,顾名思义是指窗口是可以移动的。接收窗口的滑动是指窗口在收到报文段并返回确认消息后从前往后移动的过程。发送窗口的滑动是指窗口收到接收端的确认消息后从前往后移动的过程。

TCP 还增加了一个新的机制,即接收端可以通过发送通告限制发送端的发送窗口的大小。

下面以图 14-3 为例介绍 TCP 的滑动窗口机制。

(1) 在图 14-3(a)中,发送端可以连续发送标识为 3~7 的 5 个报文段,而接收端只能接收标识为 3 和 4 的报文段。

(2) 在图 14-3(b)中,发送端连续发送了报文段 3 和 4(报文段 5、6、7 虽然被允许发送,但是尚未有报文段到达发送缓存,所以目前暂时无法发送)。此时,发送窗口中可用窗口的大小为 3。

(3) 在图 14-3(c)中,接收端收到了报文段 3,并且返回了确认,同时接收窗口向后移动一个报文段的位置,可以接收 4 和 5 了。发送端在收到确认后,发送窗口也向后移动一个报文段的位置,此时,发送窗口中可用窗口大小为 4(报文段 5~8)。

(4) 在图 14-3(d)中,接收端收到了报文段 4,并且返回了确认(在此确认信息中,接收端通告发送端,将发送窗口减小为 4),同时接收窗口向后移动一个报文段的位置(此时可以接收报文段 5 和 6)。发送端收到确认后,发送窗口也向后移动一个报文段的位置,并同时减小发送窗口的大小,此时,发送窗口和可用窗口大小都为 4,可以发报文段 5~8。

◈ 14.2 实 验 描 述

1. 实验目标

本实验要求学生掌握利用 Socket 进行网络编程的能力,并可以使用 Socket 编程模拟 TCP 滑动窗口机制的工作过程,以增强对该机制的理解。

2. 实验拓扑

本实验的网络拓扑结构相对简单,使用两个进程进行连接即可模拟 TCP 端到端的工作环境,如图 14-4 所示,其中发送端进程 A 处于左侧主机上,接收端进程 B 处于右侧主机上,两者之间的连接通过 Socket 连接模拟。

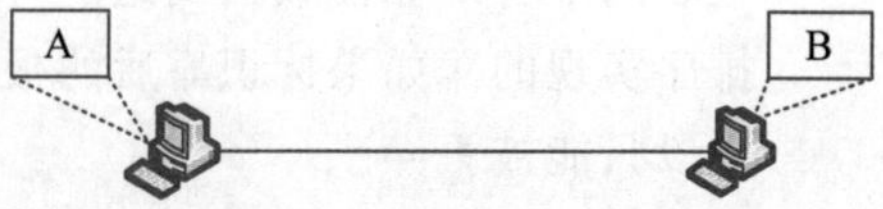

图 14-4　网络拓扑结构

3. 实验内容和要求

实验内容和要求如下:

(1) 创建两个进程,分别代表两台主机上的两个进程。

- 为了简化实验,本实验假设进程 A 作为发送端,B 作为接收端。
- 有兴趣的读者可以试着把发送和接收过程合并到一个进程中,即 A 和 B 都可以作为发送端和接收端,可以互相发送报文段。

(2) 采用报文段缓存技术。

- 发送端进程对已经发送过的报文段进行暂存,在收到返回的确认后将其删除,以便在报文段发送异常后进行重发。
- 接收端进程对已经收到但是未提交的报文段进行暂存,在提交后将其删除,以便对报文段顺序进行整理。

（3）发送端窗口工作。

- 发送端进程对需要发送的报文段按顺序进行编号，作为报文段的标识，方便接收端进程对报文段是否重复进行判断。
- 发送端进程设置发送窗口，初始大小为 5。
- 发送端在收到确认后，才能将发送窗口向后移动。
- 发送端如果在确认中收到更改发送窗口大小的指令，需要根据实际情况进行更改（考虑这样一种特殊的情况：如果发送窗口是需要变小的，并且原有窗口内所有报文段都已经发送出去了，那么最后一个报文段有可能处于新发送窗口之外，此时应注意不要重发）。
- 发送端进程采用超时计数器技术，对每一个报文段进行计时（0.5s 扫描一次），超过时间且没有收到确认的报文段将进行重发。超时时间设为 10s。

（4）接收窗口工作。

- 接收端进程设置接收窗口，大小为 5。
- 接收端进程在收到报文段后，只有向发送端发送确认后，才能将接收窗口向后移动。
- 采用累计确认。接收端进程在接收到报文段后，需要累计到 3 个报文段，才向发送端发送一个确认消息。
- 为了防止太长时间不发送确认消息，接收端进程需要设置一个最大累计发送时限：如果在 9s 内接收端进程没有向发送端进程发送确认消息，则对前面所有（尚未确认的）报文段进行一次确认。
- 在接收端进程界面上设置发送窗口的大小（初始值为 5），在发送确认时，让发送端改变发送窗口的大小。

（5）模拟通信过程中的各种情况。

- 接收端进程在收到报文段后，使用随机数生成器生成随机数，从而模拟通信过程中的各种情况，如表 14-1 所示。

表 14-1　模拟通信情况的随机数

随机数	通信情况	程序需要做的操作
0	正常接收	按照正常情况进行处理，将报文段放入接收窗口的队列中，接收窗口按协议完成滑动
1	报文段丢失	丢弃收到的报文段，不发送该报文段的确认，等待发送端重新发送
2	报文段校验错误	同报文段丢失情况的操作
3	报文段重复	不需要将报文段放入接收窗口的队列中，立即发送确认消息给发送端，进行紧急通知

- 实验设置超时时间为 10s。
- 发送端要有计算校验和的过程。对每一字节进行计算，将得到的校验和添加在报

文段后方。

- 接收端进程要有报文段校验技术,重新计算报文段的校验和,与发来的校验和进行比对,并提示是否正确。如表 14-1 中的情况 2。

(6) 关于显示。

- 各个进程具有自己的界面,显示自己的工作情况。
- 发送端显示发送的报文段信息、是否重传、本次报文段序号、接收到的确认消息的序号等。
- 接收进程显示接收到的报文段信息、本次报文段序号、本次随机选择的出错情况、发送的确认消息的序号、是否重复等。

🔷 14.3　实验分析和设计

14.3.1　相关说明

1. 关于滑动窗口指针的说明

为了便于分析和设计,首先定义 3 个指针。

- P1:滑动窗口开始指针,即窗口内允许发送的报文段的最小标识/序号。
- P2:当前指针,即窗口内等待发送的报文段的最小标识/序号。
- P3:滑动窗口结束指针,即窗口内允许发送的报文段的最大标识/序号。

针对发送端的发送窗口,P1、P2 和 P3 的位置如图 14-5 所示。发送窗口的大小等于 P3-P1+1,可用窗口的大小等于 P3-P2+1。

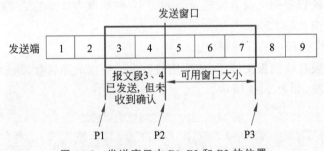

图 14-5　发送窗口中 P1、P2 和 P3 的位置

针对接收端的接收窗口,只需要 P1 和 P3 两个指针即可。当然,如果读者希望借助 P2 指针实现累计确认的机制,也未尝不可。

2. 关于累计确认

为了实现实验要求,接收端进程增加两个概念。

- 报文段累加器:用于对收到的报文段进行累加计数。这里的累加计数是循环的,也就是每次累加到 3 个报文段就清零。借助该累加器,可以实现累计确认。
- 累计确认计时器:用于控制接收端进程不发送确认消息的最大时间上限。在本实验中设置计时器为 9s。

第一个报文段到达接收端进程时,报文段累加器开始累加,每次累加到 3 个报文段时,就向发送端进程发送一个确认消息,代表前面 3 个报文段都已经接收到,然后清零并重新计数。

从第一个报文段开始,累计确认计时器从 0 开始计时(使用一个单独的线程进行扫描,0.5s 扫描一次)。每过 9s,将前面尚未发送但可以发送的确认消息进行合并,统一发送一个确认消息给发送端。

所谓"可以发送"是指从 P1 指针开始收到的具有连续性的报文段序号(如果中间有间隔,则间隔后面的报文段不能返回确认消息)。例如,如果收到报文段 1、2,则返回 ACK3(表示收到了报文段 1 和 2);如果收到报文段 1、3,则返回 ACK2(表示收到了报文段 1)。

14.3.2　用例分析

1. 发送端进程用例分析

发送端进程的用例图如图 14-6 所示。

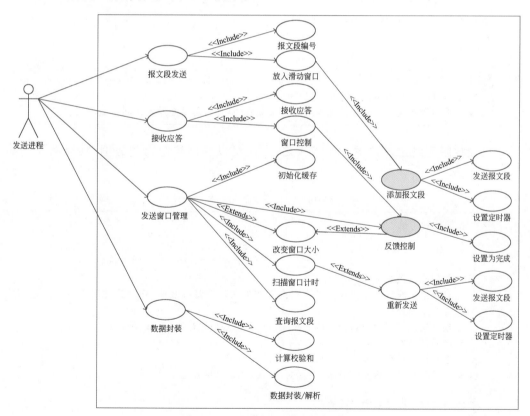

图 14-6　发送端进程用例图

发送端进程(A)包括两个主要的工作:发送报文段和接收响应。由于发送过程处于滑动窗口机制的控制下,不是一产生报文段就能够立即发送,也不能收到确认应答就简单结束,这两个工作都需要发送窗口的配合和控制,因此发送进程的用例必然要包括发送窗口管理这个用例。

在图 14-6 中,有两个非常重要的用例,分别是添加报文段和反馈控制。前一个用例受发送窗口控制,可能立即发送(在窗口内),也可能会被延迟(在窗口外);后一个用例可以控制发送窗口的移动,允许发送新的报文段(前提是有报文段)。

添加报文段用例是整个实验过程的发起者。这里以添加报文段用例为例,其用例描述如表 14-2 所示。

表 14-2　添加报文段用例描述

名称	添加报文段用例
标识	UC010301
描述	1. 得到报文段及其标识。 2. 将报文段插入报文段列表的队尾。 3. 判断报文段标识是否处于发送窗口内,如果不是则结束。 4. 如果报文段标识处于发送窗口内,从尚未发送的报文段开始发送。 5. 设置定时器,设置该报文段的状态为未完成。 6. 将 P2 指针后移一个报文段的位置
前提	用户输入自己的文字,单击"发送"按钮
结果	报文段等待发送或者已经发送
注意	1. 需要注意发送窗口的起至指针。 2. 本用例和反馈控制用例都涉及发送报文段的功能,需要互斥地访问报文段列表

反馈控制是发送窗口的重要工作之一,这里以反馈控制用例为例,其用例描述如表 14-3 所示。

表 14-3　反馈控制用例描述

名称	反馈控制用例
标识	UC010302
描述	1. 得到确认及其标识。 2. 检查报文段标识是否在发送窗口内。如果在发送窗口之前,认为是过期的确认信息,抛弃并中断处理。 3. 根据确认标识对发送窗口内的报文段进行处理(设置为已完成/删除)。 4. 向后移动发送窗口。 5. 根据接收进程的要求,更改发送窗口的大小。 6. 查看发送窗口内是否有未发送的报文段,如果有则发送
前提	收到接收进程发来的确认消息
结果	滑动窗口向后滑动

续表

注意	1. 需要注意发送窗口的起止指针。 2. 这个过程是监听 Socket 得到确认消息后才发起的,宜采用阻塞方式实现。为了不影响其他工作,这里有必要使用多线程技术加以实现。 3. 在这个过程中,如果确认消息的序号大于 P3,本实验不认为是异常,请读者思考一下原因

以上两个用例的工作机制都是：能发送报文段就发送,不能就等对方发送,两者总有一个用例可以把报文段尽早地发送出去。其中,反馈控制用例是发送窗口滑动的依据。

2. 接收端进程用例分析

接收端进程(B)包括两个主要的工作：接收报文段和发送报文段的响应。这个工作也需要滑动窗口的配合和控制(例如,如果收到的报文段的标识落在接收窗口之外,按照协议规定,不予处理)。因此,接收进程的用例必然需要包括接收窗口管理这个用例。

接收端进程的用例图如图 14-7 所示。其中最重要的工作就是对报文段的接收以及随后的各种处理,这些操作关系到发送端进程发送窗口的滑动过程,进而影响到整个协议的流量控制效果。

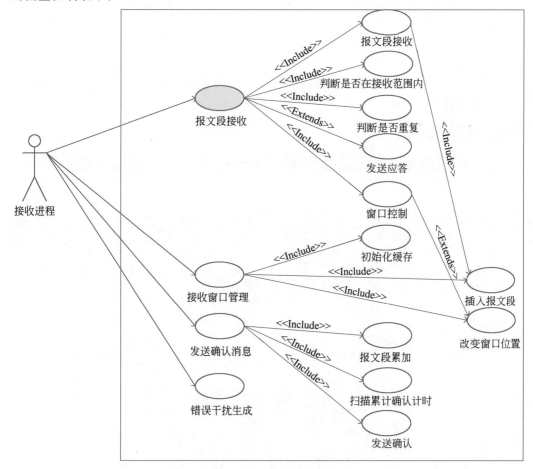

图 14-7　接收端进程用例图

以报文段接收用例为例,其用例描述如表 14-4 所示。

表 14-4 报文段接收用例描述

名称	报文段接收用例
标识	UC0201
描述	1. 从 Socket 中读取报文段。 2. 计算校验和,进行对比。这个工作只是一个过程性动作。 3. 使用错误干扰生成器产生随机数,对通信异常进行模拟。 4. 获得报文段的标识/序号。 5. 判断该标识是合法和重复。 6. 将报文段插入接收队列指定的位置。 7. 根据情况返回确认信息
前提	从 Socket 中读取报文段
结果	收下报文段等待提交,或者抛弃报文段
注意	1. 在处理重复报文段时,因为立即发送了确认消息,此时需要将报文段累加器和累计确认计时器清零。 2. 报文段累加器和累计确认计时器这两个变量属于临界资源,在访问和修改时需要注意互斥性访问

这个用例和发送确认消息用例的工作机制都是:能发送确认消息就发送,不能就等对方发送。两者总有一个用例可以把确认消息尽早地发送出去。其中,报文段接收用例是接收窗口滑动的依据。

14.3.3 时序图

本实验的时序图如图 14-8 所示。在该时序图中,展示了累计确认消息的过程。

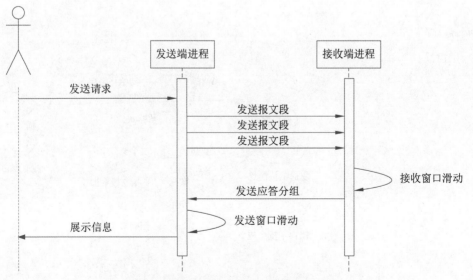

图 14-8 滑动窗口技术模拟实验的时序图

14.3.4　部署图

在本实验中,多个进程可以部署在多台计算机上,也可以部署在同一台计算机上。这里假设实验是部署在多台计算机上的,这样,各个进程可以具有随意的端口号。如果因为实验条件所限,确实需要把所有进程部署在同一台计算机上,因为各个进程所需的 IP 地址相同,所以需要为这些进程设置不同的端口号,以防止冲突。

本实验的部署图如图 14-9 所示,只有两台主机。其中的连线表示双方需要进行通信。

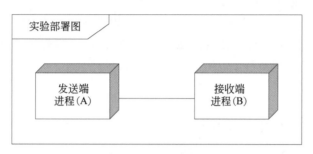

图 14-9　实验部署图

14.3.5　系统体系结构设计

针对本实验,系统可以分为两部分,分别是发送端进程、接收端进程,其体系结构如图 14-10 所示。

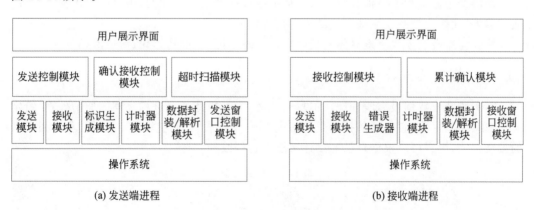

(a) 发送端进程　　　　　　　　　　　　(b) 接收端进程

图 14-10　系统体系结构图

其中,发送模块是将从上层收到的报文段发送给指定的接收者,而接收模块从下层收到报文段并提交给上层。

数据封装模块将用户数据封装成报文;数据解析模块对报文进行解析,得到用户的最终数据以及一些控制信息等。

1. 发送端进程

发送端进程作为请求报文的发送者,是整个模拟过程的最初发起者。其主要工作由发送控制模块、确认接收控制模块、超时扫描模块完成。

发送控制模块形成报文段后,将数据放入发送窗口,如果合适则进行发送。

确认接收控制模块负责接收对方发来的确认消息,并根据确认消息调整发送窗口的位置和大小,进行后续报文段的发送。

超时扫描模块主要对每一个报文段进行计时,查看是否在超时时限内收到了确认消息。如果超时,则重新发送该报文段,重新计时。

标识生成模块用于为报文段产生标识,该标识也是报文段的顺序号,从 0 开始递增。

发送窗口控制模块负责具体的发送窗口管理功能,例如初始化、窗口滑动、修改大小等。

2. 接收端进程

接收端进程既是报文段的接收者,也是应答信息的发送者。其主要工作由接收控制模块和累计确认模块完成。

接收控制模块负责组织报文段的接收过程,包括收取报文段、判断通信情况(是否有异常,什么异常)、进行报文段重复检查、将报文段放入接收窗口中,管理报文累加器,发送确认信息等。

累计确认模块主要完成累计确认的功能。如前所述,该模块包括两个功能:累计 3 个报文段发送一个确认消息,在不超过 9s 的时间内必须发送一个确认消息。

错误产生器是为了模拟真实网络环境下的数据通信而增加的,可以产生正常、异常的通信结果,让接收控制模块根据该结果进行各种处理。

接收窗口控制模块负责具体的接收窗口管理功能,例如初始化、窗口滑动等。

14.3.6 报文格式设计

本实验涉及数据报文段和确认消息的往返,为了规范各个进程之间的通信处理,特定义了报文类型字段,它包括的报文类型如表 14-5 所示。针对这些报文类型以及后面定义的报文格式,读者可以根据自己的设计需要进行修改和完善。

表 14-5 报文类型

类 型 号	类 型	备 注
0	报文段	发送端进程发送给接收端进程的数据
1	确认消息	接收端进程发给发送端进程的确认信息

本实验是模拟实验,不必遵循相关协议(例如 TCP)的报文段格式,知道原理即可。

1. 报文段的格式

报文段的格式如图 14-11 所示。

其中报文标识是发送端进程给报文段赋予的一个编号，同时兼作序号，以方便接收端进程根据标识进行排序和重组。

数据长度是二进制数字，占 2 字节，代表后续数据的长度。而数据则是用户输入的字符串。

2. 确认消息格式

确认消息的格式如图 14-12 所示。其中，确认序号是接收端已经确认的报文段的标识，占 2 字节。这里采用了序号提前模式，即确认序号是 n 时，代表接收端已经收到了前面 $n-1$ 个报文段，希望收取第 n 个报文段。

图 14-11　报文段的格式　　　　　　图 14-12　确认消息的格式

14.3.7　类图

1. 发送端进程的相关类图

发送端进程（A）的相关类图如图 14-13 所示。其中发送端进程类是本程序的主类，也充当了多个类的纽带，并提供了信息展示的方法。

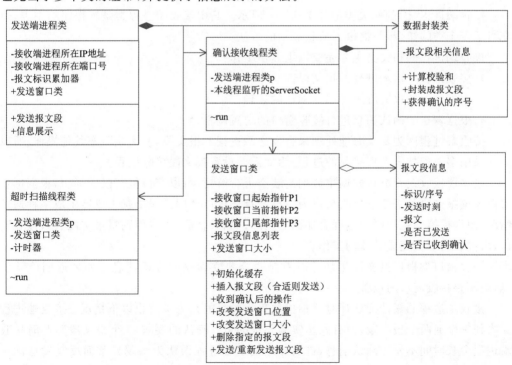

图 14-13　发送端进程相关类图

发送端进程的相关类主要完成以下 3 个工作：

- 发送数据段给接收端进程。
- 接收来自接收端进程的确认消息。
- 根据确认消息进行发送窗口的控制。

发送端进程发送报文段是由用户发起的。客户端进程对用户的数据需要进行封装，主要是加入报文段的标识/序号，形成规定格式的报文段。而具体的发送过程是把封装好的报文段交给发送窗口类即可。发送端进程发送数据的过程耗时很短，所以没有必要设立专门的线程来完成，在发送端进程类中完成即可，该方法调用发送窗口类发送/重新发送报文段方法具体完成数据的发送。

发送窗口类按报文段的标识，将报文段按顺序插入到自己的报文段信息列表中，如果合适就发送给接收端进程。

为了能够及时收取接收端进程发来的确认消息，发送端进程有一个专门的确认接收线程类等待接收对方的应答信息，当确认接收线程从接收端进程收到应答报文后，进行解析，得到被确认报文段的标识，调用发送窗口类的收到确认后的操作方法，设置报文段队列中相关报文段的信息，合适的情况下可以删除相关报文段。另外，该线程还会调整接收窗口的位置和大小、发送新的报文段等。

超时扫描线程类定期(0.5s)扫描发送窗口类一次，如果发现存在有报文段在超时时限内未收到对方的确认信息，则重新发送这些报文段。

2. 接收端进程的相关类图

接收端进程(B)的相关类图如图 14-14 所示。其中接收端进程类是本程序的主类，也充当了多个类的纽带，并提供了信息展示的方法。

接收端进程的相关类主要完成以下 3 个工作：

- 接收来自发送端进程的报文段。
- 根据收到的报文段进行累计确认的处理。
- 根据发送的确认消息进行接收窗口的位置调整。

接收端进程因为要及时地处理来自发送端进程的报文段，又不能阻塞其他操作，所以应该采用多线程技术实现接收的过程，为此需要设置报文段接收线程类。

报文段接收线程类首先调用数据封装类进行解析，可以获得报文段的标识，根据标识可以知道报文段是否处于接收窗口内。该线程还可以调用错误干扰生成器生成多种通信情况，使得模拟实验程序的过程更加贴近实际。如果合适，该线程则将报文段放入接收窗口，由接收窗口类完成后续的工作。

接收窗口类根据报文段累加器查看是否需要立即返回确认消息。如果返回确认消息，则调整接收窗口的位置。

接收端进程的累计确认计时器扫描线程类的目的是为了防止以下情况：接收端进程只收到一个或两个报文段，没有到达实验要求的累计确认的要求(3 个报文段)，此时接收端进程会长时间不发送确认消息，进而导致发送端进程误认为出现异常而反复发送同一报文段。

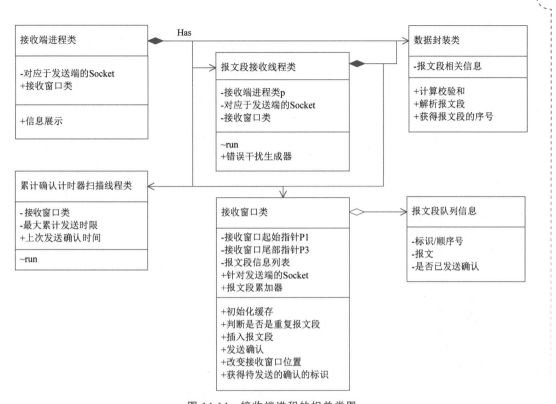

图 14-14　接收端进程的相关类图

14.4　实　验　实　现

14.4.1　发送端进程处理流程

在本实验中,发送端进程作为发起方,其功能相对复杂。

1. 发送报文段流程

这里首先以发送报文段方法为例介绍发送端进程的相关工作,该方法的主要工作其实是由发送窗口类完成的。发送报文段流程的活动图见图 14-15。

算法步骤如下:

(1) 用户输入字符串,单击"发送"按钮。

(2) 产生新的报文段标识,令报文段累加器加 1。

(3) 调用数据封装类,将用户数据封装成报文段,其中具有本报文段的标识/序号。

(4) 调用发送窗口类,把报文段传递给该类。

(5) 发送窗口类在报文段信息列表的队尾添加一个新的成员,保存该报文段,并令发送时间为空,令是否已发送和是否收到确认都为否。

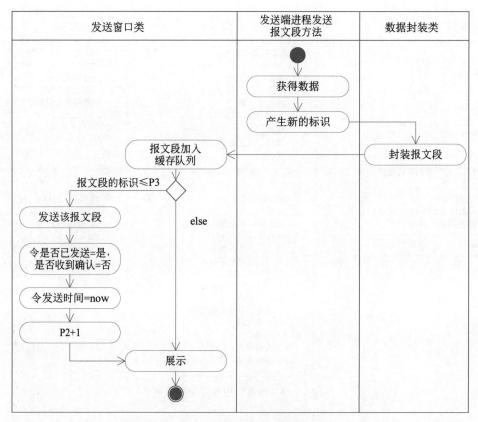

图 14-15 发送报文段流程的活动图

（6）扫描报文段信息列表。如果有报文段的标识≤P3，则转向（7）；否则转向（9）。

（7）立即按顺序发送符合条件的报文段，设置报文段信息中的是否已发送为是，发送时间为 now（当前时间）。

（8）令 P2 指向下一个待发送报文段（即便暂时超过了 P3 也无所谓，因为 P2 本身并不能作为控制条件）。

（9）调用界面展示函数进行展示。

2. 确认接收流程

确认接收流程的接收工作虽然是由确认接收线程类在收到确认后启动的，但是其主要工作同样是由发送窗口类完成的。

确认接收流程的活动图见图 14-16。

算法步骤如下：

（1）收到接收端的确认。

（2）调用数据封装类进行解析，获得确认的标识（ID_{ack}）。

（3）对发送窗口进行查看，查看 ID_{ack} 是否处于 P1 之前。如果是，则认为是过期的确

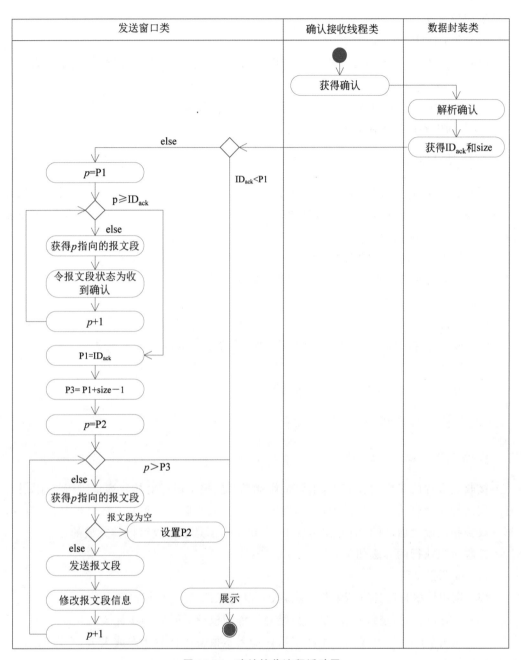

图 14-16　确认接收流程活动图

认消息,转(10);否则转(4)。

(4) 对报文段信息列表从 P1 开始向后扫描,一直扫描到 $ID_{ack}-1$,针对扫描到的每一个报文段,将报文段状态设置为已收到确认(也可以删除)。

(5) 发送窗口的 P1 指向 ID_{ack}。

(6) 查看确认消息中是否有改变发送窗口大小(size)的指示。如果有,则记录 size;

否则采用原有窗口的大小。

(7) 令 P3＝P1＋size－1。

(8) 对报文段信息列表从 P2 开始扫描,一直扫描到 P3,查看发送窗口内是否有未发送的报文段,如果有则发送。

(9) P2 指向扫描结束位置(下一个需要发送的报文段)。

(10) 调用界面展示函数进行展示。

3. 超时扫描流程

超时扫描是发送端针对通信异常所做的一个工作,由超时扫描线程类完成。如果该线程发现某些报文段未收到确认消息的时间太长,则认为该报文段出现了异常,需要重新发送。算法每 0.5s 执行一次,步骤如下:

(1) 扫描发送窗口中的报文段信息列表,获得每一个报文段。

(2) 如果报文段为空,则转向(6);否则转向(3)。

(3) 获得发送时间 T_{send}。

(4) 等待时间＝now－T_{send}。

(5) 如果等待时间＞10s,则重发该报文段,令 T_{send}＝now。

(6) 展示。

该算法较为简单,这里不再给出活动图。

14.4.2 报文段接收线程处理流程

1. 接收报文段处理流程

接收端进程的工作比较简单,主要工作就是收到报文段后对接收窗口进行控制,并且通过发送确认消息给发送端进程,对其发送窗口进行遥控。这个工作是由报文段接收线程在收到报文段后启动的,但是在实现上,主要工作都是由接收窗口类完成的。

接收过程执行的算法如下:

(1) 收到报文段。

(2) 调用数据封装类进行解析,获得报文段的标识(ID_{seg})、校验和等信息。

(3) 计算校验和,进行对比[这里只是对过程的模拟,和第(4)步无关]。

(4) 使用错误干扰生成器产生随机数。如果是报文段校验错误或丢失,则转向(14);否则转向(5)。

(5) 判断 ID_{seg} 是否在接收窗口之外(ID_{seg}＜P1 或者 ID_{seg}＞P3)。如果是,则转向(14);否则转向(6)。

(6) 扫描接收窗口,判断该标识所代表的报文段以前是否收到过。如果是(说明这是发送端进程因长时间收不到确认消息而重发的报文段,"急需"该报文段的确认消息),则转向(10);否则转向(7)。

(7) 按照报文段标识的顺序,将报文段插入报文段信息列表合适的位置,设置接收时间(T_{rec})为当前时间。

(8) 报文段累加器递增。

(9) 如果报文段累加器等于 3,转向(10);否则转向(14)。

(10) 查找最大的、允许返回确认消息的报文段标识(ID_{max})。

(11) 向发送端进程发送确认消息(携带 $ID_{max}+1$ 和发送端发送窗口的大小)。

(12) 接收窗口向后滑动(令 P1=$ID_{max}+1$,P3=P1+4)。

(13) 报文段累加器为 0,确认累计计时器为 0。

(14) 调用界面展示函数进行展示。

算法活动图见图 14-17。

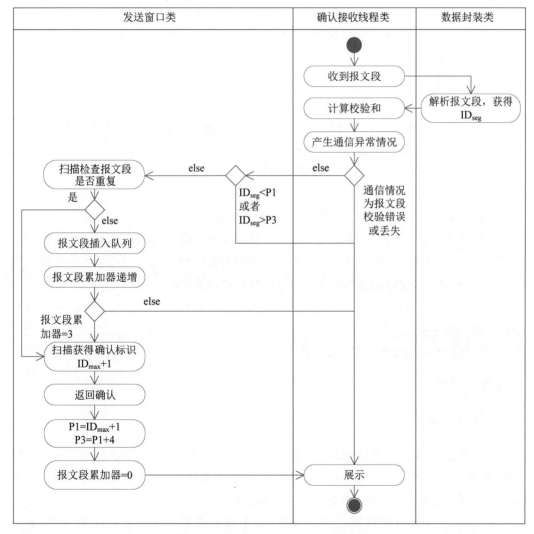

图 14-17 接收报文段处理流程活动图

2. 确认累计时限扫描流程

确认累计时限扫描线程轮询接收窗口中未答复确认的那些报文段,检查它们的等待时间是否超过了最大累计发送时限,如果超过了,则立即发送确认消息给发送端进程。算法每 0.5s 执行一次,步骤如下:

(1) 扫描接收窗口中的报文段信息列表,获得每一个报文段。

(2) 如果报文段为空,则转向(9);否则转向(3)。

(3) 获得接收时间 T_{rec}。

(4) 等待时间＝now－T_{rec}。如果等待时间＞9s,则转向(5);否则转向(9)。

(5) 查找最大的、允许返回确认消息的报文段标识(ID_{max})。

(6) 向发送端进程发送确认消息(携带 ID_{max}＋1 和发送端发送窗口的大小)。

(7) 接收窗口向后滑动(令 P1＝ID_{max}＋1,P3＝P1＋4)。

(8) 报文段累加器为 0。

(9) 调用界面展示函数进行展示。

该算法和发送端进程的超时扫描有一点不同:在该算法中,扫描时如果发现有必要,只须发送确认消息一次,不需要再往后扫描了。

另外,读者不要认为,扫描过程只需要扫描接收窗口中的第一个报文段即可决定是否发送确认消息。实际上:

- 扫描第一个报文段即发送确认消息是没有问题的。
- 扫描第一个报文段,如果该报文段不需要发送确认消息,不能说明后面的报文段也不需要发送确认消息了,这是因为接收端进程接收的报文段有可能不是按顺序到达的,所以报文段的接收时间也不总是按照序号递增的。

所以确认累计时限扫描线程有必要针对接收窗口中的每一个报文段进行扫描,以判断是否需要发送确认消息。

确认累计时限扫描算法活动图见图 14-18。

14.4.3　界面样例

1. 发送端进程界面样例

针对本实验,发送端进程(A)的界面样例如图 14-19 所示。其中,还标出了滑动窗口的位置,灰色部分表示已经发送出去的报文段,白色的部分表示尚无报文段需要发送。在实际的实现中只需要改变方格中的数字和背景色即可。

另外,为了在短时间内发送多个报文段,界面上添加了发送次数的输入框,单击"发送"按钮时可以重复执行发送操作多遍(但是发送的不是同一个报文段,标识也不同)。

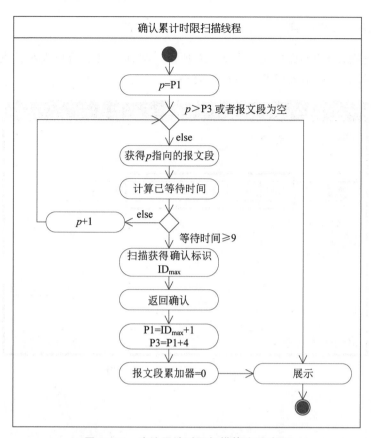

图 14-18　确认累计时限扫描算法活动图

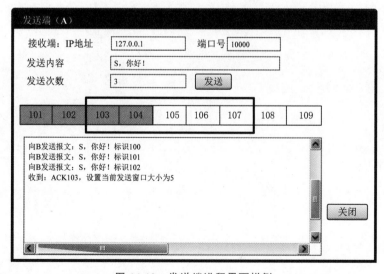

图 14-19　发送端进程界面样例

2. 接收端进程界面样例

接收端进程(B)的界面样例如图 14-20 所示。界面中发送窗口大小是发送确认消息时携带的,以控制发送端进程发送窗口的大小。

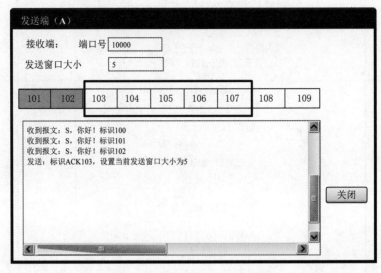

图 14-20   接收端进程界面样例

第4部分 应用层相关技术模拟实验

互联网之所以能够蓬勃发展,是因为其上的网络应用层出不穷,为人们带来了各种便利和畅快的遨游体验。

开发网络应用,需要有应用层相关协议的支撑,而且每一类应用的协议尽量能够标准化,这样才能够促使这种应用极大地发展。回顾一下,正是因为电子邮件协议的存在和公开化,才带来了各种电子邮件软件的繁荣。

每个应用层协议都是为了解决某一类应用问题而产生的,而问题的解决又必须通过位于不同主机中的多个应用进程之间的通信和协同工作完成。应用层的具体内容就是规定开发应用进程时所遵循的通信协议。

应用层最基础的一个协议就是域名系统(Domain Name System,DNS),它的存在为网络用户提供了极大的便利,使得人们不必去记忆众多的 IP 地址。因此域名系统是本部分的一个重点内容。

另外,电子邮件虽然有些明日黄花的感觉,但是目前还是一个非常重要的应用,为此本部分也设计了相关的实验,但是这个实验和其他所有的实验不同,它是一个实实在在可以使用的软件,因为它遵循了电子邮件的相关协议(SMTP 和 POP)。

应该说,应用层不是本书关注的重点,所以设置的实验也不多,读者完全可以根据自己对各种应用的使用体验自己设计这部分的实验。

DNS 模拟实验

DNS 是互联网应用层中一个非常重要的协议,像一个自动的字典一样辅助网络用户上网。本章对 DNS 的工作原理进行简要介绍,并设计了一个模拟实验,以帮助读者理解 DNS 的工作过程。

◆ 15.1 概　　述

15.1.1　DNS 的作用

我们上的网是互联网这个虚拟大网,上网就需要有网络资源的地址,在互联网上的通用地址是 IP 地址(包括 IPv4 和 IPv6 两类),但是 IP 地址非常不容易记忆(即便已经有了简化的记法)。例如,访某个组织的 Web 服务器,如果让用户输入类似于 http://202.119.64.123 的网址,就非常不方便。于是就有了域名系统(DNS)来帮助人们上网。

域名系统的作用就如同手机的通讯录一样,只要输入或找到人名,查到目标人,就可以直接拨打电话,不用记忆每一个人的电话号码。有了域名系统,人们也就不需要记忆 IP 地址了,只需要记住一串有意义的字符,它在互联网上是唯一的,用以代替 IP 地址,称为域名,这显然比一串数字好记多了。

域名系统是互联网的一项基础性服务,处于应用层的底部,它的主要作用是管理域名和 IP 地址之间的对应关系。在传统技术架构之下,用户访问一个网站的时候,既可以输入该网站的 IP 地址,也可以输入其域名,两者是等价的。

域名系统的工作说起来非常简单,就是根据指定的域名查出对应的 IP 地址,但是这个简单的过程由于需要管理规模无比巨大的数据(<域名,IP 地址>的映射)而变成了一个非常具有挑战性的问题。为了管理这些映射集合并对外提供服务,在全世界分布着无数的服务器,管理着无比庞大的一个分布式数据库,能够使人们便利地得到查询服务,进而方便地访问互联网。

15.1.2　域名

域名是一个具有一定意义、便于记忆并要保持全世界唯一性的字符串,用来对应一个 IP 地址。为了便于记忆和维护,域名是分级管理的,采用了分层次的树状结构的命名方法,有些类似于国家行政区划的组织架构,如图 15-1 所示。

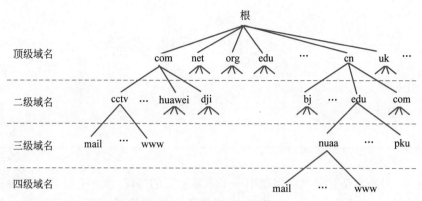

图 15-1　域名的树状结构

顶级域名一般分为两类,一类是国家/地区(例如 cn 是中国的简写),另一类是类别(例如 com 是商业的简写)。

域名在书写时遵循级别从小到大的顺序,如 mail.nuaa.edu.cn。每一级域名尽量简短,长度不超过 63 个字符,域名总长度不能超过 253 个字符。

15.1.3　DNS 查询过程

管理域名的服务器称为域名服务器,同域名的树状结构一样,众多的域名服务器的逻辑组织方式也是分层次的树状结构,可以让每一级域名都有一个域名服务器。

有 4 种域名服务器:

- 根域名服务器。是最高层次的域名服务器,也是最重要的域名服务器。所有的根域名服务器都知道所有的顶级域名服务器的域名和 IP 地址。
- 顶级域名服务器。负责管理在该域名服务器注册的所有二级域名。
- 权限域名服务器。在顶级服务器之下,管理相关域名区域工作。
- 本地域名服务器。每一个组织都可以拥有一个甚至多个本地域名服务器,这种域名服务器离用户非常近,甚至就是用户的默认网关(如 WiFi 路由器)。本地域名服务器的主要作用是为本地用户完成解析地址的工作。

主机首先向本地域名服务器进行查询,以获得域名对应的 IP 地址。如果本地域名服务器不知道被查询域名的 IP 地址,就以 DNS 客户的身份向根域名服务器发出查询请求报文。

本地域名服务器向根域名服务器发起的查询通常采用迭代查询,其步骤如图 15-2 所示。

(1) 主机希望获得 y.abc.com 的 IP 地址,可以向本地域名服务器发起查询。

(2) 如果本地域名服务器也不知道,则向根域名服务器查询。

(3) 根域名服务器告诉本地域名服务器,可以向 com 的顶级域名服务器查询。

(4) 本地域名服务器向 com 的顶级域名服务器发起查询。

(5) com 的顶级域名服务器告诉本地域名服务器,可以向 abc.com 的权限域名服务

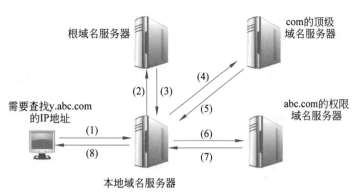

图 15-2　迭代查询

器查询。

（6）本地域名服务器向 abc.com 的权限域名服务器发起查询。

（7）abc.com 的权限域名服务器应该知道 y.abc.com 的 IP 地址，将 IP 地址返回给本地域名服务器。

（8）本地域名服务器将获得的 IP 地址返回给主机。

本地域名服务器也可以采用递归的方式进行查询，其步骤如图 15-3 所示。

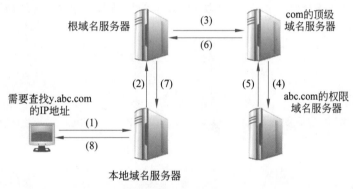

图 15-3　递归查询

（1）主机希望获得 y.abc.com 的 IP 地址，可以向本地域名服务器发起查询。

（2）如果本地域名服务器也不知道，则向根域名服务器发起查询。

（3）根域名服务器向 com 的顶级域名服务器发起查询。

（4）com 的顶级域名服务器向 abc.com 的权限域名服务器发起查询。

（5）abc.com 的权限域名服务器将 y.abc.com 的 IP 地址返回给 com 的顶级域名服务器。

（6）com 的顶级域名服务器将 y.abc.com 的 IP 地址返回给根域名服务器。

（7）根域名服务器将 y.abc.com 的 IP 地址返回给本地域名服务器。

（8）本地域名服务器将 y.abc.com 的 IP 地址返回给主机。

为了提高 DNS 的整体效率，减少网络上 DNS 查询请求和应答报文的数量，域名服务器通常都维护了一个高速缓存,存放最近用过的名字和 IP 地址。

例如,如果本地域名服务器不久前已查询到了 y.abc.com 的 IP 地址,那么下次别的主机再查询的时候,直接从高速缓存中获取并返回该 IP 地址即可,少了很多后续步骤。

再例如,本地域名服务器之前已经知道了 com 的顶级域名服务器,那么下次就可以不必经过根域名服务器,直接向 com 的顶级域名服务器发起请求即可。

为保持高速缓存中的内容正确性,本地域名服务器应为每一个信息项设置计时器,并处理超过合理时间的信息项。

主机也会维护高速缓存,以减少对本地域名服务器的访问次数。

◈ 15.2 实验描述

1. 实验目标

本实验要求学生掌握利用 Socket 进行网络编程的能力,并可以使用 Socket 编程模拟 DNS 的工作过程,以增强对 DNS 原理的理解。

2. 实验拓扑

本实验的网络拓扑结构如图 15-4 所示(其中的设备都以进程代替,物理链路则通过 Socket 连接模拟)。

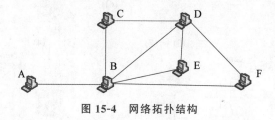

图 15-4 网络拓扑结构

3. 实验内容和要求

实验内容和要求如下:

(1) 创建 6 个进程。

- A 进程代表客户端主机,向 DNS 发出查询请求。A 具有高速缓存,保存了已经查询过的域名与 IP 地址映射的信息。
- B 代表本地域名服务器,作为 DNS 客户端,代替 A 查询 IP 地址。B 具有高速缓存,保存了已经查询过的域名与 IP 地址映射的信息,以及以前查询途经的域名服务器的地址。
- C 代表根域名服务器,保存了 com 的顶级域名服务器的地址。
- D 代表 com 的顶级域名服务器,保存了 abc.com 和 def.com 两个权限域名服务器的地址。
- E 代表 abc.com 的权限域名服务器,具有从域名到 IP 地址的映射信息数据库,保存了从 a.abc.com 到 z.abc.com 的域名的 IP 地址。

- F 代表 def.com 的权限域名服务器,具有从域名到 IP 地址的映射信息数据库,保存了从 a.def.com 到 z.def.com 的域名的 IP 地址。

（2）IP 地址设置。

- 本地域名服务器(B)的 IP 地址为 222.1.1.100。
- 根域名服务器(C)的 IP 地址为 222.2.1.100。
- com 的顶级域名服务器(D)的 IP 地址为 222.3.1.100。
- abc.com 的权限域名服务器(E)的 IP 地址为 222.4.1.100。
- def.com 的权限域名服务器(F)的 IP 地址为 222.5.1.100。
- a.abc.com 到 z.abc.com 的 IP 地址为 222.4.1.101～222.4.1.126。
- a.def.com 到 z.def.com 的 IP 地址为 222.5.1.101～222.5.1.126。
- 以上 IP 地址都是虚拟的,仅供实验使用,不是编程所需。

（3）高速缓存。

- 客户端进程(A)具有高速缓存,保存了已经查询过的域名与 IP 地址的映射信息。下次再查询的时候,先查询自己的高速缓存。
- 本地域名服务器进程(B)具有高速缓存,保存了已经查询过的域名与 IP 地址的映射信息,以及以前查询途经的域名服务器的地址。除了具有进程 A 高速缓存的作用外,还要借助途经的域名服务器的地址信息,减少不必要的"绕道"。
- 不管是进程 A 还是进程 B,在本地高速缓存中,针对每一个地址信息项都设置一个计时器,如果计时器超时(2min;实际上这个时间很长,例如若干天),则删除该信息项。

（4）查询方式。

- 在 A 上具有查询方式的选择项供用户选择。进程 A 在此之后启动的查询过程根据用户的选择结果进行工作。
- 0 代表迭代查询方式,1 代表递归查询方式。
- 在查询报文中,应该携带用户选择的查询方式,便于相关域名服务器依据该查询方式进行工作。

（5）每一个查询方式都要完成下面的查询过程。

- A 查询 a.abc.com 的 IP 地址。
- A 查询 a.abc.com 的 IP 地址,借助于高速缓存,A 不需要查询本地域名服务器就可以完成任务。
- A 查询 x.abc.com 的 IP 地址。本地域名服务器借助于高速缓存,直接向 abc.com 的权限域名服务器(进程 E)发起查询。
- A 查询 b.def.com 的 IP 地址。本地域名服务器借助于高速缓存,直接向 com 的顶级域名服务器(进程 D)发起查询。

（6）关于显示。

- 各个进程具有自己的界面,显示自己的工作情况。
- 界面上应该体现查询过程。

- 客户端进程和本地域名服务器进程需要显示自己的高速缓存。
- 如果查询不到指定域名的 IP 地址,需要显示错误信息。

◇ 15.3 实验分析和设计

15.3.1 用例分析

1. 客户端进程用例分析

客户端进程(A)包括两个主要的工作,即发送请求和接收响应。因为这两个工作比较连贯,在实际使用中也没有异步执行的需求,所以将这两个工作合并在一个方法中完成即可。

在接收到响应后,客户端进程 DNS 模块需要将请求的结果保存在高速缓存中,而涉及了高速缓存,就需要有扫描该高速缓存信息项是否过期的功能。因此用例图中应该添加高速缓存管理这个用例。

客户端进程的工作总体上比较简单。客户端进程用例图如图 15-5 所示。

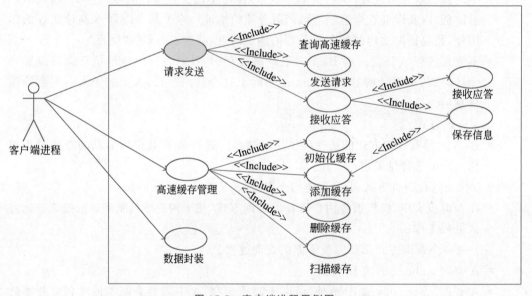

图 15-5 客户端进程用例图

请求发送用例是整个实验过程的发起者,这里以请求发送用例为例,其用例描述如表 15-1 所示。

表 15-1 请求发送用例描述

名称	请求发送用例
标识	UC0101

续表

描述	1. 获得目的主机的域名。 2. 查询本地是否存在该域名的高速缓存信息。 3. 如果不存在,则发送请求报文给本地域名服务器。 4. 等待并接收来自本地域名服务器的应答消息。 5. 将应答结果保存到高速缓存中
前提	用户输入了目的主机的域名,单击"开始"按钮
结果	获得目的主机的域名对应的 IP 地址并保存到高速缓存中
注意	客户端进程知道本地域名服务器的 IP 地址

2. 本地域名服务器进程用例分析

本地域名服务器进程(B)是本实验的重心,主要工作包括 3 个:接收请求报文,向其他域名服务器进程发送请求,将应答信息发给客户端进程。同样,这个工作过程也无须将这 3 个功能分开独立,可以在接收请求过程中一体完成。

整个处理过程因为客户端进程选择的请求方式(迭代查询、递归查询)不同而在执行的组织上有所不同。对于迭代查询方式,本地域名服务器进程需要全程参与查询的过程;对于递归查询方式,本地域名服务器进程工作较少。

本地域名服务器进程用例图如图 15-6 所示。其中,最重要的工作就是查询请求的接收以及随后的各种处理。

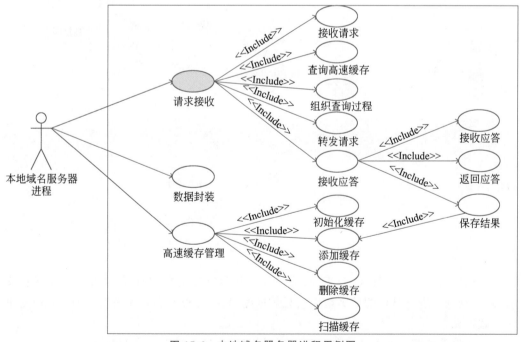

图 15-6　本地域名服务器进程用例图

以请求接收用例为例,其用例描述如表 15-2 所示。

表 15-2   请求接收用例描述

名称	请求接收用例
标识	UC0201
描述	1. 从 Socket 中读取请求报文。 2. 解析报文,获得查询方式。 3. 组织查询过程。 4. 获得应答报文。 5. 应答报文保存进入高速缓存。 6. 应答结果通过 Socket 返回给客户端进程
前提	从 Socket 中读取请求报文
结果	应答结果返回给客户端进程
注意	组织查询过程是本用例的重点。 本地域名服务器进程至少应该知道根域名服务器进程的 IP 地址(编程和实验中都需要,编程时还需要知道端口号)。 本地域名服务器进程在收到请求报文后,不能随意断开与上一步的 Socket 连接

3. 其他域名服务器进程用例分析

其他域名服务器进程(包括根域名服务器、顶级域名服务器和两个权限域名服务器)的用例图如图 15-7 所示。

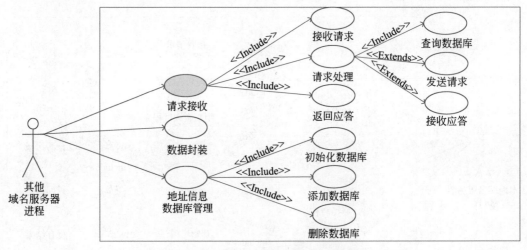

图 15-7   其他域名服务器进程用例图

其他域名服务器进程(C、D、E、F)完成的工作和过程基本相似,都是在收到请求报文后,首先查询本进程维护的域名地址信息数据库,只有在查不到时才根据查询方式决定下一步做什么:

- 如果是递归查询方式,则向下一步的域名服务器进行进一步的查询。
- 如果是迭代查询方式,则返回下一步的域名服务器的 IP 地址给本地域名服务器。

从接收请求到返回应答这个过程,同样可以在请求接收用例中一体完成所有工作。

在图 15-7 中,最重要的工作就是查询请求的接收以及随后的各种处理。以请求接收用例为例,其用例描述如表 15-3 所示。

表 15-3　请求接收用例描述

名称	请求接收用例
标识	UC0301
描述	1. 从 Socket 中读取请求报文。 2. 获得查询方式。 3. 查询数据库,获得最终结果或者下一步的域名服务器的 IP 地址信息。 4. 根据查询方式组织查询过程。 5. 生成应答报文。 6. 应答结果通过 Socket 返回给前一个进程
前提	从 Socket 中读取请求报文
结果	应答结果返回给前一个进程
注意	组织查询过程是本用例的重点。 各个域名服务器需要事先组织好自己的域名信息库,并且知道自己的下一步是什么域名服务器,IP 地址是什么。 其他域名服务器进程在收到请求报文后,不能随意断开与上一步的 Socket 连接

15.3.2　时序图

本实验的时序图如图 15-8 所示。该时序图是以迭代查询方式进行查询的过程。

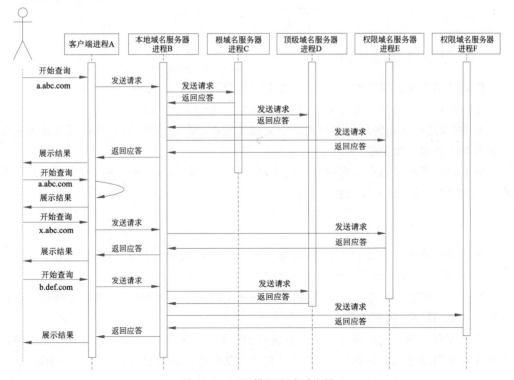

图 15-8　DNS 模拟实验时序图

15.3.3　部署图

在本实验中,多个进程可以部署在多台计算机上,也可以部署在同一台计算机上。这里假设实验是部署在多台计算机上的,这样,各个进程可以具有随意的端口号。如果因为实验条件所限,确实需要把所有的进程都部署在同一台计算机上,因为各个进程所需的 IP 地址相同,所以需要为这些进程设置不同的端口号,以防止冲突。

本实验的部署图如图 15-9 所示,其中的连线表示双方需要进行通信。

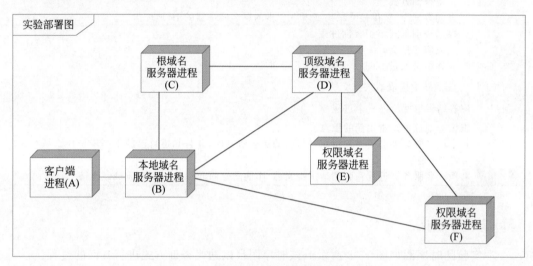

图 15-9　实验部署图

15.3.4　系统体系结构设计

针对域名系统的模拟实验,系统总体上可以分为 3 部分,分别是客户端进程、本地域名服务器进程和其他域名服务器进程,其体系结构如图 15-10 所示。

其中,发送模块是将从上层收到的相关报文发送给指定的接收者,接收模块从下层收到相关报文并提交给上层。

数据封装模块将用户数据封装成报文;数据解析模块对报文进行解析,得到用户的查询/结果数据以及一些必要的控制信息。

1. 客户端进程

客户端进程作为请求的发送者,是整个模拟过程的最初发起者。其主要工作由发送控制模块、高速缓存管理模块两个模块完成。

发送控制模块形成请求报文后,将请求报文发给本地域名服务器,然后等待后者返回查询的结果,最后对结果进行展示。

高速缓存管理模块主要完成对高速缓存的维护,包括插入、查询等。另外,该模块还借助计时器模块完成对高速缓存的扫描,并且当某些地址映射信息超时时将其删除。

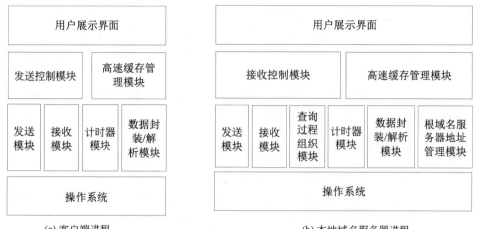

(a) 客户端进程　　　　　　　(b) 本地域名服务器进程

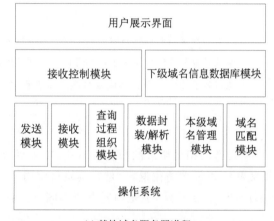

(c) 其他域名服务器进程

图 15-10　系统体系结构

2. 本地域名服务器进程

本地域名服务器进程是本实验的核心,其主要工作由接收控制模块和高速缓存管理模块完成。

接收控制模块负责组织请求报文的接收和处理过程,包括:接收从客户端进程发来的请求,组织后续的查询工作,保存查询的结果,并将查询结果发送给客户端进程。其中可以借助查询过程组织模块完成查询的整个过程。

根域名服务器地址管理非常简单,记录根域名服务器的地址信息即可。

3. 其他域名服务器进程

其他域名服务器进程包括根域名服务器进程、顶级域名服务器进程和权限域名服务器进程,其主要工作由接收控制模块和下级域名信息数据库模块完成。

接收控制模块负责组织请求报文的接收和处理过程,包括:接收从客户端进程发来的请求,组织后续的查询工作,并将查询结果发给前一跳域名服务器进程(根据查询方式的不同而不同)。其中可以借助查询过程组织模块完成查询的整个过程。

下级域名信息数据库模块主要管理自己下属的主机/域名服务器的 IP 地址信息,包括插入、查询等。可以借助域名匹配模块完成查询的过程。

本级域名管理模块非常简单,其作用是记录本域名服务器的域名字符串(例如 com、abc.com),以方便在查询的过程中进行匹配。

15.3.5 报文格式设计

本实验涉及多个角色进程之间的交互,为了规范各个角色进程之间的通信处理,特定义了报文类型字段,它包括的报文类型如表 15-4 所示。针对这些报文类型以及后面定义的报文格式,读者可以根据自己的设计需要进行修改和完善。

表 15-4 报文类型

类型号	类 型	应 用 场 景
0	请求报文	客户端进程发给本地域名服务器进程的请求报文
1	应答报文	本地域名服务器进程发给客户端进程的查询结果报文
2	查询路径报文	本地域名服务器进程和其他域名服务器进程之间以及各个其他域名服务器进程之间进行交互的报文,综合了请求信息和查询结果信息。最终的查询路径报文包含了一条查询途径的服务器地址链

本实验是模拟实验,不必遵循相关协议的报文段格式,知道原理即可。

本实验涉及请求报文和应答报文的往返,但是本实验只使用了一种格式,即不论是哪一类报文,报文的格式都如图 15-11 所示,但是内容有所不同。读者可以根据自己的设计需要进行修改和完善。

报文类型	查询方式	数据长度 (len)	数据
1字节	1字节	2字节	len字节

图 15-11 报文的格式

报文格式非常简单,其中:

- 报文类型:如表 15-4 所示的类型号。
- 查询方式:用户采用什么方式进行查询。0 为迭代查询方式,1 为递归查询方式。
- 数据长度:二进制数,占 2 字节,代表后续数据的长度。
- 数据:用户具体的查询请求信息和应答信息。根据报文类型的不同而有所不同。

下面对数据部分进行分类讲解。

1. 请求报文

该类报文相对简单,数据部分仅需包括一个域名地址即可,例如"a.abc.com"。

2. 应答报文

该类报文是对请求报文的应答,在请求报文数据部分增加了查询的结果。有以下两类查询结果:

(1) 如果查询到了相应的 IP 地址,则将该 IP 地址附在域名信息后,中间以“:”隔开,并以“＊”结尾,例如“a.abc.com:222.4.1.101＊”。

(2) 如果查不到指定的 IP 地址,则在数据后方以@结束即可,例如“a.abc.com@”。

3. 查询路径报文

该类报文就较为复杂了,数据部分又可以分为两节,第一节是需要查询的域名,第二节是查询过程中经过的域名服务器组成的路径,两者中间以“♯”隔开。

需要查询的域名即用户输入的域名,例如“a.abc.com”。

查询的路径是由一串地址信息组成的,每一个地址信息代表了一个域名服务器,地址信息的格式是“域名:IP 地址”,多个地址信息中间用“;”隔开,并且规定这些地址出现的顺序符合域名服务器的顺序(不需要包括本地域名服务器,因为客户端必须事先知道本地域名服务器的地址;也不需要包括根域名服务器,因为本地域名服务器必须事先知道根域名服务器的地址)。

开始查询时,只有需要查询的域名,即数据部分为“a.abc.com”。

经过本地域名服务器、根名服务器和顶级域名服务器后,数据部分为 a.abc.com♯com:222.3.1.100。

经过本地域名服务器、根域名服务器、顶级域名服务器和权限域名服务器,并查到a.abc.com 的 IP 地址后,数据部分为“a.abc.com♯com:222.3.1.100;abc.com:222.4.1.100;a.abc.com:222.4.1.101”。

为了方便处理,本实验设计了两个结尾符:

- 如果最终查到了指定的 IP 地址,则在整个报文的最后添加“＊”。例如,当查询a.abc.com 时,报文的数据部分为“a.abc.com♯com:222.3.1.100;abc.com:222.4.1.100;a.abc.com:222.4.1.101;＊”。
- 如果最终查不到 IP 地址,则经过了哪些域名服务器就写入相应的地址,并在结尾处添加“@”。例如,如果 abc.com 的权限域名服务器中查不到 aa.abc.com 的 IP 地址,则数据部分为“aa.abc.com♯com:222.3.1.100;abc.com:222.4.1.100;@”。

15.3.6　类图

1. 客户端进程的相关类图

客户端进程的相关类主要完成以下 3 个工作:

- 发送请求报文给本地域名服务器进程 B。
- 接收来自进程 B 的应答信息。
- 把查询的结果放入高速缓存。

客户端进程的相关类图如图 15-12 所示。

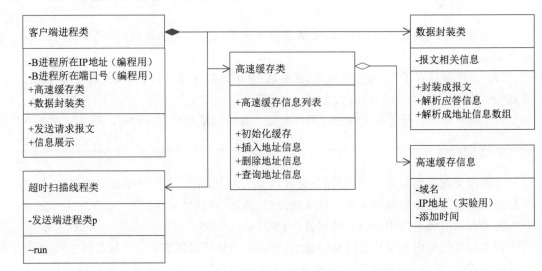

图 15-12　客户端进程的相关类图

　　其中客户端进程类是本程序的主类,也充当了多个类的纽带,并提供了信息展示的方法。

　　客户端进程发送查询请求(包括以上 3 个工作)的完整过程耗时很短,所以没有必要设立专门的线程完成,在客户端进程类里面完成即可。

　　超时扫描线程类定期(0.5s)扫描高速缓存一次,如果发现有地址信息超时的情况,则删除这些信息。

2. 本地域名服务器进程的相关类图

本地域名服务器进程(B)的相关类主要完成以下 4 个工作:

- 接收来自客户端进程 A 的请求报文。
- 根据查询方式组织后续查询工作。
- 记录查询结果。
- 返回应答报文给进程 A。

本地域名服务器进程的相关类图如图 15-13 所示。

　　其中本地域名服务器进程类是本程序的主类,也充当了多个类的纽带,并提供了信息展示的方法。

　　本地域名服务器进程因为要及时地处理来自客户端进程的请求报文,又不能阻塞其他操作,所以应该采用多线程技术实现接收的过程。上面涉及的工作都由请求报文接收线程类完成。

　　同样,该进程也设置了超时扫描线程类,该类定期(0.5s)扫描高速缓存一次,如果发现有地址信息超时的情况,则删除这些信息。

3. 其他域名服务器进程相关类

其他域名服务器进程的相关类主要完成以下 3 个工作:

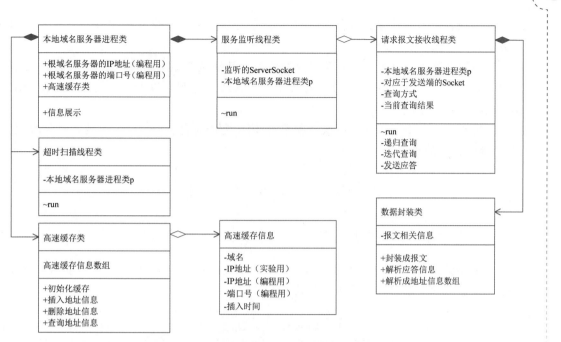

图 15-13　本地域名服务器进程的相关类图

- 接收来自前一步域名服务器的请求报文。
- 根据查询方式组织后续查询工作。
- 返回应答报文给前一步域名服务器。

其他域名服务器进程(C、D、E、F)的相关类图如图 15-14 所示。

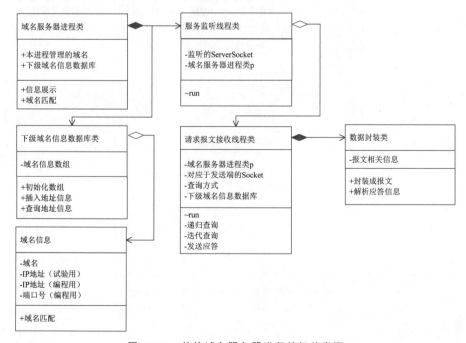

图 15-14　其他域名服务器进程的相关类图

其中域名服务器进程类是本程序的主类,也充当了多个类的纽带,并提供了信息展示的方法。

其他域名服务器进程因为要及时地处理来自其他域名服务器进程的请求报文,又不能阻塞其他操作,所以应该采用多线程技术实现接收的过程。以上涉及的工作都由请求报文接收线程类完成。

该进程需要一个下级域名信息数据库类,用于完成对自己管理的下级域名服务器/主机 IP 地址信息的管理。

◆ 15.4 实 验 实 现

15.4.1 客户端进程处理流程

在本实验中,客户端进程是整个流程的发起方,主要工作都体现在发送请求的这个过程中。该进程发送请求流程的活动图见图 15-15。

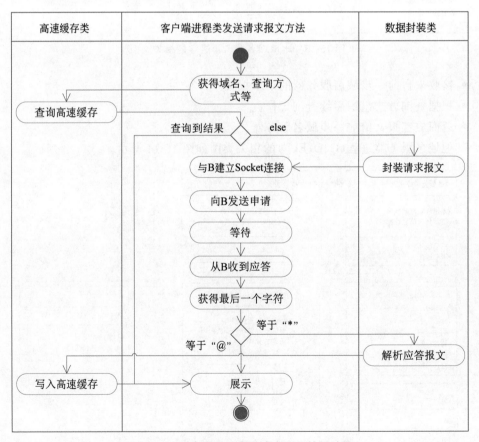

图 15-15 客户端进程发送请求流程的活动图

算法步骤如下:

(1) 用户输入域名,选择查询方式,单击"查询"按钮获取 IP 地址。

(2) 查询本地高速缓存,查看是否存在所查域名的相关信息。如果有,则转向(9);否则转向(3)。

(3) 调用数据封装类,将域名、查询方式等信息封装成请求报文。

(4) 获得本地域名服务器进程(B)的地址,与进程 B 建立 Socket 连接,将请求发给进程 B。

(5) 阻塞等待。

(6) 收到进程 B 的应答消息。获得数据的最后一个字符。如果该字符等于"@"(没有查到),则转向(9);否则转向(7)。

(7) 调用数据封装类对应答报文进行解析,获得请求的域名的 IP 地址。

(8) 将请求的域名与 IP 地址保存到高速缓存中。

(9) 调用界面展示函数进行展示。

超时扫描流程

超时扫描是客户端进程针对高速缓存进行是否过期检查时所做的一个工作,由超时扫描线程类完成。如果该类发现某些地址信息项已经存在太长时间,则删除这条信息。算法每 0.5s 执行一次,步骤如下:

(1) 扫描高速缓存,获得每一个地址信息项。

(2) 获得建立时间 T_{est}。

(3) 计算持续时间=now$-T_{est}$,如果持续时间超过 2min,则删除该信息项。

(4) 展示。

该算法较为简单,这里不再给出活动图。

15.4.2　本地域名服务器进程处理流程

本地域名服务器进程(B)主要有两个工作:一个是接收客户端进程发来的申请报文并进行处理;另一个是扫描本地高速缓存。其中后者和客户端进程的扫描过程相似,这里不再赘述。下面对请求报文接收线程的处理流程进行讲解。

请求报文接收线程的主要工作就是在收到请求报文后组织后续的查询工作。

在实验编程实现时一定要注意,这个接收工作的过程中获得的所谓地址信息(Add)都是虚拟的(例如根域名服务器的地址是 222.2.1.100),是实验假设的 IP 地址。而实际编程过程中使用 Socket 连接时,需要用到真实的 IP 地址和端口号,读者可以自己建立虚拟地址和真实地址之间的对应关系,根据对应关系得到真实的地址信息。

报文接收过程执行的算法如下(由于报文格式设计的原因,查询方式在本算法中没有用到,但是被后续域名服务器的查询过程使用了):

(1) 从 Socket 收到请求报文。

(2) 调用数据封装类进行报文解析,获得待查域名信息和查询方式等控制信息。

(3) 将全部域名分成若干级。例如,a.abc.com 分为 3 级:三级为 a.abc.com,二级为 abc.com,一级为 com。

(4) 从最低级(第三级)到最高级(第一级)查询本地高速缓存,查看是否有相关地址信息。

（5）如果最低级有地址信息，则转向(15)；否则转向(6)。

（6）找到最长的域名对应的地址信息 Add(如果有第二级就用第二级的地址信息，否则用第一级的地址信息；若两者都查不到，则使用根节点)。

（7）令查询路径报文为收到的请求报文＋地址信息。

（8）将查询路径报文发给 Add 所指域名服务器。

（9）等待并获得返回的查询路径报文。

（10）如果查询路径报文最后一个字符是"＊"或"@"，表明查询过程结束，转向(12)；否则转向(11)。

（11）获得查询路径的最后一个地址信息，令 Add 为该地址。转向(8)。

（12）解析查询路径报文，将获得的地址信息写入高速缓存。

（13）如果查询路径报文的最后一个字符是"@"，表明结果为查询失败，转向(14)；否则转向(15)。

（14）将查询失败的信息封装成应答报文，发送给客户端进程。转向(16)。

（15）将查询的域名、查询方式和查询到的 IP 地址封装成应答报文，发送给客户端进程。

（16）关闭客户端进程的 Socket 连接。

（17）调用界面展示函数进行展示。

算法活动图见图 15-16。

15.4.3　其他域名服务器进程处理流程

其他域名服务器进程(C~F)主要有两个工作：一个是接收请求报文并进行处理；另一个是管理下属域名信息数据库。其中后者功能较为简单，可以借助文件或者数据库完成，这里不再赘述。下面对请求报文接收线程的处理流程进行介绍。

请求报文接收线程的主要工作就是在收到请求报文后，根据查询方式组织后续的查询工作。算法活动流程见图 15-17。

请求报文接收处理过程执行的算法如下：

（1）从 Socket 读取查询路径报文。

（2）调用数据封装类进行报文解析，获得待查域名信息、已经过的查询路径和查询方式等信息。

（3）查询下级域名信息数据库，查看是否存在针对待查域名的地址信息。如果存在，则将查到的地址信息和"＊"符号(表示查询成功)加入查询路径报文中，转向(11)；否则转向(4)。

（4）根据自己承担的角色(根域名服务器、顶级域名服务器或权限域名服务器)，截取待查域名。例如，如果是根域名服务器，则截取一级域名(如 com)；如果是顶级域名服务器则截取二级域名(如 abc.com)；如果是权限域名服务器，则截取三级域名(如 a.abc.com)。

（5）使用截取的域名到下级域名信息数据库中查询是否存在下一步域名服务器的地址信息。

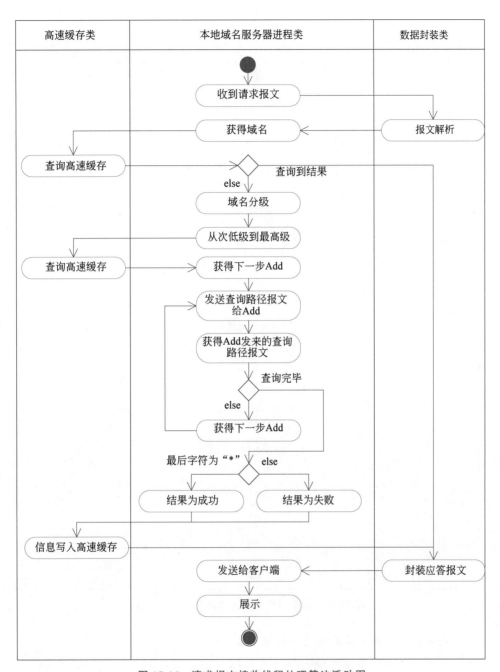

图 15-16　请求报文接收线程处理算法活动图

（6）如果查不到，则在查询路径报文最后添加"@"，表示查询失败。转向（11）。

（7）将下一步域名服务器的＜域名，地址＞映射信息添加到查询路径报文中。

（8）如果查询方式是递归式查询，则转向（9）；否则转向（11）。

（9）将查询路径报文发送给下一步域名服务器。

（10）等待并获得返回的查询路径报文。

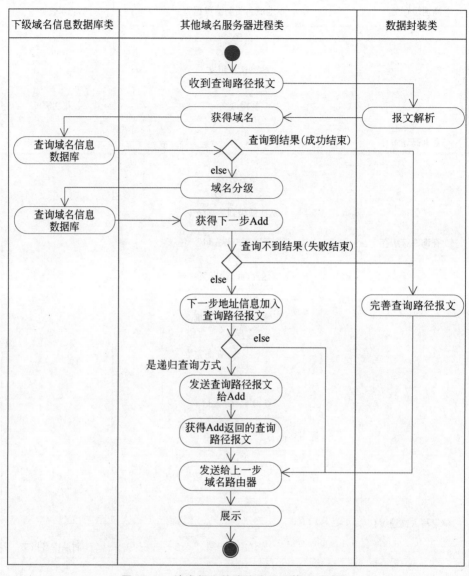

图 15-17   请求报文接收线程处理算法活动图

（11）将查询路径报文发送给上一步域名服务器。

（12）关闭上一步域名服务器的 Socket 连接。

（13）调用界面展示函数进行展示。

15.4.4   界面样例

1. 客户端进程界面样例

针对本实验，客户端进程（A）界面样例如图 15-18 所示。其中的表格可以用来显示高速缓存中的相关信息。界面中还画出了网络拓扑图,红线(在图 15-18 中用粗线代替)表示经过的路径。这里需要指出,这个拓扑图虽然画出了全部路径,但是不必在这里显示全部查询的路径(只显示 A 到 B 的路径即可)。

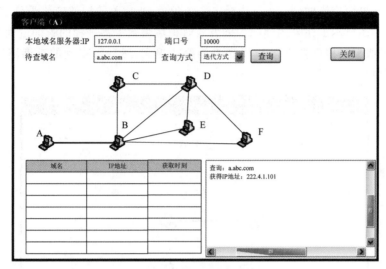

图 15-18 客户端进程界面样例

2. 本地域名服务器进程界面样例

本地域名服务器进程(B)的界面样例如图 15-19 所示。其中的表格可以用来显示高速缓存中的相关信息。界面中还显示了在采用迭代查询方式时,本地域名服务器进程的查询过程走过了哪些路径。

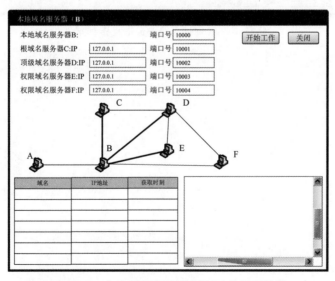

图 15-19 本地域名服务器进程(B)的界面样例

3. 其他域名服务器进程界面样例

其他域名服务器进程(C～F)的界面样例如图 15-20 所示。假设该进程充当根域名服务器角色。界面应该做到：一旦选择了一个角色，非相关的控件应该受到控制，不能进行输入。图中还显示了在采用递归查询方式时根域名服务器进程的查询过程走过了哪些路径(先向顶级域名服务器进程 D 发送查询路径报文，然后将得到的查询路径报文发送给本地域名服务器进程 B)。

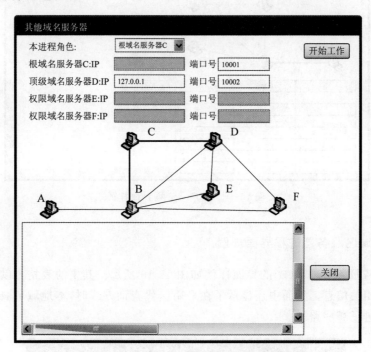

图 15-20　其他域名服务器进程界面样例

第 16 章

实现电子邮件客户端模拟实验

电子邮件(e-mail)是互联网上使用得最多和最受用户欢迎的应用之一,是使用电子设备完成邮件交换的方法,具有使用方便、传递迅速、费用低廉,可以传送多种类型的信息(包括文字信息、声音和图像等)等优势。本章将对电子邮件进行介绍,并设置了一个实验,该实验开发的系统可以和已有的邮件服务器进行交互,收发邮件。

◇ 16.1 概　　述

16.1.1 邮件系统概述

电子邮件的工作原理与日常生活中的邮寄信件非常类似:当人们要发送信件时,需要写一封信,用信封(包括地址信息和收件人姓名等)封好,从邮局寄出,邮局会把这个信件送到收件人所在地的邮局,收件人从当地的邮局获取信件。

电子邮件也有它自己的信封和内容,一般采用用户代理(如 Outlook、Foxmail 等)进行编写,当需要发送时,用户代理采用简单邮件发送协议(Simple Mail Transfer Protocol,SMTP)把邮件发送给发件人所属的邮件服务器,后者同样采用 SMTP 将邮件发送给收件人所属的邮件服务器,收件人采用收取邮件的协议(POP3 或 IMAP)就可以从自己所属的邮件服务器上访问到自己的邮件了,这个过程如图 16-1 所示。在这个过程中,所有的通信过程均采用传输层的 TCP 保证传输的可靠性。

在邮件系统中,邮件服务器具有重要的作用,其功能是发送和接收邮件,同时还要向发件人报告邮件传送的情况(已交付、被拒绝、丢失等)。从编程的角度看,邮件服务器有两个角色:

- SMTP 服务器端:邮件服务器在接收发件人/收件人的相关请求时作为服务器端。
- SMTP 客户端:发件人所属的邮件服务器在向收件人所属的邮件服务器发送邮件时作为 SMTP 客户端。

邮件系统的工作过程如下:

(1) 发件人调用用户代理撰写和编辑要发送的邮件。

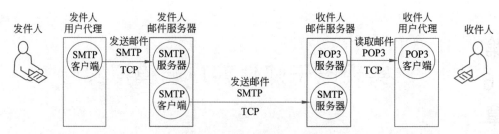

图 16-1   邮件系统的工作过程

（2）发件人的用户代理把邮件使用 SMTP 发送给发件人所属的邮件服务器。

（3）发件人所属的邮件服务器把邮件临时存放在自己的邮件缓存队列中，等待发送。

（4）发件人所属的邮件服务器在合适的时机遍历邮件缓存队列，并以 SMTP 客户端的角色与每一个收件人所属的邮件服务器建立 TCP 连接，采用 SMTP 把邮件缓存队列中的未发邮件依次发送出去。

（5）收件人所属的邮件服务器中的 SMTP 服务器在收到邮件后，把邮件放入指定收件人的用户邮箱中，等待收件人读取。

（6）收件人在需要时运行用户代理，使用 POP3（或 IMAP 等协议）访问邮件服务器中属于自己的邮件。

16.1.2   SMTP 的基本工作过程

由上可见，在邮件系统的工作过程中，SMTP 起着重要的作用。SMTP 是一个基于文本（即 ASCII 码）的协议，其客户端与服务器之间采用命令-响应的方式进行交互。

在双方建立 TCP 连接之后，接收端即返回代码 220 表示连接成功，发送端发送 EHLO 命令与接收端握手，如果一切正常，发送端将收到代码 250（表示准备就绪）。此后的邮件主体发送过程如图 16-2 所示。

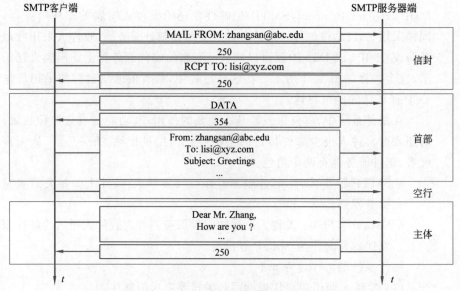

图 16-2   邮件主体发送过程

发送端发送 MAIL FROM 命令指明发件人。如果接收端 SMTP 服务器认可,则返回代码 250。发送端再发送 RCPT TO 命令指明收件人。如果接收端 SMTP 服务器也认可,则再次返回代码 250。至此,完成了信封的交互。信封交互过程结束后,发送端开始发送邮件的内容,一般建议邮件分为首部和主体两部分,中间以空行相隔。

邮件发送完毕后,SMTP 客户端发送 QUIT 命令,SMTP 服务器端发送代码 221,表示结束服务过程,双方断开 TCP 连接。

16.1.3 SMTP 的不足和扩展

1. 仅支持 ASCII 码

SMTP 非常简单,但是对于目前互联网多媒体、多语言的特点却支持不够,因为它只支持 7 位的 ASCII 码,因而不能传送二进制格式的对象(如图像、声音、视频等)以及众多的非英语文本(如中文、俄文等)。为此,在邮件系统中引入了多用途互联网邮件扩展(Multipurpose Internet Mail Extensions,MIME),从而能够支持非 ASCII 字符、二进制格式的附件等多种邮件内容。

MIME 并没有改动 SMTP 或打算取代它。它的工作方式如图 16-3 所示,仅仅对邮件主体进行了一些扩展和处理,让邮件主体符合 SMTP 要求的格式。

图 16-3 MIME 工作模式

2. 不支持认证

SMTP 命令过于简单,没有提供认证等功能。为此,又出现了扩展的 SMTP(Extended SMTP,ESMTP)。ESMTP 最显著的改进是添加了用户认证功能,在兼容 SMTP 的前提下,提出了传送非 7 位 ASCII 码的方法。

◆ 16.2 实 验 描 述

1. 实验目标

本实验要求学生掌握利用 Socket 进行网络编程的能力,并可以使用 Socket 编程实现一个简单的电子邮件客户端软件,以增强对电子邮件工作原理的理解。

2. 实验拓扑

本实验的网络拓扑结构如图 16-4 所示,只需要实现一个进程(电子邮件客户端进程A)通过 Socket 连接到已有的邮件服务器(B)即可。

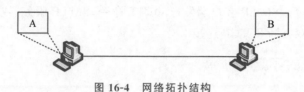

图 16-4　网络拓扑结构

3. 实验内容和要求

实验内容和要求如下:

(1) 创建一个进程 A,A 是一个邮件客户端,连接已有的邮件服务器 B。

(2) 发送过程不能采用现有的工具、函数或 API,必须根据协议一步一步进行人工操作,以实现与邮件服务器的交互。

(3) 客户端软件可以编辑、发送内容。

- 可以支持中文(允许采用相关工具提供支持)。
- 可以将撰写的内容作为草稿暂时保存,下次进入编辑界面后立即显示。

(4) 客户端可以发送电子邮件,保存已发送的邮件到文件/数据库,以便后续通过客户端可以查询自己已经发送了什么邮件(收件人、时间、内容等)。

(5) 客户端可以接收电子邮件,保存已接收的邮件到文件/数据库,以便后续通过客户端可以查询自己已经接收了什么邮件(发件人、时间、内容等)。

(6) 可选

- 建立自己的邮件服务器,发送邮件时可以发给自己的邮件服务器 SM,SM 再把邮件发送给收件人的邮件服务器。
- 可以发送附件。

(7) 关于显示。

- 每一次客户端和邮件服务器之间的操作都要在发件人的界面上显示(自己发送了什么,服务器返回了什么),并且必须单击"下一步"按钮才能继续。
- 提供查询的窗口,根据时间、收件人、发送主题对邮件进行查询。

◆ 16.3　实验分析和设计

16.3.1　用例分析

客户端进程(A)包括 3 个主要的功能:发送电子邮件、接收电子邮件和邮件维护。

前两个功能是电子邮件客户端的核心工作,并且工作都比较连贯,在现实使用中也没有并行执行的需求,所以无须采用多线程等复杂的技术加以实现。

邮件维护则需要区分待保存的电子邮件是发送出去的还是接收的。

客户端进程用例图如图 16-5 所示。

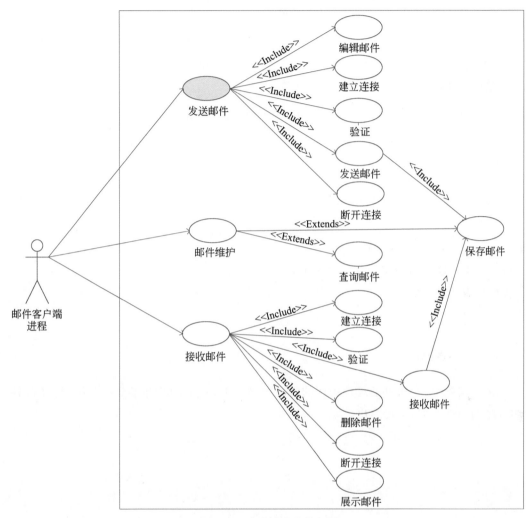

图 16-5　客户端进程用例图

　　发送电子邮件用例是本软件两个最重要的工作之一。这里先介绍发送电子邮件用例,其用例描述如表 16-1 所示。

表 16-1　发送电子邮件用例描述

名称	发送电子邮件用例
标识	UC0101
描述	1. 连接邮件服务器端。 2. 提交合法的登录信息,发送给服务器端进行验证。 3. 根据 SMTP 发送邮件。 4. 将发送的邮件保存到文件/数据库中

续表

前提	用户输入了服务器信息、登录信息、收件人信息等
结果	发送邮件成功,可以在邮件服务器收到
注意	需要和服务器交互多次,每次以命令(字符串)的形式进行发送,并接收相关代码以判断是否正确

接收电子邮件用例描述如表 16-2 所示。

表 16-2 接收电子邮件用例描述

名称	接收电子邮件用例
标识	UC0103
描述	1. 连接邮件服务器端。 2. 提交合法的登录信息,发送给服务器端进行验证。 3. 根据 POP3 接收邮件。 4. 删除邮件(一般在收取完毕后要删除服务器上的邮件)。 5. 将接收的邮件保存到文件/数据库中
前提	用户输入了服务器信息、登录信息等
结果	接收邮件成功
注意	无

16.3.2 时序图

在本实验中,发送电子邮件用例的时序图如图 16-6 所示(未带验证)。接收电子邮件的时序图与此类似,不再给出。

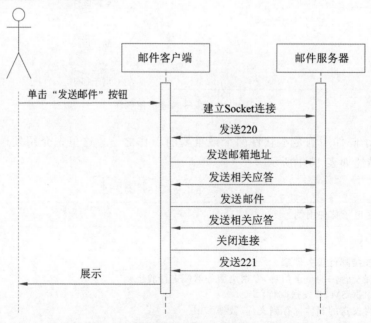

图 16-6 发送电子邮件用例的时序图

16.3.3　部署图

本实验的部署图相对简单,如图 16-7 所示,虽然图中有两个节点,但是实际上电子邮件服务器是现在网络上已存在的,不属于本实验的内容。

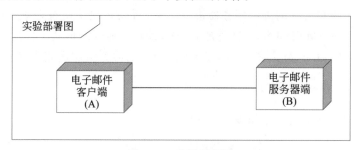

图 16-7　实验部署图

16.3.4　系统体系结构设计

电子邮件客户端软件的系统体系结构如图 16-8 所示。

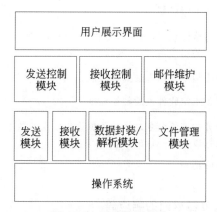

图 16-8　系统体系结构

其中,发送模块将从上层收到的命令(字符串)发送给指定的邮件服务器,而接收模块从邮件服务器收到应答数据并提交给上层。

数据封装模块提供已有的命令,结合用户数据形成符合 SMTP 的报文;而数据解析模块对应答的代码或字符串进行解析。在电子邮件客户端软件中,如果其目标只是针对传统的邮件,这个工作并不复杂;但是如果涉及 MIME 以支持非 ASCII 字符、二进制格式附件等多种格式的邮件内容,设计这个模块则将使系统具有较好的扩展性。

文件管理模块可以对保存电子邮件功能提供有效的支持。当然也可以通过一个小型数据库完成这个任务。

发送控制模块负责组织电子邮件的发送过程,包括验证过程、发送邮件等工作,还应对相关操作和结果进行展示。

接收控制模块负责组织电子邮件的接收过程,包括验证过程、接收邮件等工作,还应对相关操作和结果进行展示。

邮件维护模块负责对邮件的保存和查询功能提供支持,是用户管理电子邮件的接口。

16.3.5　报文格式设计

本实验因为要和实际的邮件服务器进行交互,所以必须采用符合规范的报文才可以完成任务。不管是 SMTP/ESMTP 还是 POP3,都是以命令的形式工作的,并且这几个协议都定义了很多的命令,每个命令都很简单,由简单的命令组操作完成整个邮件的收发。

1. SMTP/ESMTP 常用命令

SMTP/ESMTP 常用命令如表 16-3 所示。

表 16-3　SMTP/ESMTP 常用命令

命　　令	说　　明
HELO	发件人问候服务器,后面必须有发件人的服务器地址或标识
EHLO	是 ESMTP 扩展的命令,替代 SMTP 中的 HELO。 发件人问候服务器,后面必须有发件人的服务器地址或标识。后续需要有认证的过程
AUTH LOGIN	进行认证,后续过程需要输入用户名和密码。 输入的用户名、密码应以"＝"结尾
MAIL FROM	用于指定发件人的邮箱地址
RCPT TO	用于指定收件人的邮箱地址
DATA	服务器把该命令之后的数据作为发送的数据。 数据以单独一行的"."作为结束符
QUIT	中断传输

表 16-4 给出了邮件服务器返回的响应码。

表 16-4　响应码

响应码范围	状　　态
2xx	请求动作已成功完成,客户端可以继续下一步。例如 201 代表已成功处理请求并创建了新的资源
3xx	命令不被接受/执行,服务器需要更多信息。例如 302 代表资源只是临时被移动,客户端应继续使用原有地址信息
4xx	因服务器当前状态不合适而执行命令失败,但客户端下次尝试同样动作或许可以成功。例如 404 代表找不到请求的资源
5xx	命令执行失败,客户端不应继续尝试同样的动作。例如 500 代表处理请求时遇到内部错误

为了方便读者理解 SMTP 的工作,下面以 Telnet 方式登录邮件服务器,使用以上命

令进行操作(简化了相关的应答信息)。在编程过程中,以 Socket 发送指令给邮件服务器,接收应答信息的过程与此类似。

```
telnet 222.111.000.123 25        //连接服务器 25 端口,服务器 IP 地址为假设的
220                              //斜体表示回显
HELO smtp.abc.com
250
MAIL FROM: <a@abc.com >          //发件人
250                              //准备就绪
RCPT TO: <b@def.com>             //收件人
250
DATA                             //开始发送数据
354 End data with.
From: a@abc.com                  //以下的格式被认为是一种良好的邮件形式
To: b@def.com
Date: Mon, 25 Oct 2004 14:24:27 +0800
Subject: test mail
Hi, Wangwu
Happy Chinese new year.
.                                //单独的一行"."表示数据的结束
250                              //命令执行成功
quit                             //结束会话
221
```

2. POP3 常用命令

POP3 常用命令如表 16-5 所示。

表 16-5　POP3 常用命令

命令及其格式	说　明
USER username	认证用户名,username 为用户名
PASS password	认证密码,password 为密码
STAT	请求服务器回送邮箱统计资料,如邮件个数、邮件总字节数
LIST	请求返回每个邮件的标识和大小
RETR n	请求返回第 n 个邮件的全部文本
DELE n	请求将第 n 个邮件标记为删除,QUIT 命令执行时才真正删除
RSET	撤销所有的 DELE 命令
TOP n,m	返回第 n 个邮件的前 m 行内容
QUIT	结束会话

不同于 SMTP,POP3 的服务器返回的不再是代码,而是字符串,以+OK 开头的字符串表示正常,以-ERR 开头的字符串表示失败。

为了方便读者理解 POP3 的工作,下面以 Telnet 方式登录邮件服务器,使用以上命令进行操作(简化了一些回显信息)。在编程过程中,以 Socket 发送指令给邮件服务器,接收应答信息的过程与此类似。

```
telnet 222.111.333.22 110              //使用 telnet 命令连接服务器 110 端口
+OK Mail Server POP3 ready             //斜体表示回显
USER username                          //输入用户名
+OK
PASS password                          //输入密码
+OK 2 messages
STAT                                   //邮箱状态
+OK 2 6415                             //2 为该信箱总邮件数,6415 为总字节数
LIST                                   //列出每封邮件及字节数
+OK
1 537                                  //第 1 封邮件,大小为 537 字节
2 5878                                 //第 2 封邮件,大小为 5878 字节
RETR 1                                 //接收第 1 封邮件
+OK
From: a@abc.com
To: b@def.com
Date: Mon, 27 Oct 2021
Subject: test mail
Hi, Wangwu
Happy Chinese new year!
Yours respectfully.
DELE 1                                 //标记第 1 封邮件为删除
+OK
QUIT                                   //结束会话
+OK                                    //执行命令成功,删除第 1 封邮件
```

16.3.6 类图

客户端进程(A)的相关类图如图 16-9 所示。

其中客户端进程类是本程序的主类,也充当了多个类的纽带,并提供了信息展示的方法。

依据前面的分析,客户端进程的相关类主要完成以下 3 个工作:

- 发送一系列命令,完成邮件的发送,可以由邮件发送类完成。
- 发送一系列命令,完成邮件的接收,可以由邮件接收类完成。
- 对邮件进行保存、查询等维护,可以由邮件维护类完成。

不管邮件发送类还是邮件接收类,它们和服务器交互的过程都可以由一个方法完成,也可以划分为多个小方法。并且,这两个类中都有一个步骤控制器方法,是为了实现实验中关于界面的以下要求:每一次客户端和邮件服务器端之间的操作都要在各自的界面上显示,并且必须单击"下一步"按钮才能继续。

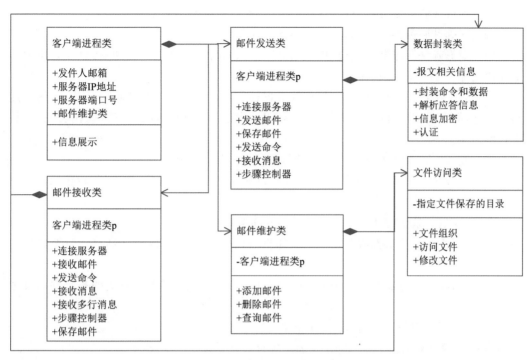

图 16-9　客户端进程的相关类图

另外,为了使得程序具有良好的扩展性,建议系统中设计一个数据封装类,以辅助完成数据的相关处理。

- 可以完成对服务器反馈代码的集中解释。
- 该类在处理相关认证的时候特别有用,可以完成对用户名和密码的加密。
- 对 MIME 进行包装。

本实验假设采用文件的形式保存邮件,一个邮件用一个文件进行保存,发送的邮件和接收的邮件保存在不同的文件夹中,文件名以发件人(针对接收的邮件)/收件人(针对发送的邮件)-时间-主题的格式进行保存。

◇ 16.4　实验实现

16.4.1　发送邮件处理流程

在本实验中,客户端进程是邮件的发起方,主要工作都体现在邮件发送类中。算法步骤如下:

(1) 建立 socket,实现与邮件服务器(设为 smtp.abc.com)的 TCP 连接。

(2) 收到邮件服务器的应答。如果是代码 220,代表成功,转向(3);否则代表失败,转向(18)。

(3) 向邮件服务器发送 EHLO 命令(EHLO smtp.abc.com)。如果不需要验证就发送 HELO 命令,并且略过(5)～(7)。

（4）等待并收取服务器响应（以代码 250 开始，可能有多行数据）。

（5）向邮件服务器发送 AUTH LOGIN 命令。

（6）根据邮件服务器的响应（以代码 334 开头），分别发送用户名和密码（此处用户名和密码需基于 Base64 进行加密）。

（7）如果用户身份认证成功，邮件服务器返回以代码 235 开头的响应，则表示用户连接并登录成功，可以进行后续的邮件发送，此结果代表成功，转向（8）；否则代表失败，转向（18）。

（8）发送一条 MAIL FROM 命令给邮件服务器。

（9）等待并收取邮件服务器响应。如果是代码 250，代表成功，转向（10）；否则代表失败，转向（18）。

（10）发送一条 RCPT TO 命令给邮件服务器。

（11）等待并收取邮件服务器响应。如果是代码 250，代表成功，转向（12）；否则代表失败，转向（18）。

（12）向邮件服务器发送一条 DATA 信息，告诉服务器，接下来发送的是邮件的具体内容。

（13）向邮件服务器发送邮件的具体内容。

（14）发送<CRLF>.<CRLF>表示邮件发送结束。

（15）等待并收取邮件服务器的响应。如果是代码 250，代表发送成功；否则代表失败。

（16）发送 QUIT 命令给邮件服务器。

（17）等待并收取邮件服务器的响应。如果是代码 221，代表成功；否则代表失败。

（18）断开连接。

（19）调用界面展示函数展示发送成功/失败的信息。

发送邮件处理流程活动图见图 16-10。

16.4.2　客户端收取邮件流程

在接收邮件的过程中，因为有人为选择的因素，导致流程可能多样化，这里以最简单的一个正常流程（包含了界面上的多个操作的集合：连接服务器，列出所有邮件列表，获取其中一个邮件）加以阐述。

邮件接收过程执行算法如下：

（1）建立 Socket，实现与邮件服务器（设为 pop.abc.com）的 TCP 连接。

（2）等待邮件服务器的响应。如果邮件服务器返回的报文为+OK 开头的字符串，则表明连接成功，转向（3）；否则说明连接邮件服务器失败，转向（11）。

（3）使用 USER 和 PASS 命令分别向邮件服务器发送用户名和密码，以进行用户身份的认证。

（4）等待邮件服务器的响应。如果邮件服务器返回的报文均为+OK 开头的字符串，则说明用户认证并登录成功，转向（5）；否则说明认证失败，转向（11）。

（5）使用 LIST 命令，向邮件服务器申请邮件列表。

图 16-10　发送邮件处理流程活动图

（6）等待邮件服务器的响应。如果邮件服务器返回的报文以+OK 开头，则说明执行成功，读取并展示邮件列表，转向（7）；否则说明处理失败，转向（11）。

（7）使用 RETR 命令,向邮件服务器申请获取某个邮件的详细信息。

（8）等待邮件服务器的响应。如果邮件服务器返回的报文以+OK 开头,则说明返回成功,读取邮件、解析邮件、展示邮件详细信息,转向(9);否则说明获取失败,转向(11)。

（9）向邮件服务器发送 QUIT 命令。

（10）等待邮件服务器的响应。如果邮件服务器返回的报文以+OK 开头,则说明接受此命令。

（11）断开连接。

（12）调用界面展示函数进行展示。

接收邮件处理流程活动图见图 16-11。

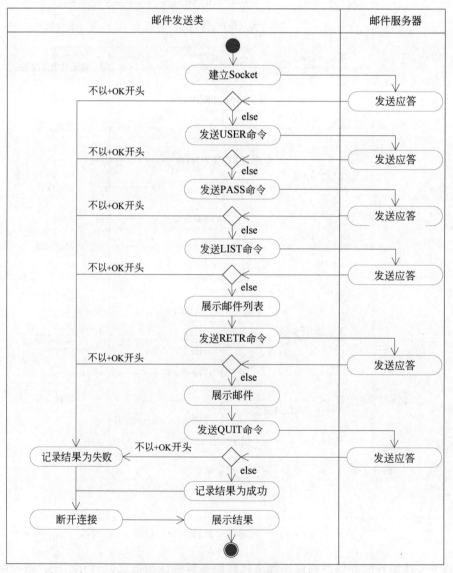

图 16-11 接收邮件处理流程活动图

16.4.3　界面样例

1. 邮件客户端界面样例

运行程序后，邮件客户端界面如图 16-12 所示。可以在该界面连接服务器，读取邮件列表，并且选择一个邮件后查看该邮件的具体内容。

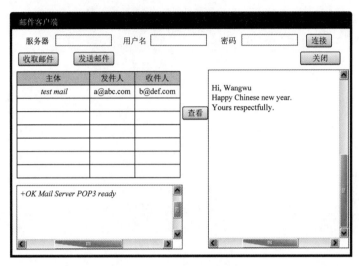

图 16-12　客户端界面样例

2. 发送邮件界面样例

在邮件客户端界面上，单击"发送"按钮，进入发送邮件界面，如图 16-13 所示。

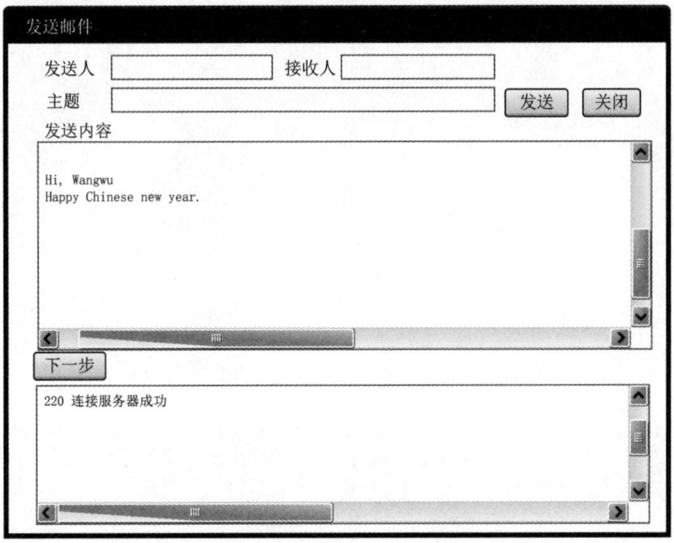

图 16-13　发送邮件界面样例

第5部分 云计算技术及模拟实验

云计算(cloud computing)技术作为分布式计算(distributed computing)[①]的一个重要成果,是一种全新的网络应用概念。其主要目的是提供一种全新的服务,这种服务可以像使用水、电一样方便地使用计算、存储等资源,而不需要考虑这些服务是哪里提供的,有多少软硬件对服务进行支持。云计算的出现,意味着计算能力也可以作为一种商品进行流通了。

云计算技术可以聚集大量服务器,整合其资源(计算资源、存储资源等),以处理数据规模巨大的计算任务;也可以把规模巨大的资源分成若干份,提供给不同的用户,让他们感觉自己"独自"占用了一台服务器。

为了实现以上目标,云计算技术需要涉及很多技术,例如并行计算、同步、负载均衡、资源监控和调度、迁移、虚拟化、数据分布式存储等。一个云计算平台只有拥有良好的体系架构和系统模型,才能够把这些繁杂的技术融合在一起,有效地工作。最早提出并得以推广的是谷歌公司的云计算架构和模型,随后各个国家的各大公司也纷纷推出了自己的云计算架构和模型。

本部分首先介绍云计算的概念和谷歌公司的云计算模型,然后给出一个云计算的模拟实验,通过该实验,读者可以对云计算的一些基本功能有所了解。

---

① 所谓分布式计算,就是在两个或多个软件实体之间通过交互进行信息交流和共享,完成某个共同的任务,这些软件既可以在同一台计算机上运行,也可以在通过网络连接起来的多台计算机上运行。

第 17 章

云计算技术

◇ 17.1 概 述

17.1.1 云计算的概念

云计算的一个最初出发点是使网络上众多分散的计算机协同工作,并行计算,以处理大型的任务。对云计算较为简单的一个解释是:把需要解决的大型任务分发给不同的计算机,最后把各个计算机的计算结果进行合并以得出最后的结果。但是,这种协调工作必须对使用者透明,为用户屏蔽诸如数据中心管理、大规模数据处理、应用软件部署等复杂问题,要让用户感觉到像使用电能一样方便。

随着大型数据中心的出现(谷歌、百度等公司在世界各地拥有大量的计算机组成的集群,见图 17-1),这种目标有所扩展。数据中心具有大量的高性能计算机,每一台计算机的性能都可以满足很多应用的需求。如何把这些资源合理化细分并提供给用户使用的问题促进了云计算的快速发展。

图 17-1 百度数据中心一角

当前云计算技术的思想可以总结为:把分布在各地的资源(计算资源、存储资源等)进行统一的管理,形成逻辑上一体的庞大资源库,针对不同用户的不同需求,调用一部分资源为各个用户服务。一次任务分配的资源可能分布在不同地区、不同数据中心的不同设备中,并且在计算过程中可能会根据具体情况进行资源的重新调度和分配。

人们对云计算的定义非常多。一个通常的定义是：云计算是一种利用互联网实现随时随地、按需、便捷地访问共享资源池(包含计算设施、存储设备、信息数据、应用软件等资源),按使用量进行付费的计算模式。

一般情况下,用户和云计算服务提供商需要通过协商实现双方可以接受的服务方案、服务质量以及服务费用。通过云计算,用户可以根据自身业务负载的需求快速申请或释放资源,并以按需支付的方式为自己使用的资源付费。

云计算是分布式计算、并行计算(parallel computing)、效用计算(utility computing)、网络存储(network storage)、虚拟化(virtualization)、负载均衡(load balance)等传统计算技术和网络技术发展、融合的产物。

作为信息产业的一大创新,云计算模式一经提出便得到了工业界、学术界的广泛关注。国内外各大 IT 公司(如亚马逊、谷歌、华为、百度、阿里等)纷纷推出了自己的云计算平台。此外,以 Hadoop、Eucalyptus 等为代表的开源云计算平台的出现加速了云计算服务的研究和普及。

17.1.2 虚拟化技术的引入

从管理的角度看,云计算可以有两种基本模式:
- 多个资源"组装"成大规模资源,为大型应用提供服务。
- 大型资源"拆分"成多个小型资源,为小型应用提供服务。

不管是哪种模式,为了提高管理的灵活性,并让用户感到自己使用的服务(特别是计算服务)是专享的(有专门的计算机在为自己服务),利用虚拟化技术把上述资源虚拟化为一台独立的设备(如计算机)都是非常理想的一种方式。

通过虚拟化,设备的性能和指标可以根据用户的需求进行定制,即云中的各种资源在用户看来是可以无限扩展的,云计算甚至可以让用户体验每秒上万亿次的运算能力。

如果读者觉得有些抽象,那么可以试用一下虚拟机软件,如 VMware、Virtual PC、VirtualBox、KVM、Xen 等。在这些软件中,用户可以安装和同时运行多个操作系统(如 Windows、Linux 等)。VMware 的界面如图 17-2 所示(在 VMware 中安装了多个操作系统,包括 Windows XP 和 Windows 7)。

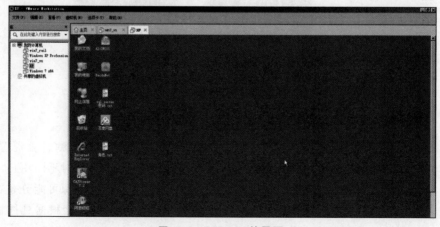

图 17-2　VMware 的界面

　　针对每一个虚拟机（即操作系统），都可以指定不同的硬件资源（CPU 个数、内存大小、硬盘大小等），如图 17-3 所示。

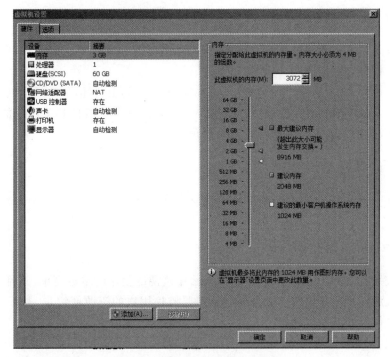

图 17-3　指定虚拟机的硬件资源

　　假如对这些不同的操作系统按照用户的需求分配不同的硬件资源，安装不同的软件，租给不同的用户使用，就可以简单地实现云计算的某些功能了。当然，这只是实现了云计算的第二种模式而已。

17.1.3　云计算的特点

　　云计算的特点如下。

1. 超大规模

　　云一般具有相当大的规模，谷歌云计算已经拥有 100 多万台服务器，亚马逊、IBM、微软、雅虎等的云也拥有几十万台服务器。这是对外提供服务的基础。

2. 虚拟化和通用性

　　云计算支持用户在任意位置、使用各种终端获取服务。用户请求的资源来自云，这些资源可能来自多台计算机，也可能只是某一台计算机的一部分资源，不是固定的、有形的实体。虚拟化解除了用户和物理资源的绑定。

　　有了虚拟化技术，用户无须了解、也不用关心自己所需的应用运行在什么位置，只需要一台笔记本计算机或者一个手机，就可以通过网络获得其所需的服务。

这也就带来了通用性。虚拟环境不针对特定的应用,而是可以根据用户需求构造出千变万化的应用,还允许用户把自己的程序上传到云上,在通用的平台上运行。

3. 资源池化和高可扩展性

资源以共享资源池的方式统一管理,资源池将资源分享给不同的用户,资源的放置、管理与分配策略对用户透明。

有了资源池,就为高可扩展性打下了良好的基础。如上所述,用户所需的资源规模可以动态伸缩,满足应用和用户规模变化的需要。并且,这种扩展性基于用户的需求,可以做到自动分配资源,而不需要系统管理员干预。

4. 高可靠性

为了提高对外服务的质量,云应该使用数据的多副本容错、计算节点同构可互换等措施保障服务的高可靠性,做到使用云计算比使用本地计算机更加可靠。

5. 简单性和按需付费

用户按照自己的实际需要购买服务,对云中资源的使用应尽量简单,其目标是像自来水、电、煤气那样使用和计费。服务提供方需要监控用户的资源使用量,并根据资源的使用情况对提供的服务进行计费。

6. 廉价

由于云采用了专门设计,使得采用廉价的节点也可以构成云,并且云的自动化、集中式管理使大量企业无须负担日益高昂的数据中心管理和维护成本。

17.1.4　云计算的隐患

云计算可以改变信息社会的未来,但同时也有一些不可避免的问题,比较重大的就是信息安全问题了。云计算服务除了提供传统的计算服务外,一般还应提供存储服务,这样就存在着秘密数据/隐私保护的问题。

一方面,从技术上讲,云计算的安全也是有保障的,但安全角度的攻和防在 IT 信息安全领域是时时刻刻都存在的。云计算一般都处在公开的环境中,面临的风险比一般系统更多一些;而数据如果保存在公司的私网内部,面临的外部攻击相对会少一些。

另一方面,云计算中的数据对于数据所有者以外的其他用户是保密的,但是对于提供云计算的商业机构而言没有什么秘密可言。而这些商业机构都属于私营性质,仅仅能够提供商业级别的信用。对于政府机构(特别是军事等需要保密的关键部门)、商业机构(特别是银行这样持有敏感数据的商业机构)等,选择云计算服务(特别是国外机构提供的云计算服务)时应保持足够的警惕。

17.1.5　服务类型

云计算的服务类型可以分为基础设施即服务(Infrastructure as a Service,IaaS)、平台即服务（Platform as a Service，PaaS）、软件即服务（Software as a service，SaaS）。云计算体系架构如图 17-4 所示。

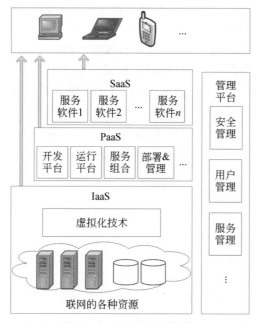

图 17-4　云计算体系架构

1. IaaS

IaaS 提供硬件基础设施的部署服务，为用户按需提供计算、存储和网络等硬件资源。在使用 IaaS 服务的过程中，用户需要向 IaaS 服务提供商提交所需的硬件资源的配置需求、运行于基础设施的基本程序以及相关的用户数据。用户可以在 IaaS 之上安装和部署自身所需的平台或者应用软件，而不需要管理和维护底层的物理基础设施。

为了优化硬件资源的分配，IaaS 应引入虚拟化技术，如 Xen、KVM、VMware 等虚拟化工具，以提供可靠性高、可定制性强、规模可扩展的服务。

2. PaaS

PaaS 提供了云计算应用软件的开发平台、运行平台、程序部署与管理服务等支撑环境。

通过 PaaS 层的软件工具和开发语言，应用软件开发者只需上传程序代码和数据即可使用服务，而不必关注底层的网络、存储、操作系统等的细节问题。

典型的 PaaS 平台有 Google App Engine、Hadoop 和 Microsoft Azure 等。值得一提的是 Hadoop（由 Apache 软件基金会维护），它是一个开源的开发平台，在可扩展性、可靠性、可用性方面进行了各种优化，使其适用于大规模的云环境。目前许多研究都基于该平台。

3. SaaS

SaaS 包含多种多样基于云计算基础平台开发的应用软件,是用户可以直接使用的一种服务。企业可以通过租用这一类现成服务解决企业信息化的问题。

典型的 SaaS 应用有 Google Apps,它将传统的桌面应用软件(如文字处理软件、电子邮件软件等)迁移到互联网,并在谷歌公司的数据中心托管这些应用软件。用户通过 Web 浏览器便可随时随地访问 Google Apps,而不需要下载/采购、安装、维护任何硬件或软件。

另外,典型的基于云平台的服务还有很多,如办公自动化(Office Automation,OA)、客户关系管理系统(Customer Relationship Management,CRM)、企业资源计划(Enterprise Resource Planning,ERP)等。

◆ 17.2 虚拟化技术

17.2.1 概念

1. 概念

虚拟化是云计算的基础性关键技术之一,是实现云计算模式的关键一步。

虚拟化是一种资源管理技术,它以软件的方法将各种实体资源(如 CPU、网络、内存、硬盘、数据等)进行重新划分、组合后予以抽象,从而呈现一个逻辑完整的虚拟视图。

虚拟化可以实现 IT 资源的动态分配、灵活调度,打破了实体结构不可分割的传统思想(这种资源的虚拟视图不受实现、地理位置或底层资源等配置的限制),使得用户可以更加轻松地应用这些资源。

本书认为虚拟化是一个解决方案,使得云计算技术可以对固定的资源根据不同的需求进行重新划分、组合,提供给用户,并且不断优化、调整资源使用的方式,以最低的运营成本为用户提供最佳的服务,产生相应的经济效益。

虚拟化可以有效地解决以下问题:

- 高性能的物理硬件性能过剩,如果将其分配给一个用户使用则过于浪费。
- 老旧硬件性能过低,单套设备不足以为用户提供有效的支持。

2. 虚拟化的思路

虚拟化的一般思路是在硬件资源之上增加一个软件的层次,对用户提供访问硬件资源的标准接口,用户通过这些标准接口对物理资源进行间接访问。而用户实际访问的物理资源是由云计算技术进行调度的,可能是某地的一台计算机上的部分资源,也可能是分布在不同位置的若干台计算机上的若干资源的组合。于是,标准接口和物理资源就产生了一个映射关系,这种映射关系对用户透明。虚拟化的思路如图 17-5 所示。

使用标准接口,可以在 IT 基础设施发生变化时,把这种变化对用户的影响降到最低。因为用户使用的接口是没有变化的,变化的是接口和底层物理硬件资源的映射关系。

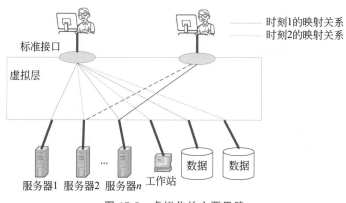

图 17-5　虚拟化的主要思路

3. 工作模式

根据上面的内容可以归纳出虚拟技术的下面两种工作模式：

- 单一资源多个逻辑表示。这种模式只包含一个物理资源，把这个资源划分为多个虚拟资源（子集），每一个虚拟资源对应一个用户，但用户与这个虚拟资源进行交互时，就仿佛自己独占了整个物理资源一样。

- 多个资源单一逻辑表示。这种模式包含了多个组合资源，将这些资源表示为单个逻辑视图为一个用户服务。在利用多个功能不太强大的资源创建功能强大且丰富的虚拟资源时，这是一种非常有效的模式。存储虚拟化就是这种模式的一个典型例子。在计算方面，提供多台计算机一起运行为用户服务，和传统的并行计算技术非常类似。

17.2.2　特性

虚拟化具有以下特性。

1. 灵活性

虚拟化屏蔽了底层的各种细节和复杂性，使得云计算在用户不知情的情况下，自由地选择拆分或者组合物理资源为用户服务，为物理资源的可扩展性使用提供了强大的支撑。而用户在不知情的情况下可以简单地获得优化后的各类物理资源。

2. 封装

虚拟化的一个重要功能就是封装，其基本原理是通过软件把虚拟机需要的硬件资源（CPU、内存、磁盘、网络等）、操作系统和应用捆绑在一起。

这种封装过程对云计算的灵活性非常关键。封装后产生的虚拟机不仅可以对外表现为一个计算实体提供服务，而且可以在必要时实现虚拟机的移动和复制（实质上就是复制文件，因为虚拟机最终体现为硬盘上的若干文件，可以把文件复制到其他计算机进行附加，即可令虚拟机在新的计算机上运行）。

封装性使得虚拟机的移动也不需要用户重新安装相关程序,这就大大提高了资源调度的灵活性。试想一下,如果某台主机负载严重,云计算可以把其上的一些虚拟机"搬"到其他主机上运行,从而可以对系统实现优化,为用户提供更好的服务。

3. 完整性

虽然虚拟化产生的虚拟机是一个逻辑视图,但看起来与物理计算机一样,具备完整的物理计算机必备的所有组件(如 CPU、内存、磁盘、网卡等)。虚拟机是一个逻辑上的计算机,脱离了硬件对软件的约束,能够兼容相同架构的计算机。

4. 资源定制

用户利用虚拟化技术,可以封装和配置自己私有的计算资源,包括指定所需的 CPU 的数目、内存大小、磁盘大小等,从而实现资源的按需分配。这种定制型的配置可以和物理主机具有很大的不同。

5. 隔离性

封装后的多个虚拟机可能共享了一台物理计算机,但虚拟化的隔离技术确保了虚拟机之间互不影响。也就是说,即使其中一台虚拟机宕机,在同一台物理计算机上运转的其他虚拟机仍然可以正常运行。

也正是由于隔离性,使得用户可以灵活配置属于自己的虚拟机组件,而不影响其他虚拟机。

17.2.3 虚拟机快速部署技术

传统的虚拟机部署一般分为 5 个阶段:

(1) 创建虚拟机。

(2) 安装操作系统。

(3) 配置主机属性(如网络、主机名等)。

(4) 安装应用软件。

(5) 启动虚拟机。

这种方法部署时间较长,达不到云计算快速、弹性服务的要求。为了简化虚拟机的部署过程,虚拟机模板技术被应用于大多数云计算平台上。

虚拟机模板预装了操作系统与应用软件,并对虚拟设备进行了预配置,可以有效地减少虚拟机的部署时间。

但虚拟机模板技术仍不能很好地满足快速部署的需求。一方面,将虚拟机模板转换成虚拟机需要复制模板文件,甚至跨网络实现复制,当模板文件较大时,复制的时间开销较大;另一方面,因为应用软件没有加载到内存,所以通过虚拟机模板转换的虚拟机需要在启动并加载到内存后才可以提供服务。

有研究者提出了基于 fork 思想的虚拟机部署方式,该方式受操作系统的 fork 原语的启发,可以利用父虚拟机迅速克隆出大量的子虚拟机,子虚拟机可以继承父虚拟机的内存状态信息,并在创建后即时可用。当部署大规模虚拟机时,子虚拟机可以并行创建,并维护其独立的内存空间,而不依赖于父虚拟机。但是需要指出的是,这种技术是一种按需(on-demand)部署技术,虽然提高了部署的效率,但通过这种技术部署的子虚拟机不能持久化保存。

17.2.4　在线迁移

虚拟机的在线迁移技术对于云计算的资源优化至关重要。虚拟机在线迁移是指虚拟机在运行的状态下从一台物理主机移动到另一台物理主机的过程,这个过程必须对用户透明。虚拟机在线迁移技术对云计算平台的作用体现为以下 3 点:

- 提高系统可靠性。一方面,当物理主机需要维护时,可以将运行于该物理主机上的虚拟机转移到其他物理主机上;另一方面,对于高可靠性需求的任务,可利用在线迁移技术完成虚拟机运行时的备份,在当前虚拟机发生异常时,可立即将服务无缝切换至备份的虚拟机。
- 实现负载均衡。当某一台物理主机负载过重时,可以通过虚拟机在线迁移技术把虚拟机转移到负载较轻的物理主机上,实现负载均衡。
- 便于设计节能方案。通过迁移技术,将零散的虚拟机集中到若干台物理主机上,使部分物理主机完全空闲,以便关闭这些物理主机或使其休眠,从而达到节能目的。

总之,在线迁移技术能够为云计算平台带来很多优势,为此,当前流行的虚拟化工具都提供了迁移组件。

◇ 17.3　Hadoop 概述

1. 概述

Hadoop 是 Apache 软件基金会发布的一个分布式计算开源框架,被认为是云计算架构中 PaaS 层的重要解决方案之一,整合了并行计算、分布式存储、数据库等一系列技术和平台。基于 Hadoop,用户可以编写处理海量数据的分布式并行程序,并将其运行于成百上千个节点组成的大规模计算机集群上。

Hadoop 主要包括资源管理系统 YARN(Yet Another Resource Negotiator)、并行计算框架 MapReduce 和分布式文件系统 HDFS(Hadoop Distributed File System)三大部分。另外,Hadoop 还提供了分布式数据库 HBase(Hadoop Database)等,对用户提供了透明的分布式并行计算架构。

Hadoop 具有良好的可靠性和高效性,能够快速处理 TB 级甚至 PB 级的海量数据。它不仅可以存储结构化数据,还可以存储非结构化数据。

Hadoop 所需的集群环境可以由一些廉价的商用计算机组成,在可扩展性、实用性等方面具有很大的优势,并且具有可靠性高、容错性能良好等特性。

2. Hadoop 的体系结构

Hadoop 是一个不断发展的模型,其体系结构如图 17-6 所示。

其中,HDFS 是 Hadoop 的分布式文件系统,属于基础部件。HDFS 可以部署在廉价的通用硬件之上,提供高吞吐率的数据访问功能,适合那些需要处理海量数据集的应用程序。特别是 HDFS 的冗余和检测机制可以提供高容错性的特点。

YARN 是 Hadoop 2 中通用的资源管理模块,负责集群资源的管理和调度,为各类应用程序提供优化的服务。YARN 不仅可以支持 MapReduce 这一种计算框架,也可以为其他框架所使用。

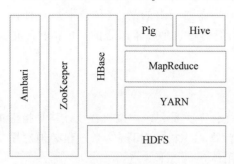

图 17-6　Hadoop 的体系结构

MapReduce 是 Hadoop 实现了 Map-Reduce 架构的一个并行计算模型。

HBase 是 Hadoop 的数据库部件,是一个 NoSQL(不使用 SQL 语句)的数据库。

Pig 是一个基于 Hadoop 的大规模数据分析工具,它提供的语言叫 Pig Latin,该语言的编译器会把数据分析请求转换为一系列经过优化处理的 MapReduce 运算。Pig 不仅能够高度减少代码,而且可以减少 Hadoop 的工作量。

Hive 也用于数据处理与分析工作,扮演数据仓库的角色。Hive 提供了类似于 SQL 的高级语言,并且可以将 SQL 语句映射为 MapReduce 任务进行并行处理,从而实现 MapReduce 功能。

ZooKeeper 是开源的分布式协调服务,担任着 Hadoop 平台中协调员的角色,支持 Hadoop 各组件与项目的正常运行。

Ambari 对 Hadoop 集群提供管理和监控的支持。

◈ 17.4　资源管理系统

YARN 是 Hadoop 2 中的通用资源管理器,主要用于集群资源的统一管理和调度,可以为集群在资源利用率、资源统一管理和数据共享等方面带来巨大的好处。YARN 被设计为一个支持可插拔的组件,定义了一整套的接口规范,以便用户按照需求定制自己的调度器。

在 YARN 中采用了事件驱动的机制,YARN 中的资源管理器(ResourceManager,负责全局资源的统一管理)中的各主要模块都是由事件驱动的,系统其他功能模块发往资源管理器的事件会触发并执行资源管理器对应的处理函数,做出相应的动作。通过对事件的响应,资源管理器中的调度器能够收集到集群中的各种信息(如资源使用情况)以及用户应用程序的信息(如执行状态),并根据这些信息进行资源的调度。

YARN 中引入了容器(container)的概念,它处于计算节点之上,是对计算节点上资源子集的一个抽象,封装了这个计算节点上的多类资源,如内存、CPU、磁盘、网络等,用于分配给用户,从而运行用户的任务。YARN 为每个任务分配一个容器,该任务只能使用对应的容器中描述的资源。

17.4.1　基本架构

1. 基本架构

YARN 的基本架构如图 17-7 所示,总体上符合主从(master/slave)结构。

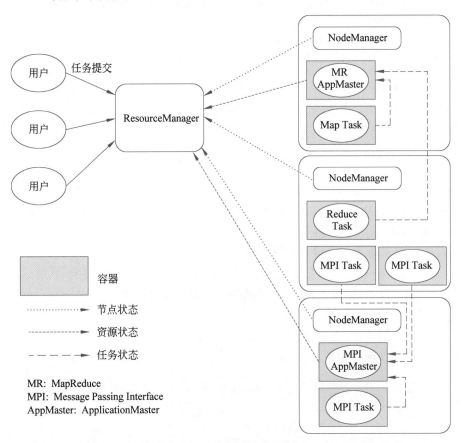

图 17-7　**YARN 的基本架构**

YARN 将资源管理的部件按功能分成 3 类:

- 一个全局的 ResourceManager(资源管理器),负责整个系统的资源管理和分配,在整个资源管理框架中承担主/从结构中主的角色。
- 每个计算节点上都部署一个 NodeManager(节点管理器),负责在计算节点上实现具体的资源分配和任务管理,在整个资源管理框架中承担主/从结构中从的角色。
- 每个应用程序特有的 ApplicationMaster,负责单个应用程序的管理。图 17-7 中给出了两类任务:MapReduce 任务和 MPI(Message Passing Interface)任务。

2. ResourceManager

ResourceManager 主要由调度器和应用程序管理器两个组件构成。

调度器根据资源使用情况、任务队列等信息,将系统中的资源分配给各个应用程序。

调度器仅根据应用程序的资源需求进行资源分配,资源分配单位用资源容器表示,这是一个动态的资源分配单位,将内存、CPU、磁盘、网络等资源封装在一起,从而限定每个任务使用的资源量。

应用程序管理器负责管理整个系统中所有的应用程序,包括:提交应用程序,与调度器协商资源以启动应用程序,监控应用程序运行状态,并在失败时重新启动,等等。这些功能实际上是通过与下述 ApplicationMaster 的交互完成的。

3. NodeManager

NodeManager 是每个节点上的资源和任务管理器,它不仅定时向 ResourceManager 汇报本节点上的资源使用情况等信息,还接收并完成任务的启动、停止等各种请求,对任务实施管理。

4. ApplicationMaster

当用户提交一个应用程序时,同时需要提供一个用于跟踪和管理这个应用程序的 ApplicationMaster,它负责向 ResourceManager 申请资源(返回的资源是用容器表示的),并要求 NodeManager 启动可以占用一定资源的任务、停止任务、监控任务运行状态,还在任务运行失败时重新为任务申请资源以重启任务等。

ApplicationMaster 的出现不仅改善了 Hadoop 的扩展能力,还允许 YARN 使用 MPI 等标准通信模式,执行各种不同的编程模型,包括集群计算。

17.4.2 工作流程

YARN 的工作流程如图 17-8 所示。

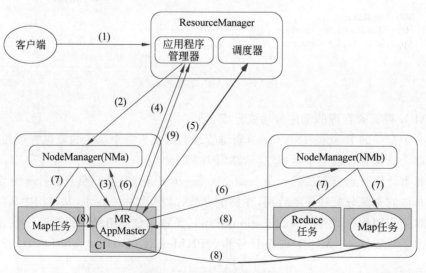

图 17-8 YARN 的工作流程

(1)客户端向 YARN 提交应用程序,其中包括用户程序、ApplicationMaster 程序、

ApplicationMaster 启动命令等。

（2）ResourceManager 查找一个合适的计算节点，与其上的 NodeManager（NMa）通信，为应用程序分配第一个容器（C1）。

（3）ResourceManager 要求 NMa 在新生成的 C1 中启动应用程序的 ApplicationMaster。

（4）ApplicationMaster 首先向 ResourceManager 进行注册，这样用户就可以直接通过 ResourceManager 查看到应用程序的运行状态。然后 ApplicationMaster 为任务申请资源，并监控它们的运行状态，直到运行结束，即重复步骤（5）～（8）。

（5）ApplicationMaster 采用轮询的方式为每一个后续的子任务（包括 Map 子任务和 Reduce 子任务等）向 ResourceManager 申请和领取资源。

（6）一旦 ApplicationMaster 成功申请到资源，便开始与对应的 NodeManager（NMa 和 NMb）通信，要求它们启动任务。

（7）NMa 和 NMb 为任务设置好运行的环境（包括环境变量、JAR 包等）后启动任务。

（8）各个任务向 ApplicationMaster 汇报自己的状态和进度，使 ApplicationMaster 能够随时掌握各个任务的运行状态，从而可以在任务失败时重新启动任务。在应用程序运行过程中，用户可随时向 ApplicationMaster 查询应用程序的当前状态。

（9）应用程序运行完成后，ApplicationMaster 向 ResourceManager 注销并关闭自己。

◆ 17.5　分布式文件系统

Hadoop 的 HDFS 是一个分布式文件系统，主要用于 Hadoop 集群中文件的管理，从而实现海量数据的存储。HDFS 的主要特点如下：

- 支持超大文件。包括对 TB 级数据文件的存储。
- 具有很好的容错性能。HDFS 的冗余和检测机制大大提高了系统的容错性能。
- 高吞吐量。批量处理数据具有很高的吞吐量。
- 简化一致性模型。一次写入、多次读取的文件处理模型有利于提高系统效率。

HDFS 的存储处理单位为数据块，在 Hadoop 2 中默认大小为 128MB，可根据业务情况进行配置。数据块的使用，使得 HDFS 可以保存那些比一个存储节点的磁盘容量还大的文件，而且简化了存储的管理，有利于实现数据复制技术。

HDFS 也有不适合的一些场景，如低延迟数据的访问、大量的小文件、多用户/随机写入/修改文件等。

17.5.1　HDFS 架构

HDFS 同样采用主从结构，其架构如图 17-9 所示，是谷歌公司的 GFS（Google File System）的开源实现，由一个名字节点（NameNode）和多个数据节点（DataNode）构成，可同时被多个客户端访问。

1．NameNode

NameNode 是 HDFS 中的主控服务器，负责以下功能：

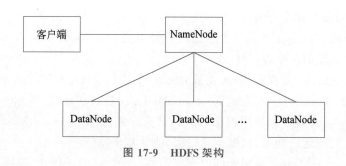

图 17-9　HDFS 架构

- 管理文件系统中所有的元数据,包括名字空间、访问控制信息、文件到数据块的映射信息、数据块的位置信息等。
- 管理系统范围内的各项活动,如数据块的租用管理、数据块在 DataNode 间的移动等。
- 根据用户的操作请求,执行文件系统的相关操作,如对文件或目录执行重命名、打开、关闭等。

用户的数据不会经过 NameNode。

2. DataNode

DataNode 负责数据块的具体存储、管理和读写。

在 HDFS 中,一个数据文件可能被分割为固定大小的数据块,往往被存储在一组 DataNode 中。DataNode 将 HDFS 数据块以文件的形式存储在本地文件系统中,它并不知道有关 HDFS 文件的信息,仅仅根据 NameNode 的指令执行数据块的创建、删除和复制工作,根据用户的需求响应用户的读写请求。

3. 数据可靠性

为了保证数据的可靠性,HDFS 提供了副本机制,即每一个数据块都保存了多个副本。以放置 3 个副本为例,文件 File1 的两个数据块(Block1、Block2),每个数据块被复制成为 3 个副本,分别保存在 DataNode1~DataNode5 这 5 个节点上,如图 17-10 所示。

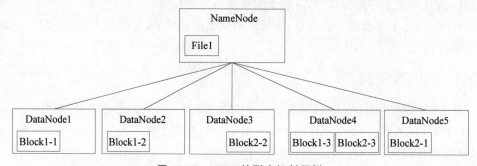

图 17-10　HDFS 的副本机制示例

副本机制是保证数据可靠性的基础,可以大大降低数据丢失的风险。当某个存储节点崩溃后,可以使用剩下的两个副本重新构造第 3 个副本。

为此,DataNode 定期向 NameNode 发送心跳信息,以便 NameNode 搜集并监测各个 DataNode 的状态。若 NameNode 在系统规定的时间内未收到某个 DataNode 的心跳信息,则将该节点设置为失效状态,并将该节点的数据块信息重构、备份到其他 DataNode 上,以保持文件系统的健壮性。

但是,副本机制也带来了相应的一致性问题,即 3 个副本必须一模一样。为此 HDFS 假设用户的文件是很少改动的,则系统进行同步工作的工作量就被大大减小了。

另外,良好的副本放置策略还能优化系统的效率。例如,HDFS 可以采用机架敏感的副本放置策略。仍然以放置 3 个副本为例,由于同一机架上的节点间网络带宽更大,所以机架敏感的副本放置策略将前两个副本放置于同一机架的两个节点上,将第三个副本放置于其他机架的节点上。这样的策略既考虑了节点和机架失效的情况,也减少了数据一致性维护带来的网络传输开销。

HDFS 还设置了安全模式。当 HDFS 处于安全模式时,系统中的内容既不允许删除,也不允许修改,直到安全模式结束为止。系统启动时自动处于安全模式,主要是要在系统启动时检查各个 DataNode 上的数据块是否有效,同时根据策略进行部分数据块的复制或删除。

另外,针对 Hadoop 1 中单个 NameNode 会成为系统的单点故障源头的问题,Hadoop 2 中引入了 HDFS Federation 的概念,它支持多个 NameNode 分管不同的目录,进而实现访问隔离和横向扩展,彻底解决了 NameNode 单点故障问题。

17.5.2　读文件的流程

HDFS 读文件的流程如下:

(1) 客户端使用 open 函数申请打开所需的文件。

(2) HDFS 从 NameNode 获取文件的数据块信息,对于每一个数据块,NameNode 返回保存数据块的 DataNode 的地址。HDFS 返回 FSDataInputStream 给客户端,用来后续读取数据。

(3) 客户端调用 FSDataInputStream 的 read 函数开始读取数据。

(4) FSDataInputStream 与保存此文件第一个数据块且离自己最近的 DataNode 进行连接。被读取数据从 DataNode 返回给客户端。

(5) 在当前数据块读取完毕时,FSDataInputStream 关闭和此 DataNode 的连接,然后连接保存下一个数据块且离自己最近的 DataNode,并进行读取。反复执行本操作。

(6) 当客户端读取数据完毕时,调用 FSDataInputStream 的 close 函数关闭该文件。

HDFS 读文件的流程如图 17-11 所示。

在读取数据的过程中,如果客户端在与 DataNode 通信时出现错误,则尝试向包含此数据块的下一个 DataNode 发起连接。失败的 DataNode 将被记录,以后不再与之连接。

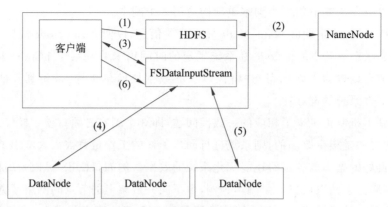

图 17-11 HDFS 读文件的流程

17.5.3 写文件的流程

HDFS 写文件的流程如下：

（1）客户端调用 create 函数创建文件。

（2）HDFS 向 NameNode 发送 create 命令，在命名空间中创建一个新的文件。NameNode 首先确定文件是否存在，并且客户端是否有创建文件的权限，必要时创建新文件。HDFS 返回 FSDataOutputStream 给客户端用于写数据。

（3）客户端开始写入数据。

（4）FSDataOutputStream 将数据分成块，向 NameNode 申请分配 DataNode 以存储数据块（每块默认复制 3 份），分配的 DataNode 放在管道中。

（5）每一个数据块将首先被写入管道中的第一个 DataNode。第一个 DataNode 将数据块发送给第二个 DataNode，第二个 DataNode 将数据块发送给第三个 DataNode。

（6）返回操作应答，告知数据写入成功。

（7）当客户端结束写入数据时，调用 FSDataOutputStream 的 close 函数关闭文件，并通知 NameNode 写入完毕。

HDFS 写文件的流程如图 17-12 所示。

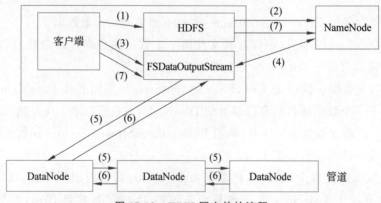

图 17-12 HDFS 写文件的流程

◆ 17.6　MapReduce

Hadoop 的 MapReduce 是谷歌公司 MapReduce 并行计算模型的开源实现。Hadoop MapReduce 也采用了主从结构加以实现。

1. 工作流程

Hadoop 的 MapReduce 工作流程如下：

（1）客户端向 ResourceManager 请求运行一个 MapReduce 程序。

（2）ResourceManager 返回 HDFS 的地址，告诉客户端将作业运行的相关资源文件（如作业的 JAR 包、配置文件、分片信息等）上传到 HDFS。

（3）客户端提交程序运行所需的文件给 HDFS。

（4）客户端向 ResourceManager 提交作业任务。

（5）ResourceManager 将作业任务提交给调度器，调度器按照调度策略（默认是先进先出）调度用户的作业任务。

（6）调度器寻找一台空闲的计算节点，并使该节点生成一个容器，容器中分配了 CPU、内存等资源，并启动用户的 MR ApplicationMaster 进程（设为 MR AppMaster）。

（7）MR AppMaster 根据需要计算需运行多少个 Map 任务和多少个 Reduce 任务，轮流为每一个子任务向 ResourceManager 请求资源。

（8）ResourceManager 根据请求分配相应数量的容器，并告知 MR AppMaster 这些容器在什么节点上。

（9）MR AppMaster 启动 Map 任务和 Reduce 任务。

（10）Map 任务从 HDFS 获取数据，并执行用户的 Map 逻辑。

（11）系统将 Map 的输出数据按照一定的映射关系发送给 Reduce 任务（可能有多个），Reduce 任务获取属于自己的数据，并执行用户的 Reduce 逻辑。

（12）Reduce 任务结束后，将输出数据保存到 HDFS 上。

（13）MapReduce 任务结束后，MR AppMaster 通知 ResourceManager 自己已经完成任务，ResourceManager 回收所有资源。

MapReduce 工作流程如图 17-13 所示。

2. 调度相关内容

云计算的任务以数据密集型作业为主，待处理数据的规模往往巨大。在一个任务的执行过程中，假如后续待处理的数据和当前正在执行的任务不处于同一个计算节点上，这时就需要执行迁移的动作，使得两者处于同一个计算节点上，从而实现数据的本地性（data-locality），这是任务调度算法的重要考虑因素之一。

正常的逻辑思维是把待处理的数据迁移到任务所在的计算节点上。但是很显然，在大数据环境下，移动数据的成本非常高，程序的性能将受到带宽的极大影响。而且，网络带宽是计算集群中共享的有限资源，不宜被某个任务长期占用，因此任务调度需要考虑新

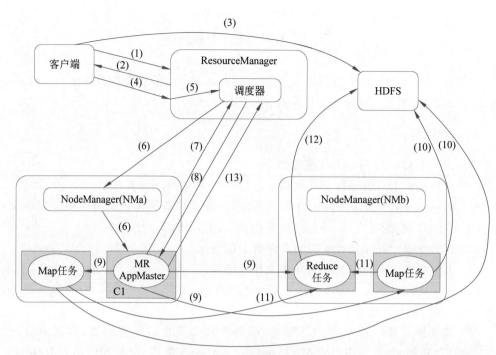

图 17-13　MapReduce 工作流程

的方案以避免对网络带宽的过度占用。

　　为了避免以上情况,可以采用相反的做法:不是将数据迁移到任务所在的计算节点上,而是将任务调度到数据所在的计算节点上或附近,这也是 MapReduce 的一个核心设计思想——转移计算比转移数据更加有效。Hadoop 以尽力而为的策略保证数据的本地性。

　　因此可见,调度是建立在数据块副本分散质量良好的基础上的。如果副本放置得不合理,调度算法即便再优化,也依然无法达到良好的效果。因此,HDFS 副本管理技术的优化是提高 MapReduce 效率的关键之一。

　　云计算的任务既包括执行时间短、对响应时间敏感的即时性作业(如数据交互性查询作业),也包括执行时间长的长期作业(如数据离线分析作业)。调度算法应及时为即时性作业分配资源,使其得到快速的响应。

　　另外,云计算的作业调度器还需要考虑任务调度的容错机制,使得在任务发生异常的情况下,系统能够自动从异常状态恢复正常。

云计算技术模拟实验

◆ 18.1 实 验 描 述

1. 实验目标

本实验要求学生掌握利用 Socket 进行网络编程的能力,并可以使用 Socket 编程模拟云计算技术的简单工作过程(主要是 MapReduce 计算过程),以增强对云计算技术原理的理解。

2. 实验拓扑

本实验的网络拓扑结构如图 18-1 所示(其中的设备都以进程代替,物理链路则通过 Socket 连接模拟)。

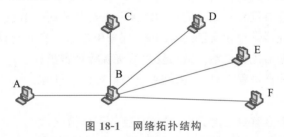

图 18-1　网络拓扑结构

3. 实验内容和要求

实验内容和要求如下:
(1) 创建 6 个进程。
- A 进程代表云计算的客户端主机,向云计算系统发出计算请求。
- B 进程代表资源管理器,进行资源和任务的统一管理和调度。
- C~F 进程代表节点管理器,负责接收资源管理器的指令,完成资源管理器交给的计算任务,并将结果返回给资源管理器。
(2) 资源管理器进程(B)完成以下任务:
- 负责管理计算资源。
- 向客户端提供计算服务。

- 将计算请求分配给合适的计算资源。
- 收集计算资源的计算结果。
- 将计算结果处理后返还给客户端进程。

（3）节点管理器进程（C~F）完成以下任务：

- 分成两类任务：Map 任务和 Reduce 任务。
- Map 任务对关键词进行词频统计。
- Map 任务将中间统计结果发给 Reduce 任务。
- Reduce 任务对中间统计结果进行汇总，形成最终的统计结果，发给资源管理器进程。

（4）系统工作流程。

- 客户端进程向资源管理器进程提交一个文件（大于 1MB，例如 txt 格式的小说）。
- 客户端进程向资源管理器进程提交 6 个关键词（例如小说中的 6 个人名），开始计算任务。
- 资源管理器进程将文件分割成 3 个文件段（每个占 1/3 大小）。
- 资源管理器进程查看资源使用情况，得到每一个节点管理器的任务量（个数），选择出 3 个任务较轻的节点管理器进程。
- 资源管理器进程将 3 个文件段分发给选出的 3 个节点管理器进程。
- 资源管理器进程将 6 个关键词分成 3 组，分别向 3 个节点管理器进程各指派一组，将全部指派结果发给节点管理器进程，后者开始进行计算。
- 节点管理器进程在自己的 Map 任务中统计出 6 个关键词的词频作为中间结果。
- 节点管理器进程将相关的中间结果分发给其他两个节点管理器进程。
- 节点管理器进程在自己的 Reduce 任务中汇总出指派给自己的关键词的词频。
- 节点管理器进程将汇总结果发送给资源管理器进程。
- 资源管理器进程汇总后，将结果返回给客户端进程。

（5）关于显示。

- 各个进程具有自己的界面，显示自己的工作情况。
- 资源管理器进程应该显示出各个节点管理器进程的当前负载情况、每次任务的计算时间等信息。
- 节点管理器进程应显示自己当前任务处理的进度。

4. 处理流程举例

（1）A 提供小说《倚天屠龙记》给 B。随后提供 6 个关键词（张三丰、张无忌、赵敏、小昭、周芷若、谢逊）给 B，开始系统工作过程。

（2）B 将小说分成 3 个文件段，选出 C、D、F 3 个节点进行后续计算过程，并将文件段分发给它们。

（3）B 指派：C 处理最终的"张三丰"和"张无忌"，D 处理最终的"赵敏"和"小昭"，F 处理最终的"周芷若"和"谢逊"。

（4）B 将以上指派结果发送给 C、D、F，而 C、D、F 收到后开始启动计算过程。

（5）C、D、F 在自己的 Map 任务中读取文件段,分别统计 6 个关键词的词频,得到中间结果。

（6）C 将"赵敏"和"小昭"的词频发给 D,将"周芷若"和"谢逊"的词频发给 F。D 将"张三丰"和"张无忌"的词频发给 C,将"周芷若"和"谢逊"的词频发给 F。F 将"张三丰"和"张无忌"的词频发给 C,将"赵敏"和"小昭"的词频发给 D。

（7）C、D、F 在自己的 Reduce 任务中分别统计划归自己的关键词的最终词频结果,发给 B。

（8）B 收集完所有的统计结果后发给 A。

◆ 18.2　实验分析和设计

18.2.1　用例分析

1. 客户端进程用例分析

客户端进程(A)包括两个主要的工作,分别是发送文件和关键词(完成任务的提交)以及接收应答结果。

因为本实验是模拟实验,所以前一个工作可以在一个方法中完成。但是因为计算过程可能较长(大的复杂任务可能要持续计算几天,甚至更长时间),所以强烈建议不要让客户端进程在发送完指令后等待结果且保持连接不放,而应该及时断开连接,这样客户端进程就需要有独立的接收报文的功能。

客户端进程的用例如图 18-2 所示。

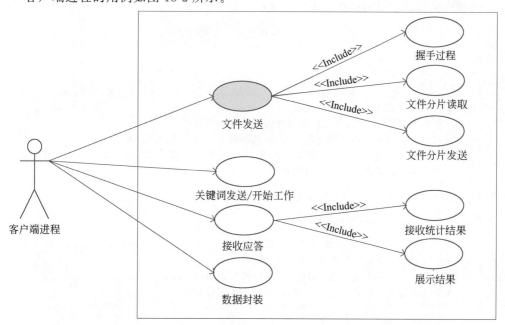

图 18-2　客户端进程用例图

文件发送用例是整个实验过程的启动者和必要前提,其用例描述如表 18-1 所示。

表 18-1　文件发送用例描述

名称	文件发送用例
标识	UC0101
描述	1. 获得用户选择的文件信息。 2. 和资源管理器进程完成握手过程,提交本次请求的标识、文件大小、文件段大小等信息。 3. 按照文件段大小,从头开始读取文件,并把每个文件段依次发送给资源管理器进程
前提	用户已经选定了文件
结果	文件传送给资源管理器进程
注意	客户端进程和资源管理器进程交互时需要注意,应该对每一个请求加以清晰标识,用于区分是哪一个客户端进程的哪一个请求,以便资源管理器进程在返回应答时知道发给哪一个客户端进程,客户端进程收到应答时知道是哪一个请求。为此需要在本次的请求发送中添加一个标识

2. 资源管理器进程用例分析

资源管理器进程(B)是本实验中的枢纽部件,主要工作包括以下几项:接收客户端进程的请求,资源管控和资源调派,分发任务给节点管理器,接收节点管理器给出的应答,汇总应答并返回给客户端进程。这些任务应该以多线程的机制进行工作,以保持并行性。

资源管理器进程的用例图如图 18-3 所示。其中,最重要的工作有两个,一个是接收并执行请求用例,另一个是接收反馈用例。

接收并执行请求用例描述如表 18-2 所示。

表 18-2　接收并执行请求用例描述

名称	接收并执行请求用例
标识	UC0202
描述	1. 接收客户端进程发来的关键词。 2. 根据负载情况,选出 3 个负载最轻的节点管理器进程。 3. 将刚才收到的文件加以分段,分发给选出的 3 个节点管理器进程。 4. 将关键词分发给 3 个节点管理器进程,并为每个节点管理器进程指派两个最终关键词。 5. 调整节点管理器进程的负载列表
前提	已经收到客户端进程发来的文件
结果	开始执行客户端进程的请求
注意	同理,资源管理器进程和节点管理器进程交互时需要注意,应该对请求加以清晰标识,用于区分是哪一个客户端进程的哪一个请求。 如果文件大小不能被 3 整除,用户可以自行决定如何处理。 如果分段处正好有关键词的出现,应避免关键词被分割

接收反馈用例描述如表 18-3 所示。

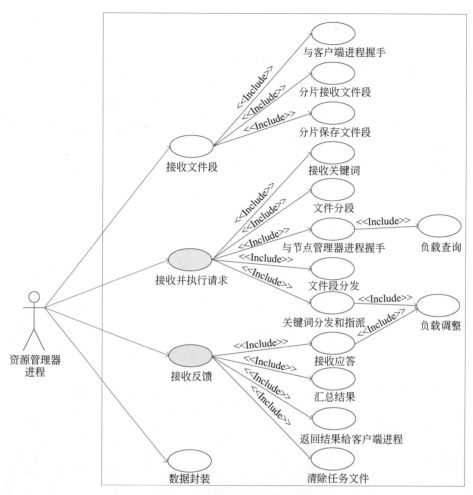

图 18-3　资源管理器进程用例图

表 18-3　接收反馈用例描述

名称	接收反馈用例
标识	UC0203
描述	1. 接收节点管理器进程发来的应答结果。 2. 调整节点管理器进程的负载。 3. 根据应答中包含的请求标识,汇总统计结果。 4. 如果已经收集完 3 个节点管理器进程发来的应答结果,将汇总后的统计结果发给客户端进程。 5. 结束该请求的处理,清除相关文件
前提	已经向节点管理器进程发送和指派了关键词
结果	应答结果返回给客户端进程
注意	资源管理器进程在返还计算结果报文给客户端进程时,需要对 3 个反馈报文汇总完毕之后才可以发送给客户端进程。 资源管理器进程在和节点管理器进程交互时需要注意,应该对请求加以清晰标识,用于区分是哪一个客户端进程的哪一个请求的应答结果。 计算完毕,需要清除文件

3. 节点管理器进程用例分析

节点管理器进程(C~F)完成具体的计算任务。它们需要接收资源管理器进程发来的文件段和关键词,并在指派关键词之后开始计算工作。计算的工作过程分为两个阶段,一个是 Map 阶段,另一个是 Reduce 阶段。为了使实验模拟得更加完善,节点管理器进程还应不断地向资源管理器进程汇报进度(本实验不做硬性要求)。节点管理器进程在结束计算后,将计算结果返还给资源管理器进程。

节点管理器进程的用例图如图 18-4 所示。

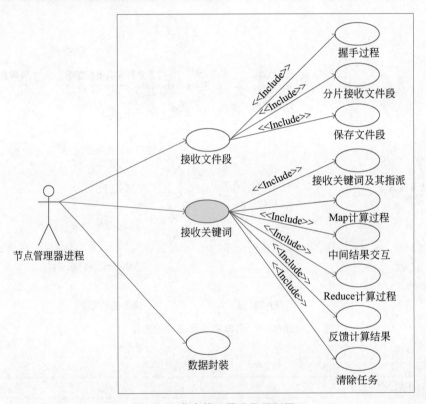

图 18-4　节点管理器进程用例图

图 18-4 中,最重要的工作就是接收关键词用例,该用例接收指令并开始执行具体的计算任务。接收关键词用例描述如表 18-4 所示。

表 18-4　接收关键词用例描述

名称	接收关键词用例
标识	UC0302
描述	1. 从资源管理器进程接收关键词及其指派,启动计算过程。 2. 开始 Map 计算过程,得到中间计算结果。 3. 对中间计算结果进行交织(即相互交流)。

续表

描述	4. 开始 Reduce 计算过程,得到最终的计算结果。 5. 将计算结果返回给资源管理器进程。 6. 结束该请求的处理,清除相关文件
前提	从资源管理器进程接收到文件段和关键词
结果	返回计算结果给资源管理器进程
注意	计算完毕,需要清除文件。 反馈结果中应该包含请求的标识

18.2.2　时序图

本实验的时序图如图 18-5 所示。因为 3 个节点管理器进程是经过资源管理器进程选择出来的,所以在图 18-5 中并没有按照原有的标识(C～F)进行标注。另外,客户端进

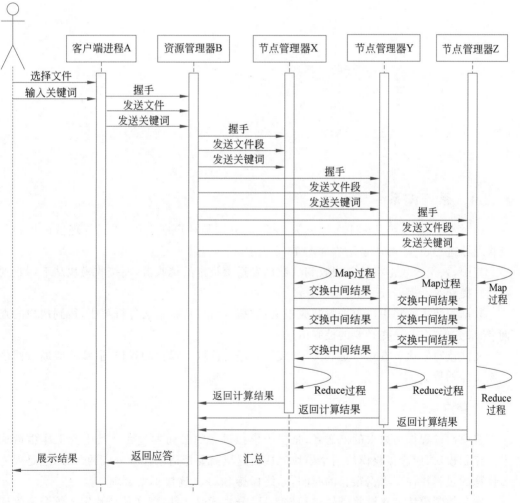

图 18-5　云计算技术模拟实验时序图

程发送关键词的动作就相当于启动了整个系统的计算过程,资源管理器进程指派关键词的动作就相当于命令节点管理器进程启动计算的过程。

18.2.3 部署图

在本实验中,多个进程可以部署在多台计算机上,也可以部署在同一台计算机上。这里假设实验是部署在多台计算机上的,这样,各个进程可以具有随意的端口号。如果因为实验条件所限,确实需要把所有的进程部署在同一台计算机上,因为各个进程所需的 IP 地址相同,所以需要为这些进程设置不同的端口号,以防止冲突。

本实验的部署图如图 18-6 所示。

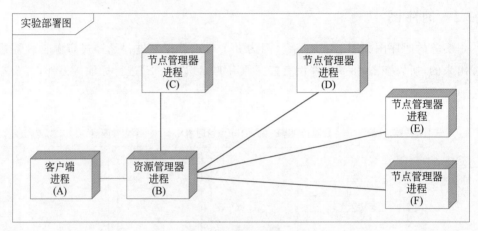

图 18-6　实验部署图

18.2.4 系统体系结构设计

针对本实验,系统总体上可以分为 3 部分,分别是客户端进程、资源管理器进程和节点管理器进程,它们的体系结构如图 18-7 所示。

其中,发送模块是将从上层收到的数据发送给指定的接收者,而接收模块从下层收到数据并提交给上层。

数据封装模块将用户数据封装成报文;数据解析模块将报文进行解析,得到用户的查询/结果数据,以及一些必要的控制信息。

文件读写模块负责对指定的文件/文件段进行读取和保存的操作,后续才能通过网络完成文件的传输。

1. 客户端进程

客户端进程作为请求的发送者,是整个模拟过程的最初发起者。其主要工作由请求发送控制模块、应答接收模块两个模块完成。这里需要把请求任务分成两部分,这是因为云计算的过程往往要占据很长的时间,始终保持 Socket 连接不太合理。

发送控制模块和资源管理器进程握手后,分片读取文件,把文件分片发送给资源管理

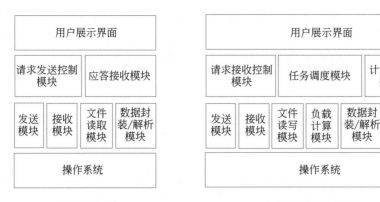

(a) 客户端进程　　　　　　　　　(b) 资源管理器进程

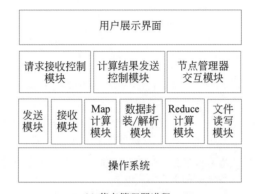

(c) 节点管理器进程

图 18-7 系统体系结构图

器进程,继而发送关键词,启动计算的过程。而应答接收模块负责监听端口,等待资源管理器返回计算的结果,最后对结果进行展示。

2. 资源管理器进程

资源管理器进程是本实验的核心和枢纽,负责调度资源完成用户的请求,这个工作主要由请求接收控制模块和计算结果接收控制模块完成,与客户端进程一样,同一个任务也需要被拆分成两个较为独立的工作。其中请求接收控制模块还要负责文件分段、关键词分发和指派等工作,以启动节点管理器进程的计算过程。

任务调度模块是为了实现均衡负载而增加的辅助模块,它需要不断地收集和维护各个节点管理器进程的工作负荷,并在收到用户请求后,评估各个节点管理器进程的负荷情况,将计算任务分发给负荷较轻的节点管理器进程完成。

3. 节点管理器进程

节点管理器进程负责具体的计算过程,首先由请求接收控制模块接收文件段,接收所有关键词和自身被指派的关键词,然后启动自己的计算过程。

如前所述,节点管理器进程的计算过程分为两个阶段,Map 阶段和 Reduce 阶段,因此增加了相关模块。

在这两个计算阶段之间,还需要有一个互相交流中间结果的过程,这个过程由节点管理器交互模块完成。

在所有计算过程完成以后,节点管理器进程使用计算结果发送控制模块把计算结果返回给资源管理器进程,由后者把结果发送给客户端进程,完成整个计算过程。

18.2.5 报文格式设计

本实验涉及多个角色进程之间的交互,为了规范各个角色进程之间的通信处理,特定义了报文类型字段,它包括的报文类型如表 18-5 所示。针对这些报文类型以及后面定义的报文格式,读者可以根据自己的设计需要进行修改和完善。

表 18-5 报文类型

类型号	类 型	应 用 场 景
0	握手报文	客户端进程发给资源管理器进程、资源管理器进程发给节点管理器进程的信息报文,告知后者本次请求的唯一标识、文件/文件段大小、每片大小和片数等信息
1	发送文件报文	客户端进程发给资源管理器进程、资源管理器进程发给节点管理器进程的报文,依据前面的握手信息,将文件按分片发给后者
2	发送关键词报文	客户端进程发给资源管理器进程的报文,用于发送本次计算过程中需要统计的关键词。 该报文也用作启动系统计算的指令
3	指派关键词报文	资源管理器进程发给节点管理器进程的报文,用于发送指派的关键词。 该报文也用作启动节点管理器进程计算的指令
4	反馈报文	节点管理器进程发给其他节点管理器进程的报文,用于交流中间结果。 节点管理器进程发给资源管理器进程的报文,用于反馈计算结果。 资源管理器进程发给客户端进程的报文,用于反馈计算结果

前 4 个报文可以在一个 Socket 连接上连续发送,所以只需要在握手报文中确定发送者标识和请求唯一标识即可。

1. 握手报文

握手报文的格式如图 18-8 所示。

报文 类型	发起者 标识	请求唯一 标识	文件大小	每片大小	片数
1字节	1字节	2字节	2字节	2字节	2字节

图 18-8 握手报文的格式

报文类型:如表 18-5 所示,这里固定为 0。

发起者标识：因为实验设计中只有一个客户端进程,所以可以固定为字符 A;如果考虑存在多个客户端进程的情况,则需要根据具体情况填写。

请求唯一标识：可以用递增的序号对请求进行唯一标识,以方便对后续应答信息进行关联。

文件大小：用户选取的文件的大小。

每片大小：指定的文件片大小,例如可以固定为 1028。后面两个字段是为了方便接收端进行文件的接收。

2. 发送文件报文

发送文件报文的格式如图 18-9 所示。

报文类型：这里固定为 1。

数据大小：本次发送文件片大小。这个信息对于最后一个文件片非常重要。

数据：文件片包含的数据。

报文类型	数据大小 (len)	数据
1字节	2字节	len字节

图 18-9　发送文件报文的格式

3. 发送关键词报文

发送关键词报文的格式如图 18-10 所示。

报文类型	关键词个数	关键词1长度(len1)	关键词1	关键词2长度(len2)	关键词2	...
1字节	1字节	1字节	len1字节	1字节	len2字节	

图 18-10　发送关键词报文的格式

报文类型：这里固定为 2。

关键词个数：用户指定的关键词的个数。

关键词 x 长度：第 x 个关键词的长度。

4. 指派关键词报文

指派关键词报文的格式如图 18-11 所示。

报文类型	关键词个数	处理者标识	关键词1长度(len1)	关键词1	处理者标识	关键词2长度(len2)	关键词2	...
1字节	1字节	1字节	1字节	len1字节	1字节	1字节	len2字节	

图 18-11　指派关键词报文的格式

报文类型：这里固定为 3。

这个报文仅在发送关键词报文中增加了处理者标识信息。在本实验中,假设每个节点管理器进程都知道其他节点管理器进程的 IP 地址和端口号,因此这个报文不再包含这些地址信息。

5. 反馈报文

反馈报文的格式如图 18-12 所示。

报文类型	请求者标识	请求唯一标识	关键词个数	关键词1长度(len1)	关键词1	关键词1出现次数	关键词2长度(len2)	关键词2	关键词2出现次数	...
1字节	1字节	2字节	1字节	1字节	len1字节	2字节	1字节	len2字节	2字节	

图 18-12　反馈报文的格式

报文类型：这里固定为 4。

这个报文增加了请求者标识和请求唯一标识，用于各个进程区分这是哪一个请求的计算结果。关键词 x 出现次数即本进程给出的统计结果。

18.2.6　类图

1. 客户端进程的相关类图

客户端进程的相关类主要完成以下两个工作：

- 发送文件和关键词给资源管理器进程 B。
- 接收来自资源管理器进程的应答信息。

客户端进程（A）的相关类图如图 18-13 所示。其中客户端进程类是本程序的主类，也充当了多个类的纽带，并提供了信息展示的方法。

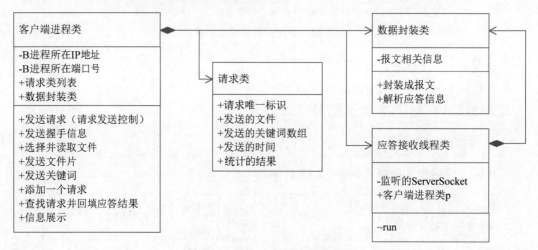

图 18-13　客户端进程的相关类图

在本实验中，客户端进程发送查询请求的完整过程耗时可能很长，所以有必要将发送请求和接收应答分开，并设立专门的线程（应答接收线程类）完成应答的接收。

因为发送请求和接收应答是分开的，所以有必要对请求进行标识，以便应答报文到达后进行查找和匹配，为此增加了一个专门的请求类，并在客户端进程类里面增加了请求类列表，用来保存客户端发送请求的历史，还增加了该列表的添加、查找和回填等方法。

2. 资源管理器进程的相关类图

资源管理器进程(B)的相关类主要完成以下 3 个工作:

- 接收来自 A 的文件和关键词,并调度资源进行计算。
- 管理各个节点管理器进程的负载信息,以便在调度时支持决策。
- 接收节点管理器进程的应答信息,在统计完毕后返回应答报文给 A。

为了能够同时处理以上任务,资源管理器进程应该采用多线程机制实现处理的并行性。资源管理器进程(B)的相关类图如图 18-14 所示。其中资源管理器进程类是本程序的主类,也充当了多个类的纽带,并提供了信息展示的方法。

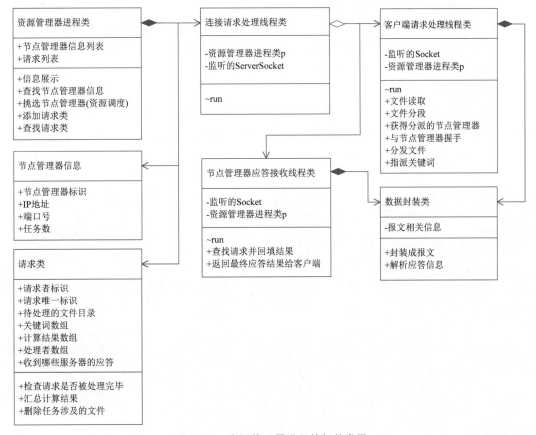

图 18-14 资源管理器进程的相关类图

为了简单化处理,在本实验中,假设资源管理器进程只有一个监听端口号,由连接请求处理线程类读取所有的连接请求,根据报文类型判断后续应如何处理。具体的任务都是派发给其他的线程类完成的:

- 如果收到的报文类型为 0(握手报文),则启动一个客户端请求处理线程类完成后续工作,包括文件的收取(报文类型为 1)、关键词的读取(报文类型为 2)、添加请求类、文件的分段、查找合适的节点管理器进程、派发文件分段、派发关键词给节点管理器进程等。

- 如果收到的报文类型为 4(反馈报文),则启动一个节点管理器应答接收线程类,获得应答结果后,找到指定的请求类,将结果进行回填,并且检查是否已经处理完毕,如果处理完毕,则将结果返回给客户端进程。

3. 节点管理器进程的相关类图

节点管理器进程的相关类主要完成以下 3 个工作:

- 接收来自资源管理器进程的文件段和关键词。
- 对文件段进行关键词的统计,包括 Map 过程、Reduce 过程以及两者之间的衔接过程。
- 返回应答报文给资源管理器进程。

因为节点管理器进程要面对多个任务的派发和处理,并且在计算的整个过程中,因为无法控制其他的节点管理器进程在何时发送 Map 过程的中间计算结果给自己,所以应该采用多线程的方法,一方面可以并行化处理自己的计算工作,另一方面等待其他节点管理器进程发来信息。

节点管理器进程(C、D、E、F)的相关类图如图 18-15 所示。其中节点管理器进程类是本程序的主类,也充当了多个类的纽带,并提供了信息展示的方法。

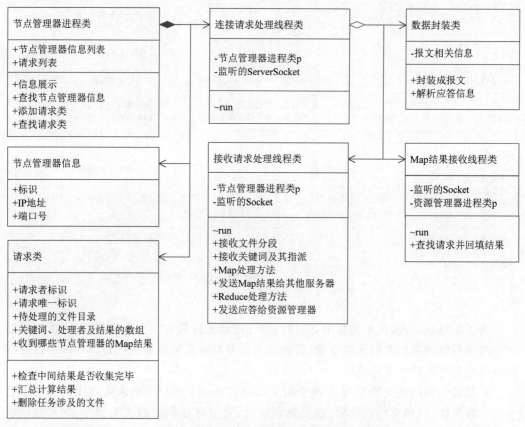

图 18-15 节点管理器进程的相关类图

同样,本实验假设节点管理器进程只有一个监听端口号,由连接请求处理线程类监听所有的连接请求,根据报文类型判断后续应如何处理。具体的任务都是派发给其他的线程类完成的:

- 如果收到的报文类型为 0,则启动一个接收请求处理线程类完成后续文件分段的读取(报文类型为 1)、关键词及其指派报文的读取(报文类型为 3),并启动具体的计算处理过程。
- 如果收到的报文类型为 4,则启动一个 Map 结果接收线程类,获得其他节点管理器进程的中间结果后,找到指定的请求类,将结果进行回填,以便本进程内的 Reduce 过程读取这些中间结果。

◆ 18.3　实验实现

18.3.1　客户端进程处理流程

在本实验中,客户端进程是整个流程的发起方,主要工作包括发送请求(包括发送握手信号、发送文件和关键词 3 个环节)以及收取应答并进行展示。这两个过程都不算复杂。下面先介绍发送请求。

1. 发送请求

发送请求的算法步骤如下:

(1) 获得用户选择的文件。

(2) 产生一个请求唯一标识,用来标识新的请求。

(3) 向资源管理器进程发送握手信号,告知资源管理器进程本次请求中文件的大小、分片的大小、分片数目、请求唯一标识等信息。

(4) 开始读取文件并发送文件。

(5) 发送关键词。

(6) 调用界面展示函数进行展示。

客户端进程发送请求流程的活动图见图 18-16。

2. 应答接收

应答接收是客户端收到资源管理器进程的计算结果并加以展示的过程,其步骤如下:

(1) 收到应答,即反馈报文。

(2) 解析反馈报文。

(3) 根据请求唯一标识查询自己发送的请求,并以计算结果进行回填。

(4) 对计算结果进行展示。

该算法较为简单,这里不再给出活动图。

18.3.2　资源管理器进程处理流程

按照实现,资源管理器进程(B)主要完成两个工作:一是接收请求和相关报文并分配

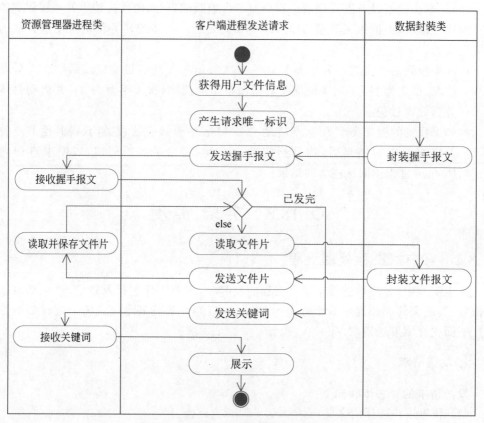

图 18-16　客户端进程发送请求流程活动图

资源进行计算(这个工作主要由客户端请求处理线程类完成);二是接收反馈、汇总结果并反馈给客户端进程(这个工作主要由节点管理器应答接收线程类完成)。

1. 客户请求处理流程

客户请求处理流程算法如下:

(1) 收到客户端进程发来的握手报文,产生一个新的请求类,记录相关信息(请求者标识、请求唯一标识、文件大小、文件片大小等)。

(2) 根据握手信息接收文件,保存到自己的磁盘中,记录到请求类中,关闭连接。

(3) 接收客户端进程发来的关键词,将关键词记录到请求类中。

(4) 根据文件大小,将其分成大小基本相同的 3 个文件段(此处需要注意,如果分段处有关键词,不能将关键词拆开)。

(5) 查询负载最小的 3 个节点管理器进程,并给每一个节点管理器进程的负载加 1。

(6) 向每一个节点管理器进程发送握手信息,包括请求者标识、请求唯一标识、文件段大小、文件片大小和数目等。

(7) 向每一个节点管理器进程发送指定的文件段。

(8) 针对选出的节点管理器进程,形成关键词指派报文,向节点管理器进程进行派发,并把指派结果记录到请求类中。

（9）对结果进行展示。

资源管理器进程的客户请求处理流程的活动图见图 18-17。

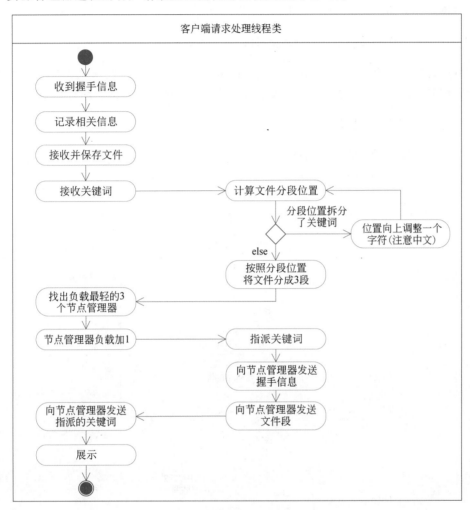

图 18-17　客户请求处理流程的活动图

2. 应答接收

应答接收是资源管理器进程收到节点管理器进程的计算结果并加以处理,步骤如下:

（1）收到节点管理器进程的应答报文(反馈报文)。

（2）解析应答报文。

（3）根据请求者标识和请求唯一标识查询出指定的请求类,并将计算结果进行汇总和回填。

（4）记录返回应答的节点管理器进程的标识。

（5）检查该请求是否已经收到了所有节点管理器进程的应答报文。如果未收到,则转向(8);否则继续下一步(6)。

（6）删除请求所对应的文件。

（7）将最终的结果返回给客户端进程。

（8）展示结果。

该算法较为简单，这里不再给出活动图。

18.3.3 节点管理器进程处理流程

节点管理器进程（C～F）的主要工作可以分为两个：一是接收请求报文进行处理并对计算结果进行交换和反馈；二是接收来自其他节点管理器进程的中间计算结果。

1. 请求接收处理过程

请求接收处理算法的活动图见图 18-18。

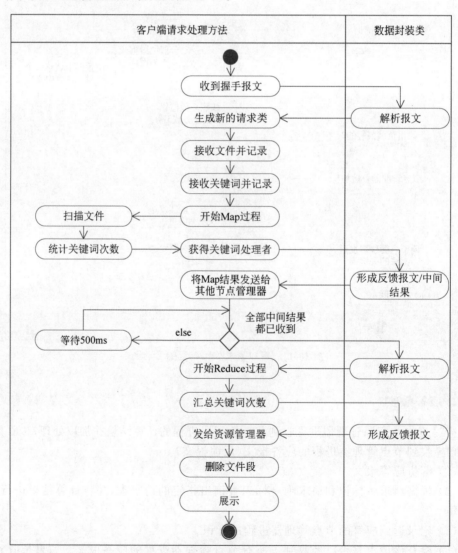

图 18-18　请求接收处理算法的活动图

请求接收处理过程执行的算法如下：

（1）收到来自资源管理器进程的握手报文。

（2）调用数据封装类进行报文解析，获得请求者标识、请求唯一标识、文件段大小和文件分片大小等信息。

（3）建立一个新的请求类，用来记录相关信息。

（4）按照分片接收来自资源管理器进程的文件段报文，并将文件段保存在指定的目录。将文件段信息填写到请求类中。

（5）接收来自资源管理器进程的关键词指派报文，将关键词指派信息记录到请求类中。

（6）开始 Map 阶段的处理过程。从头扫描文件段，如果某个字符(x)是某个关键词的第一个字符，则根据关键词的长度截取字符串，若字符串等于关键词，则将对应的关键词计数值加 1；否则读取 x 后面的字，继续扫描。

（7）扫描完毕后，根据关键词指派信息，将相关关键词形成反馈报文，发给对应的节点管理器进程，完成交织。

（8）查询请求类中的收到哪些节点管理器进程的 Map 结果列表，查看被指派给自己的关键词的中间统计结果是否都已经收到。如果还没有收齐就继续等待，直到收齐后转向（9）。

（9）开始 Reduce 阶段的处理过程。将来自其他两个节点管理器进程的统计结果（保存在请求类的关键字、处理者及结果的数组中）进行合并。

（10）将合并后的统计结果形成反馈报文，反馈给资源管理器进程。

（11）删除相应的文件段。

（12）调用界面展示函数进行展示。

2. 中间结果收集

中间结果收集过程是收集其他节点管理器发来的 Map 计算结果，过程如下：

（1）收到其他节点管理器进程的中间结果报文（格式为反馈报文）。

（2）解析反馈报文。

（3）根据请求者标识和请求唯一标识查询出指定的请求类，将计算结果进行汇总和回填。

（4）记录发来反馈报文的节点管理器进程标识。

（5）展示结果。

该算法较为简单，这里不再给出活动图。

18.3.4 界面样例

节点管理器进程(C~F)的界面较为简单，这里就不再展示了。下面只给出客户端进程和资源管理器进程的界面样例。

1. 客户端进程界面样例

针对本实验，客户端进程(A)界面样例如图 18-19 所示。

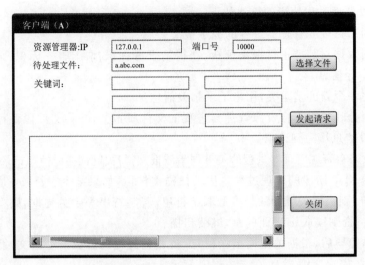

图 18-19   客户端进程界面样例

2. 资源管理器进程界面样例

资源管理器进程(B)的界面样例如图 18-20 所示。这里假设资源管理器进程和节点管理器进程已经知道彼此的 IP 地址和端口号。

图 18-20 中显示,资源管理器进程在收到请求后,将任务分配给了 C、D、F。

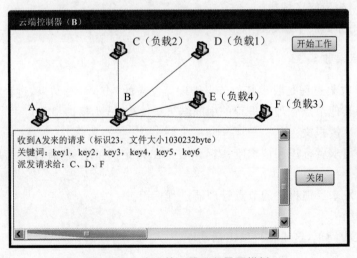

图 18-20   资源管理器进程界面样例

第6部分 物联网技术及模拟实验

目前的互联网主要以人与人之间的交流为核心,但是物联网的出现改变了这一局面,以后网络上进行交流不再局限于人与人之间,而是人与物之间、物与物之间也可以进行交流和通信。这是一个巨大的转变过程,它不是革命性的,而是一种渐变性的、不为人知地融入人类世界的过程。当人类还在怀疑物联网发展前景的时候,人们的身份证、手机、家电、汽车等都已经形成了典型的物联网的特征。

早在1999年,意大利梅洛尼公司就推出了世界上第一台可以通过互联网和蜂窝通信进行控制的商业化洗衣机,可以通过移动电话遥控洗衣机。在那个时代,物联网这个名词还没有出现。从某个角度看,物联网只不过是一个新名词,给一个正在逐渐长大的"孩子"起了个正式的名字而已。

可以说物联网是当前应用的热点,它综合了微电子、网络通信、数据挖掘、人工智能、云计算等众多的技术,为人类在科学探索、工农业精细化管理、军事发展等各方面注入了新鲜的活力,而且也必将和这些技术一起不断迭代更新。

无线传感器网络在当前物联网技术中占有非常重要的地位,很多应用厂商也将两者混为一谈,或者也可以说,无线传感器网络是物联网早期的一个重要形式。

本部分首先介绍物联网的相关概念和相关知识,然后给出一个无线传感器网络的模拟实验,通过该实验,读者可以了解到无线传感器网络工作的一些基本情况。

第 19 章

物联网及其通信

◇ 19.1 概　　念

1. 物联网的概念

物联网的英文名称是 The Internet of Things,简称 IoT。这一术语是在国际电信联盟(ITU)于 2005 年发布的 *ITU Internet Report 2005：The Internet of Things* 中提出的。顾名思义,物联网就是物物相联的互联网,目前,这个名词具有两层含义:

- 物联网的核心和基础仍然是互联网,是在互联网基础上进行延伸和扩展而来的网络。
- 物联网的用户端延伸和扩展到了物品与物品之间,使其可以进行信息交流。

中国物联网校企联盟将物联网定义为:当下几乎所有技术与计算机、互联网技术的结合,实现物品与物品之间状态实时的信息共享以及智能化的收集、传递、处理、执行。广义上说,当下涉及信息技术的应用都可以纳入物联网的范畴。

物联网概念有以下几个技术特征:

- 物品数字化:也就是将物理实体改造成为彼此可寻址、可识别、可交互、可协同的智能物品。
- 泛在互联:以互联网为基础,通过各种通信技术将数字化、智能化的物品接入其中,实现无所不在的互联。
- 信息感知与交互:在物物互联的基础上,实现信息的感知、采集以及在此基础之上的响应、控制。
- 信息处理与服务:支持信息处理,为用户提供基于物物互联的新型信息化服务。新的信息处理和服务也产生了对网络技术的依赖,如依赖于网络的分布式并行计算、分布式存储、集群等。

在这几个特征中,泛在互联、信息感知与交互以及信息处理与服务都与通信有密切的关系,因此通信可以说是物联网的基础架构。

2. 物联网现状

从当前发展来看,市场上的物联网产品大多是互联网的应用拓展,与其说物联网是网络,不如说物联网是业务和应用,普遍是将各种信息传感/执行设备,如射频识别(RFID)设备、各种感应器、全球定位系统、机械手、道闸等种种装置,与互联网结合起来而形成的一个巨大的网络,并在这个硬件基础上架构上层的应用,让所有的物品能够方便地被识别、管理和运作。从这个角度看,应用创新是当前物联网发展的核心,还远未达到多维的物物相联的层次。图 19-1 展示了目前物联网应用的主要模式。

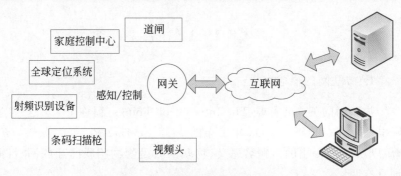

图 19-1　物联网应用的主要模式

有学者提出了一个互联网虚拟大脑模型,如图 19-2 所示。该模型提出了互联网虚拟感觉系统、互联网虚拟运动系统、互联网虚拟大脑皮层、互联网虚拟记忆系统等组织结构,与目前物联网的应用模式颇为相似。

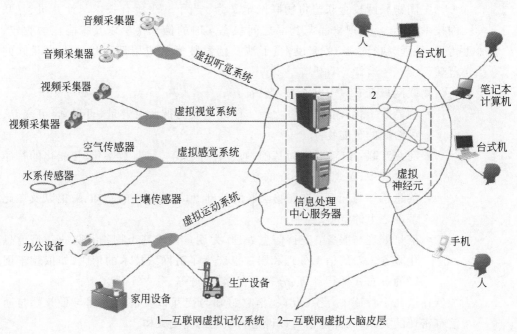

1—互联网虚拟记忆系统　2—互联网虚拟大脑皮层

图 19-2　互联网虚拟大脑模型

但是,这样的模型更倾向于人和物之间的通信和交流。物联网发展的未来,物与物之间的交流是非常重要的一个方面。

3. 物联网对互联网的挑战

可以预见的是,如果物联网得到了顺利的发展,互联维度不断扩展,必将促进互联网在广度和深度上的快速发展:

- 互联网及其接入网络必将向社会末梢神经级别的角落发展,进而导致规模的急速膨胀。
- 互联网和各种通信网络在速度上必须快速提升,以跟得上其规模的扩张,以及承受由此所带来的海量数据的快速流转,例如 5G 技术正在蓬勃发展。

这些都势必导致互联网产生新的问题和技术,进而导致互联网本身的革命。届时,互联网或许还叫作互联网,但可能已经是旧瓶装新酒了。

◆ 19.2　USN 体系结构

目前国内外提出了很多物联网的体系结构,最典型的是 ITU-T 提出的泛在传感器网络(Ubiquitous Sensor Network,USN),如图 19-3 所示。

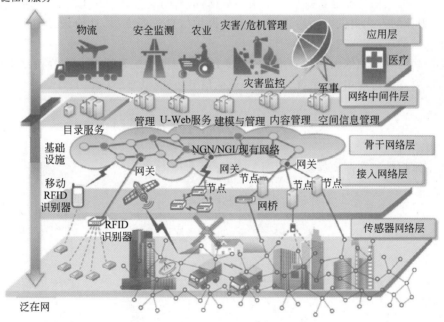

图 19-3　USN

该体系结构自下而上分为 5 个层次,分别为传感器网络层、接入网络层、骨干网络层(NGN/NGI/现有网络)、网络中间件层和应用层。这些层次可以合并成感知层、网络层和应用层 3 层。

1. 感知层

USN 的感知层解决的是人类世界和物理世界的信息获取问题,是物联网的"皮肤"和"五官",是实现物联网全面感知和智慧的起点。

感知层的感知设备包括二维码标签和阅读器、射频标签(RFID 标签)和阅读器、多媒体信息采集设备(如摄像头和麦克风)、实时定位设备(如 GPS 和北斗定位设备)、各种物理和化学传感器等。通过这些设备感知并采集物理世界的各种数据,包括各类物理量、身份标识、位置信息、音频数据、视频数据、化学成分等。

2. 网络层

USN 的网络层主要借助于已有的各种新兴网络通信技术,把感知层感知到的信息快速、可靠、安全地传送到目的主机,是物联网的"主干神经"。

互联网向下统一了不同种类的物理网络,向上支撑着不同种类的应用,为用户提供了越来越丰富的体验。在可预见的未来,互联网仍是物联网的核心和主力。

3. 应用层

物联网的核心功能是对信息资源进行采集、开发和利用,最终价值还是体现在利用上,因此 USN 的应用层是物联网发展的价值体现。

应用层的主要功能是根据底层采集的数据,形成与业务需求相适应、实时更新的动态数据,以服务的方式提供给用户,为各类业务提供信息资源支撑,从而最终实现物联网各个行业领域的应用。

这些物联网应用绝大多数属于分布式系统(参与的主机和设备分布在网络上的不同地方),需要支撑跨应用、跨系统甚至跨行业的信息协同、共享、互通。

19.3 物联网模型探讨

本书采用的物联网模型可以用图 19-4 表示。

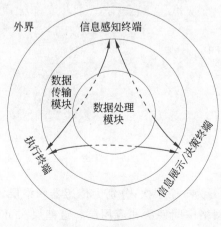

图 19-4 物联网模型

物联网和外界进行交流的是信息感知终端、执行终端、信息展示/决策终端,中层是数据传输(通信)模块,核心的是数据处理模块。模型中的箭头线代表了可能的业务流向。不管哪一个业务,都离不开信息传输的手段。

1. 信息感知终端

信息感知终端利用各种感知技术对外界的信息进行获取,是物联网的"神经末梢"。

感知外界是物联网对世界认知并产生反应的基础,但是感知过程不一定是单向的数据传输:并非只能向核心的数据处理模块或决策终端输送数据,在必要的时候,也需要从数据处理模块或决策终端获取部分信息,以便进一步感知更准确、更深入的数据。

例如,摄像头[图 19-5(a)]主要是感知设备,但是,为了更好地感知,必要时需要对摄像头进行控制(调整角度和焦距等)。更进一步,可以让摄像头具备智能,自动对照片进行筛选。

(a)摄像头　　　　　(b)机械手　　　　　(c)飞船

图 19-5　信息感知终端和执行终端

2. 执行终端

执行终端负责执行决策终端或数据处理模块发来的指令,产生对外界的影响。例如机械手接受指令抓取零件[图 19-5(b)]。

必要时,执行终端还需要将执行的结果反馈给信息展示/决策终端,可能还需要将其输入数据处理模块进行各种分析。例如,飞船[图 19-5(c)]进入太空后需要打开太阳能电池板,具体过程是:由航天中心在合适的时间发出指令,由执行终端展开电池板,并将是否展开成功的信息反馈给航天中心。

信息感知终端和执行终端之间也可以进行信息的交流,建立直接联系。例如,在室内消防系统中,烟雾报警器一旦感知到火灾险情,就需要立即通知喷淋器进行喷淋。

3. 信息展示/决策终端

信息展示/决策终端负责将信息感知终端、执行终端或数据处理模块传来的信息展示给操作者,由操作者进行最终的决策。

4. 信息传输环节

在物联网模型中,数据不断在内外层之间交换,传输环节在其中起着桥梁的关键作用,支持各个角色之间的数据交流,是建立物联网最根本的基础,因此可以说传输环节属于物联网的基础架构。

传输环节的技术涉及从深空通信、广域网到局域网、个域网直到身域网(图 19-6)的不同地域范围,从 kb/s 级到 Pb/s 级的不同带宽范围,从物理层到应用层的不同层次范围,从有线到无线的不同通信机制,等等。

可以说,传输环节相关技术的发展极为迅速,规模不断扩大,也正是这种日新月异的发展,才使得物联网的构想不断成为现实。

就目前发展情况看,从信息感知终端到信息展示/决策终端以及从信息展示/决策终端到执行终端这两条通信路径较为普遍。但是随着物联网的不断发展以及各种通信标准的不断出台,信息感知终端和执行终端之间的通信也会日益频繁。

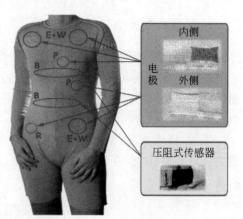

图 19-6　身域网原型示例

5. 数据处理模块

数据处理模块处于物联网模型的中心,借助于高性能计算机和高性能并行分布式算法,对海量的数据进行清洗、分析、抽取、模式识别等处理,对决策进行支持。目前高性能计算机和云计算技术的不断发展为数据处理功能提供了有力的支撑。

🔷 19.4　传感器网络

19.4.1　传感器网络简介

物联网并不是一个忽然出现的事物,它具有一定的继承性,传感器网络(sensors network)和物联网有一定的传承关系。

1. 传感器网络和物联网

传感器网络其实并不神秘和遥远,十字路口的交通监控系统就是典型的传感器网络(应用)之一。监控摄像头作为感知设备(传感器),接收路面各种车辆的光信号,转化为数字信号,经过网络传输到交管部门,实现了对违章车辆的拍照取证;接着经过图像分析软件的自动筛选,筛选出违章车辆的车号,并保存在计算机中,最终由人工确定是否确实违章,并进行后续的违章处罚。

其中的摄像头就是一种高级的传感器。将传感器通过有线/无线的方式联网,使得数据可以直接通过网络传输(而非人工获取),即形成了传感器网络。

鉴于实施的便利性,目前研究得比较多的传感器网络,特别是那些需要部署在偏远地区的传感器网络,多以无线的方式进行数据的传输,即无线传感器网络(Wireless Sensors

Network,WSN)。

有这样一种说法：传感器网络添加更多的感知部件就等于物联网。本书认为真正的物联网应该是图 19-4 中三个箭头线(包括涉及的部件)的不断多样化、规模化、智能化的结果。但是,从目前来说,为了市场宣传,通常把传感器网络作为物联网的具体实现。

2. 无线传感器网络

无线传感器网络是由部署在监测区域内,具有感知能力、无线通信能力与计算能力的传感器节点,通过自组织的方式构成的分布式智能化网络系统。其目的是实现节点相互协作以感知对象、采集信息,对感知到的信息进行一定的处理等,并把这些信息通过无线网络传递给观察者。

无线传感器网络的结构如图 19-7 所示。它往往由许多无线传感器节点组成,这些节点可以探测外界各种现象。无线传感器节点的通信距离往往较短,所以一般会自行组织起来(自组织),采用接力、多跳的通信方式进行通信(即借助其他节点帮助自己传输),使得数据可以传输到更远的距离。

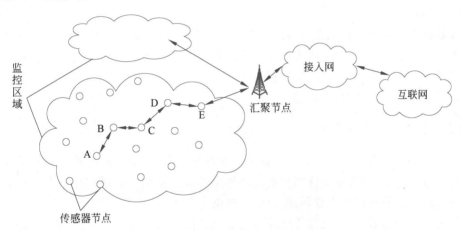

图 19-7 无线传感器网络的结构

无线传感器网络通常会存在一个特殊的设备,称为汇聚节点(sink)或者基站,该设备一般负责对无线传感器节点的数据进行收集/分发,并通过传统的传输网络,最终把数据传送给互联网上的各种应用系统,便于人们加工和利用。汇聚节点还承担着一个非常重要的作用,它相当于一个网关,连接无线传感器网络和互联网,具备转换两种网络协议的能力。

通常,汇聚节点可以通过有线方式直接连接到接入网上。其原因有两方面：一方面有线信道更加稳定；另一方面可以为汇聚节点持续供电(汇聚节点耗电量高于普通的无线传感器节点)。

无线传感器网络技术是典型的具有交叉学科性质的军民两用战略性技术,可以广泛应用于军事、环境科学、交通管理、灾害预测等多个行业,是各领域研究的热点。美国《商业周刊》和 MIT 技术论坛将无线传感器网络列为 21 世纪最有影响的 21 项技术和改变世界的 10 大技术之一。

3. 无线传感器网络的特点

无线传感器网络更关注的是数据的可达性,而不是具体哪个节点获取信息。例如,利用无线传感器网络对矿井进行监控,只需要知道矿井中有无瓦斯泄露即可,或者再详细到哪个位置即可。在这种情况下,网络通常包含多个节点到汇聚节点的数据流,形成了以数据为中心(而非以地址为中心)的转发过程。

由于体积、价格和功耗等因素的限制,无线传感器节点的数据处理、存储能力比一般的计算机要小很多,这就要求节点上运行的算法不能太复杂。

无线传感器节点自身携带电源,能量有限,一旦电源能量耗尽,节点就失去了功效。这要求网络运行的路由算法必须考虑节能的问题。

为了达到节约能量的目的,很多研究通过算法人为地控制无线传感器节点是否睡眠,这会导致无线传感器网络拓扑的变化,另外,无线传感器网络一般应用在恶劣的环境下,可能导致节点失效,这些都对无线传感器网络路由算法的自适应性、动态重构性及抗毁性提出了较高的要求。

多数研究假设无线传感器网络的节点数量众多,分布密集。在监测区域内,可以部署成千上万个传感器节点,通过密集的布置可以提高系统的容错性能,有效地减少误差和盲区。但是节点数量众多,也带来了数据传输的冗余性、能耗大等问题,相关工作应该考虑节能性以及数据合并、融合等功能。

19.4.2 无线传感器节点

无线传感器网络的基础组成部分就是无线传感器节点,它是具有某种感知功能的小型设备,借助于内置的传感器件感知周边环境中的各种信息。它通常是一个微型嵌入式系统,处理、存储和通信能力较弱,通过电池供电。

从网络功能上看,每个无线传感器节点都兼顾传统网络的两重角色:终端和路由器。也就是说,无线传感器节点除了进行本地信息的收集和数据处理(终端的工作)之外,还要对其他节点转发来的数据进行存储、转发等操作(路由器的工作)。

通常认为,无线传感器节点应由以下模块组成:

- 传感器/数据采集模块,包括传感器、AC/DC 转换器等。
- 数据处理和控制模块,包括微处理器、存储器等。
- 无线通信模块,由于需要进行数据转发,所以一般会涉及网络层、数据链路层和物理层(无线收发器)。
- 电源模块,主要是指电池。

无线传感器节点功能模块如图 19-8 所示。

传感器/数据采集模块是无线传感器网络与外界环境的真正接口,负责对外界各种信息进行感知,并将其转换成电信号,包括以下功能(或其中的某些功能):

- 进行外部环境的观测(或控制)。
- 进行信号和数据之间的转换。

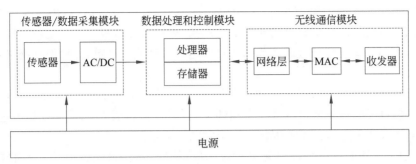

图 19-8　无线传感器节点功能模块

数据处理和控制模块相当于传感器节点的大脑,根据需要可以包括处理器、存储器、嵌入式操作系统等软硬件,包括以下功能(或其中的某些功能):

- 对感知单元获取的信息进行必要的处理、缓存。
- 对节点设备及其工作模式/状态进行控制。
- 进行任务的调度。
- 进行能量的计算。
- 对各部分功能进行协调。
- 通过与其他节点相互协调,实现网络的组织和运作。

无线通信模块负责与其他传感器节点进行无线通信,包括以下功能(或其中的某些功能):

- 进行节点之间的数据/控制信息的收发。
- 执行相关协议,进行报文/数据帧的组装。
- 进行无线链路的管理。
- 支持无线接入和多址。
- 进行频率、调制方式、编码方式等的选择。

◆ 19.5　无线传感器网络路由技术

19.5.1　概述

无线传感器网络路由技术是一个非常重要的技术,关系到网络是否可通的问题。以下从网络组网模式(平面型和分层型)的角度对无线传感器网络路由协议进行简介。

1. 平面路由协议

在平面型组网模式中,所有的节点具有基本一致的功能,一般角色相同,没有特殊的角色,这些节点通过相互协作完成数据的交流和汇聚。

平面路由协议有很多,包括最早的 Flooding、Gossiping,经典的 DD、SPIN、EAR、GBR、HREEMR、SMECN、GEM、SCBR,以及考虑服务质量(Quality of Service,QoS)的 SAR,等等。

在 Flooding 协议中,节点采集到数据后,向所有相邻节点进行广播。相邻节点如果是第一次收到该报文,则向自己的相邻节点广播;否则丢弃该报文。报文就这样一直在网络中传播,直到报文达到最大跳数或到达目的地。这种协议简单有效,但是网络资源耗费太大。

Gossiping 协议对 Flooding 协议进行了改进,节点在转发数据的过程中,不再向所有相邻节点进行广播,而是随机选择一个相邻节点进行转发,后者以同样的方式进行处理。Gossiping 协议严重地增大了数据传送的延时和不确定性。

以上两个算法的特点是都很简单,不需要维护任何路由信息;但是它们的扩展性都很差。

DD(Directed Diffusion,定向扩散)协议是以数据为中心的路由算法的一个经典协议。数据不是主动地由无线传感器节点发送给汇聚节点,而是由汇聚节点发出查询命令,无线传感器节点收到命令后,根据查询条件,只将汇聚节点感兴趣的数据发送给汇聚节点。这是一种典型的基于查询的路由算法,这种查询是通过定期向全网广播兴趣包实现的。

2. 层次路由协议

层次路由协议又称为分层路由协议,顾名思义,这类协议类似于社会组织一样对节点进行分层管理。

层次路由协议将所有节点分成组,通常称为簇。每个簇中选择一个特殊的节点,通常称为簇头,簇头必须具有完善的路由、管理、处理能力。簇头除了和本簇内节点进行通信外,一般只和其他簇的簇头或者汇聚节点进行通信。

普通的节点通常称为成员节点,可能不具备完善的功能(甚至不能充当路由器),一般不与簇外其他节点通信,只将数据发送到簇头,然后由簇头代替发送给其他节点或汇聚节点(或者反之)。

区分簇头和簇成员节点,可以有效降低系统建设的成本,不必每个节点都拥有完善的路由、管理等功能。

但是,也可以假设这种区分是逻辑上的,也就是所有节点都拥有完善的功能,只是充当不同的角色罢了。考虑这样一种情况:因为簇头需要完成更多的工作、消耗更多的能量,从均衡网络能量消耗的角度来看,需要定期地更换簇头,避免簇头因为过度消耗能量而死亡。很多算法都采用了各节点轮流充当簇头的这一思想。

层次路由协议因为在能耗、可扩展性等方面具有较大优势,取得了很大的发展;但分层管理也带来了协议的复杂性,例如簇头的选取、簇的分布等。

最经典的层次路由协议是 LEACH 协议,此外还包括 PEGASIS、TEEN/APTEEN、GAF、GEAR、SPAN、SOP、MECN、EARSN 等。

19.5.2　LEACH 协议

1. LEACH 协议概述和算法思路

LEACH(LOW-Energy Adaptive Clustering Hierarchy,低能耗自适应聚簇体系)是

以最小化网络能量损耗为目标的经典的分层式协议。

　　LEACH 协议的主要思路是：网络中的一些节点被选举为簇头，其他非簇头节点选择距离自己最近的簇头加入簇，在网络上形成分层的拓扑。当非簇头节点监测到有事件发生时，将事件直接传输给簇头（一跳完成），由簇头对收到的数据进行处理后直接转发给基站（一跳完成）。LEACH 协议的组织架构如图 19-9 所示。

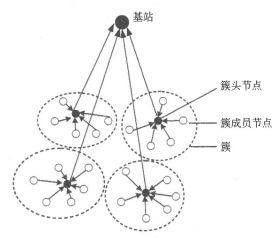

图 19-9　LEACH 协议的组织架构

LEACH 协议有以下假设：

- 所有无线传感器节点均具备与基站直接通信的能力（即一跳可达），以保证簇头可以和基站实现直接通信。
- 无线传感器节点可以控制发射功率的大小，在与簇头通信时，控制到最小的功率。
- 相邻节点感知到的数据具有较大的相关性。
- 无线传感器节点均具备数据融合/合并的处理能力，从而可以减少重复数据的发送，减少能量的消耗。

　　如前所述，如果长期担任簇头，节点将负载过重，导致过早死亡，在网络中形成空洞。所以应该实现无线传感器节点轮流充当簇头，从而将整个网络的能耗平均地分配到每一个无线传感器节点上，实现整个无线传感器网络能耗均衡的目的，进而延长网络的整体生存时间。

　　在这方面，LEACH 协议的主要思想是：随机地选择一些簇头节点，并且在工作一段时间后重新随机选择簇头再继续工作（已经当选过簇头的节点不再参选）。当所有节点都当选过一次簇头后，LEACH 协议将一切从头开始。

　　为此，LEACH 协议按照轮（Round）工作，每轮分为两个阶段，簇建立阶段和数据传输阶段。

- 簇建立（set-up）阶段：在所有的无线传感器节点中产生一批簇头，并由簇头将所有节点组织成簇。
- 稳定（steady-state）阶段：进行数据的传输。需要注意的是，为了降低额外的资源开销，稳定阶段的持续时间应长于簇建立阶段的持续时间。

LEACH 协议的工作方式如图 19-10 所示。

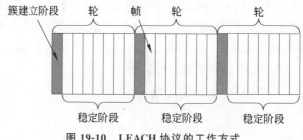

图 19-10　LEACH 协议的工作方式

2. 簇建立阶段

簇的建立是 LEACH 协议的关键，一旦簇建立完成，后面的数据传输就非常简单了。

LEACH 协议先产生簇头再产生簇，其簇的建立过程可以分成 4 个阶段：簇头节点的选择、簇头节点的广播、簇的形成和调度机制的生成。

1) 簇头节点的选择

网络中所需的簇头总数以及迄今为止每个节点已充当过簇头的情况是 LEACH 协议簇头选择的重要依据。具体的选择办法是：在簇建立阶段，无线传感器节点随机生成一个 0~1 的随机数，并且与阈值 $T(n)$ 做比较，如果小于该阈值，则该节点就自动当选为簇头。阈值 $T(n)$ 是按照式(19-1)进行计算的：

$$T(n)=\begin{cases} \dfrac{p}{1-p\left(r \bmod \dfrac{1}{p}\right)}, & n \in G \\ 0, & \text{否则} \end{cases} \qquad (19\text{-}1)$$

其中：

- p 为簇头节点数的期望值(H_s)与网络中节点总数的比值。例如，一共有 100 个节点，H_s 为 10(即每轮期望有 10 个节点作为簇头)，则 $p=0.1$。
- r 为当前轮数。
- G 为尚未当选簇头的节点集合。

通过式(19-1)，所有节点在 $1/p$ 轮内必然当选一次簇头。

协议开始运行后，在第 1 轮(即 $r=0$)时，所有节点均可以参选簇头，并且成为簇头的概率均为 p，因为 $T(n)=p$。

在随后的几轮中($r=1,2,3,\cdots$)，前面各轮中已经当选过簇头的节点不再参加簇头的选举(因为其阈值 $T(n)=0$)；而那些未曾当选过簇头的节点，其当选簇头的概率将逐轮增加(因为其阈值 $T(n)$ 不断增大)。

当协议运行至最后一轮，即 $r=(1/p)-1$ 时，因为 $T(n)=1$，所有尚未当选过簇头的节点均以 1 的概率成为簇头。

在后续的一轮中，所有节点又重新回到第 1 轮($r=0$)时的情况，重新进行簇头选举的过程。实际上，$1/p$ 轮有些相当于超轮或者一个大循环。

并且,从上面的随机性可知,并不是每轮都必然有 H_s 个簇头,它只是一个期望值而已。

2) 簇头节点的广播

簇头节点选定后,簇头按照 CSMA 协议以相同的传输能量广播自己成为本轮簇头的消息(ADV 消息),并将自己的 ID 附在 ADV 消息内,等待其他节点的回应。

3) 簇的形成

非簇头节点在接收到多个 ADV 消息后,比较收到的 ADV 消息的强度,选择信号强度最大的簇头作为自己的簇头,并按照 CSMA 协议向该簇头发出请求加入消息,此消息包含了发送节点的 ID 以及簇头的 ID(用以辨识),从而完成簇的建立过程。

4) 调度机制的生成

簇头收到非簇头节点的请求加入消息后,基于本簇内加入的节点数目创建 TDMA 调度机制,为簇内成员节点分配传送数据的时隙,并发送给簇内的所有成员节点,同时通知簇内的所有成员节点,何时可以开始传输数据。

3. 数据传输阶段

1) 传输过程

在稳定阶段,LEACH 协议的数据传输又可以细分为两个过程:

- 从成员节点传输给簇头。
- 从簇头传输给汇聚节点。

不管在哪一个过程,都需要考虑的两个重要问题就是如何避免数据发送过程中的信号冲突和尽可能节能。

2) 从成员节点传输给簇头

为了避免数据发送的冲突,簇内节点使用 TDMA 方式进行通信,由簇头给每个成员节点分配时隙,簇成员节点只能在自己的时隙内进行数据的发送。

为了避免簇间串扰,LEACH 协议规定:

- 同一个簇内的节点采用同一个 CDMA 码字进行数据传输。由簇头决定本簇中节点所用的 CDMA 编码并发送给簇内节点。
- 不同的簇使用不同的 CDMA 码字进行编码,由于不同码字之间的正交关系,其他簇的信号将被本簇内的节点当作噪声信号过滤掉。

为了节省能量,LEACH 协议规定:

- 各节点根据在簇建立阶段收到的 ADV 信号强度调整自己的信号发送功率,以使得信号刚好能被簇头接收。
- 由于这一阶段的数据传输采用的是 TDMA 方式,节点在不属于自己的 TDMA 时隙内,可以使收发装置进入低功耗模式,以节省能量。

这些都要求各节点的物理层设备有调整自身收发装置功率的能力。当然,簇头的无线收发装置必须一直处于开启状态,用于接收来自各成员节点的数据。

3) 从簇头传输给汇聚节点

簇头对簇中所有成员节点发送的数据进行收集,并在进行必要的信息合并/融合后,再进一步传送给汇聚节点,完成数据的传输。

相对来说,网络中的簇头数目较少,冲突发生的概率也较小,因此簇头和汇聚节点之间采用 CSMA 方式竞争使用信道:簇头在与汇聚节点建立数据连接时,应先侦听信道,确定汇聚节点当前处于空闲状态时才能发送自己的数据。

4. LEACH 协议的分析与发展

LEACH 协议的优点如下:
- 大量的通信只发生在簇内,有效地降低了能量的消耗。
- 轮换簇头的机制避免了簇头一直处于负载过重的情况,均衡了网络的能量消耗。
- 随机选举簇头机制简单,无须进行复杂的交流、协作过程,减少了协议的资源消耗。
- 数据聚合有效地减少了通信量。

该协议的缺点如下:
- 协议采用一跳通信,虽然传输时延小,但要求节点具有较大的通信功率。
- 扩展性较差,不适合更大规模的网络。
- 簇头的选举有太大的随机性,不具有分布均匀性,并且考虑的因素(例如剩余能量、与汇聚节点的距离等)较少。

LEACH 协议的提出对于无线传感器网络路由协议的发展具有重要的意义。随后出现了很多的改进协议,主要从以下几方面进行了改进:
- 改进簇头选举机制,在簇头选举的过程中考虑了更多的因素,如节点剩余能量、节点到汇聚节点的距离等。
- 改进簇的生成机制,使簇头均匀分布于整个网络,使网络的能耗更加均衡。
- 减少节点数据传输的频率,缩短节点之间通信的平均距离。
- 考虑在簇头之间接力传输数据(即簇头之间执行平面路由协议)。

◇ 19.6 数据分析处理相关技术

前面讲到,物联网在通信过程中会进行一定的数据融合/合并以减少数据的传输量。本节对数据处理技术进行简要介绍。

19.6.1 数据融合技术

1. 概念

数据融合又称信息融合,是一种信息处理技术,对它的研究起源于军事指挥控制智能通信系统,即 C^3I(Communication,Command,Control,and Intelligence)系统建设的需求。早期的研究也多来自军事方面的应用。

简单地说,数据融合是通过一些技术从多个视角对某一种事务进行观测,得到不同视角的观测数据(多源信息,例如通过不同传感器对目标事务进行的数据采集),将观测的信息通过合适的算法和技术进行综合分析与整合,进而得到对目标更加全面、精确而去冗的结果数据,甚至可以得到各种决策所需的估计数据,提高数据的质量,最终完成对决策的支持。

信息融合的基本原理就像人脑综合处理信息一样,充分利用多源信息(使用视觉、听觉、味觉、触觉等得到的感知信息),通过"思考"对这些多源信息(在空间或时间上存在着冗余或互补)进行合理的关联、去杂、组合和推理,以获得对被测对象的一致性解释或描述。

2. 数据融合的层次

1) 数据层融合

数据层融合也称为像素级融合,是一种低等级的融合,它是直接在采集到的原始数据(未经过预处理)上进行的融合(例如各种传感器在采集数据后即开始进行数据的融合),在融合的基础上再提取特征信息,以获取最后的结果。

数据层融合一般要求数据为同一种物理量。该层次的融合在运算过程中保留了尽量多的信息,伴随着计算量大、计算速度慢等不足。

数据层融合的主要方法有 HIS 变换、PCA 变换、小波变换等。

数据层融合的工作过程如图 19-11 所示。

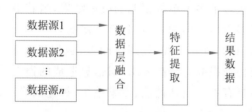

图 19-11　数据层融合的工作过程

2) 特征层融合

特征层融合属于中等级的融合,它首先对来自传感器的原始信息进行特征提取(特征可以是目标方向、速度等),然后按特征信息对多源数据进行分类、聚集和综合,产生特征向量,最后再融合这些特征向量。

由于融合过程中提取的一般是原始数据中与决策分析相关的特征,因此特征层融合实现了对原始数据的信息压缩,在以牺牲了原始数据部分细微信息为代价的基础上,降低了融合数据的处理成本,有利于数据融合的实时处理。并且,特征层融合的融合结果能够最大限度地给出决策分析所需要的特征信息。

特征层融合的方法有 Dempster-Sharer 推理法(D-S 方法)、表决法、神经网络法、加权平均法等。

特征层融合的工作过程如图 19-12 所示。

3) 决策层融合

在进行决策层融合时,多个数据源需要各自完成基本的处理,包括预处理、特征提取、识别、预测等,以得出各自的初步结论,然后通过关联处理进行决策层融合判决,获得联合推断结果,其结果可为指挥控制与决策提供依据。

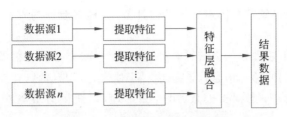

图 19-12　特征层融合的工作过程

决策层融合的工作过程如图 19-13 所示。

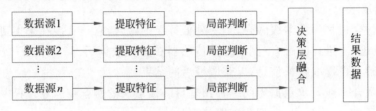

图 19-13　决策层融合的工作过程

决策层融合对融合数据源的性质没有要求,可以是同质数据源,也可以是异质数据源。因为在这个层次上融合了多个单数据源的决策结果,当其中一个或几个出现问题时,决策层融合系统仍然能够给出正确的决策,具有一定的容错性。

另外,决策层融合还有开放性良好、处理时间短、数据量要求低、分析能力强等优点;但它对数据的预处理及特征提取有较高要求,对信息造成的损失也最大。

决策层融合方法主要有贝叶斯估计法、专家系统、神经网络法、模糊集理论、可靠性理论以及逻辑模板法等。

19.6.2　数据清洗技术

1. 概念

从外界获取的数据有可能是错误的、重复的、不完整的,甚至数据之间是有冲突的,这将对系统的运行造成有害的影响。而数据清洗(data cleaning)技术可以帮助系统减小这种不良影响。

数据清洗,顾名思义,就是把"脏"(dirty)数据"洗掉",是一种对数据进行重新审查和校验的技术,目的在于删除重复信息,纠正存在的错误,保证数据一致性,处理无效值和缺失值等,进而提高数据的质量。

数据清洗包括以下 3 种方式。

1) 手动清洗

手动清洗即人工清洗,这种方法速度慢,但准确率高,适合数据量较小的数据集,对异常数据值一般采用简单的计算和实际经验进行纠正,对空值主要采用众数或者均值进行完善。由于人的局限性,对于庞大的数据集,清洗的速度和准确率将明显下降。

2）全自动清洗

全自动清洗是指不需要人工参与,一切清洗过程全部由计算机完成。此方法首先设计清洗模型和特定的清洗算法,编写程序,使其自动完成清洗。但该方法下的程序实现困难,难度较大。

3）半自动清洗

半自动清洗是采用人工与自动清洗相结合的方式对数据集进行清洗,此方法需要设计一个人机交互界面,在自动清洗无法完成时通过人机交互界面进行人工处理。

2. 数据清洗的一般过程

数据清洗的一般过程包括数据分析、定义清洗规则、执行清洗过程、清洗结果评估和验证、干净数据回流几个步骤。

1）数据分析

数据分析是数据清洗的前提和基础,只有把源数据分析透彻,才能清楚地了解数据中容易存在的问题(错误、缺失、不一致等),然后总结已有正常数据的规律特点,定义清洗规则。数据分析不仅需要借助人工筛选的方式发现问题,还需要借助一些合适的算法检测分析数据源,例如统计学方法、近邻规则方法等,为定义良好的数据清洗规则和策略打下良好的基础。

2）定义清洗规则

根据数据分析得到的结果,对各种数据问题定义相应的清洗规则,其主要包含异常值的检测与修正、缺失值的检测与填补、相似与重复记录的检测与处理以及不一致数据的检测与修正,从而将一些非法属性值通过清洗规则转换成合法、有效的数值,以满足用户的需求。

3）执行清洗过程

按照设定的清洗规则,对存在质量问题的源数据进行检测与处理,层层递进,逐渐完成整个清洗过程。但需要注意,在清洗之前应对源数据进行备份,以免造成数据损失。

4）清洗结果评估和验证

通过对数据清洗报告的分析与研究,评价并检验清洗规则和清洗结果是否达到了预期的正确率和清洗效率。一般情况下,数据清洗过程是一个不断迭代的过程,通过迭代找出清洗过程中出现的问题,根据清洗要求不断地改进和优化算法,直至达到满意的清洗效果。

5）干净数据回流

当数据清洗的结果达到预期的效果时,就可以开始投入实际的生产环境,剔除集中的脏数据,通过修正或填补生成干净的数据,从源头优化数据质量。

3. 常用的清洗方法

1）异常值清洗方法

数据清洗中最常遇到的问题就是异常值的清洗。异常值是指远离正常数据范围的数据值,这些数据值对整个数据集的影响显而易见。例如在录入年龄时,将年龄录入为 120

岁,这将大大地拉高整个源数据的平均年龄。异常值清洗的方法有以下几种:

- 使用统计分析的方法检测和修正异常值。例如,采用偏差分析异常,使用出现频次最多的值修正异常值,等等。
- 使用属性间的约束条件、外部的数据等识别并修正异常值。
- 使用简单规则、常识性规则和业务特定规则查找异常值。

2) 缺失值清洗方法

缺失值是指系统中存在的一些属性在实际使用时没有录入值。缺失值清洗的方法有以下几种:

- 人为输入一个合理的值。
- 从本数据集中寻找近似值替代缺失值。
- 计算数据集的平均值和众数等以替代缺失值。
- 使用概率统计函数计算最有可能出现的值以替代缺失值。

3) 不一致数据清洗方法

一致性包括两个层次。

一个层次是对各种不同的数据源相关信息的等价评估。例如,对于性别,不同系统可能会采用汉字、英文或代码等几种数据形式;即便是汉字,也有可能是"男性""男"等情况。另外,额外的空格(或其他看不到的符号、下画线等)也会造成不一致问题,例如"林丹"和"林 丹"、"鸿星尔克"和"鸿星-尔克"等。

这个层次的不一致主要是由于系统之间存在不一致的数据类型、格式、编码方式和粒度,以及用户输入的随意性造成的。主要解决方法是:根据对数据的分析,确定统一的数据表达方式,针对不同数据源编写转换规则和转换程序,从而提取出表达方式统一的数据。

另一个层次较为麻烦,是逻辑上的不一致性。例如,调查对象说自己开车上班,又说自己没有汽车。主要解决方法是:根据对数据的分析,找出相互关联的属性,进而分析出不合理的数据,当发现不一致时,要列出记录序号、变量名称、错误类别等,便于进一步核对和纠正。也可以根据多个属性对某个异常属性进行处理(删除、纠正)。例如,对调查对象增加关联属性(经济状况、是否有驾照等),对调查对象是否开车上班这个属性进行重新判断。

4) 重复数据清洗方法

多数据源合并是造成重复数据产生的主要原因。解决重复数据问题的基本方法是匹配和合并,字段匹配算法是其核心。

5) 错误数据清洗方法

错误数据产生的原因是在接收输入后没有进行判断而直接写入后台数据库,例如数值数据输成全角数字字符、日期格式不正确、体重为负数等。

在系统无法更改的前提下,错误数据需要人工发现和更改,也可以用简单规则库(常识性规则、业务特定规则等)检查、修正数据值。

第
20
章

物联网通信模拟实验

◆ **20.1 实 验 描 述**

1. 实验目标

本实验要求学生掌握利用 Socket 进行网络编程的能力,并可以使用 Socket 编程模拟物联网(无线传感器网络)的简单工作过程,以增强对物联网技术原理的理解。

2. 实验拓扑

本实验的网络拓扑结构如图 20-1 所示(其中的设备都以进程代替,连线代表的通信链路则通过 Socket 连接模拟)。其中的实线段表示通过有线方式进行连接,而虚线段表示通过无线方式进行连接。

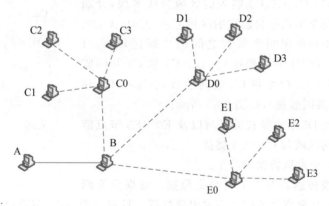

图 20-1 网络拓扑结构

3. 实验内容和要求

实验内容和要求如下:

(1) 模拟一个分层管理的无线传感器网络。

● 假设有 3 个地区需要监视温度和火情事件。

- 无线传感器节点感知温度信息,并将温度数据通过汇聚节点(B)定期发送给互联网上的数据服务器(A)。
- 无线传感器节点感知火情,并将异常情况数据通过汇聚节点(B)发送给互联网上的数据服务器(A),没有异常则不发送。
- 无线传感器节点能够知道事件发生的地点。

(2) 创建 14 个进程。

- A 进程代表互联网上的一台数据服务器,负责收集数据。假设数据服务器具有 IP 地址(222.192.64.100)和端口号(10000),这些信息是虚拟的,用于形成后面涉及的 IP 分组。
- B 进程代表汇聚节点,对无线传感器网络中的无线传感器节点进行数据的收集,在汇总之后发给互联网上的数据服务器进程 A。假设汇聚节点在互联网上具有 IP 地址(222.192.64.101)和端口号(10001),这些信息是虚拟的,用于形成后面涉及的 IP 分组。
- C0~C3、D0~D3、E0~E3 进程代表无线传感器网络中的无线传感器节点,负责产生数据并发给 A 进程。
- 设初始化时形成了 3 个簇:以 C0 为簇头的簇 C,簇成员包括 C1、C2、C3;以 D0 为簇头的簇 D,簇成员包括 D1、D2、D3;以 E0 为簇头的簇 E,簇成员包括 E1、E2、E3。
- 每过 10min(在处理完当前业务后),簇头的角色按照标号 0→1→2→3→0…的顺序进行轮转。
- 为了简化实验,实验中每一个簇的簇成员固定不变。

(3) 关于监视区域。

- 设 C0、C1、C2、C3 监视的区域分成 8 块,分别是每个节点独自监视的区域 Ca0-、Ca1-、Ca2-、Ca3-和夹在两个节点之间的中间区域 Ca01(C0 和 C1 共同监视)、Ca12(C1 和 C2 共同监视)、Ca23(C2 和 C3 共同监视)、Ca30(C3 和 C0 共同监视),如图 20-2 所示。

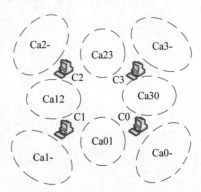

图 20-2　C0~C3 节点监视的区域

- D0~D3 节点监视的区域以及 E0~E3 节点监视的区域与 C0~C3 类似。

(4) 关于模拟数据的产生。

- 无线传感器节点负责采集数据。数据分为两类:日常事件数据和突发事件数据。针对日常事件,节点每 30s 采集一次;针对突发事件,节点每 10s 采集一次。
- 日常数据是采集温度,每个节点在 31~37℃ 的温度范围内取随机数(在本实验中均取整数),作为自己感知的温度数据。数据的格式为(区域标识,温度,时间),其中的时间以整 30s 为粒度进行计时和记录。其中,32~36℃ 被认为是正常的温度,31℃ 和 37℃ 被认为是感知异常的温度。
- 每个节点一次需要采集 3 个区域的温度信息。
- 突发事件数据是指火情这个突发事件的数据。数据的格式为(区域标识,是否火情,时间)。

- 每个节点需要监视和自己相关的 3 个区域的火情数据。
- 各个节点在采集数据时,平时不必报警和发送信息。如果在指定区域、指定时间发现设置了存在火情的异常,此时应立即发送火情信息;过了这个时间点,如果没有火情则不必再报警。
- 火情数据的产生需要借助其他机制:如果所有进程在一台计算机上执行,可以借助于文件;如果是在多台计算机上执行,可以借助于数据库;也可以开发另外的进程设置存在火情的异常,然后通告 Socket,由 Socket 通知相关节点。本实验假设通过数据库设置该异常。

(5) 关于数据发送。

- 数据都是由簇成员节点进程发送给簇头节点进程,由簇头节点进程转给汇聚节点进程,最后由汇聚节点进程转发给数据服务器进程。
- 针对日常数据,簇头节点进程在搜集齐其他 3 个节点进程的信息之后(或者超出 2s 后),才能够进行融合处理,并转发给汇聚节点进程。
- 汇聚节点进程在收到所有簇头节点进程发来的温度信息之后(或者超出 2s 后)进行合并,再转发给数据服务器进程。
- 针对火情信息,需要尽可能及时处理,所以簇头节点进程在收到火情信息后,应该立即转发该信息给汇聚节点进程。
- 汇聚节点进程在收到火情信息后,需要立即转发该信息给数据服务器进程。

(6) 关于数据清洗和融合。

- 簇头节点进程在收到温度信息后,需要判断是否是感知异常的温度,如果是则抛弃不用。
- 针对夹在两个节点之间的中间区域,簇头节点进程会收到两个节点进程的温度信息,簇头节点进程发送温度数据给汇聚节点进程的时候,需要将这两个信息合并为一个信息。如果中间区域两边的节点温度不同,则由簇头节点取平均值。
- 针对夹在两个节点之间的中间区域,簇头节点进程会收到两个节点进程发来的火情信息,簇头节点进程应该发送两次火情数据给汇聚节点进程,无须融合。

(7) 关于显示。

- 各个进程需要具有自己的界面,显示自己的工作情况。
- 数据服务器的界面可以以表格和图形的方式显示一段时间内温度变化的情况。
- 数据服务器的界面可以统计分析出一天的哪一个时间段(按小时)容易产生火情异常。

◇ 20.2　实验分析和设计

20.2.1　用例分析

1. 无线传感器节点进程用例分析

无线传感器节点进程(C0～C3、D0～D3、E0～E3)包括两个主要的工作:产生数据和发送数据。

因为本实验是模拟实验,所以即使监听到两个事件,这些工作也是可以在一个方法中完成的,本实验在一个方法 中产生了两个事件的信息。但是,即便两个事件是在一个方法中产生的,在发送数据时也是按照独立的方式进行的。

对于簇成员节点进程来说,如果有火情数据,则节点需要发送两次数据(火情和温度两个事件)给簇头节点进程。

如果一个节点进程被指定为当前的簇头节点,则该进程应该以多线程的方式收取其他成员节点进程的数据。如果是火情数据,则立即上报给汇聚节点进程,如果是温度数据,则在进行必要的数据处理工作后再上报。

无线传感器节点进程的用例图如图 20-3 所示。

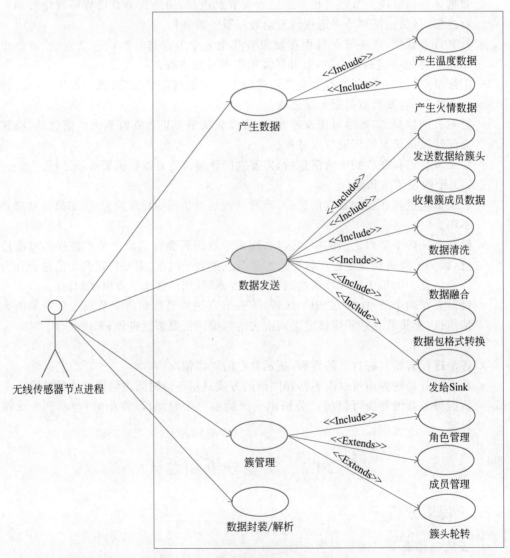

图 20-3   无线传感器节点进程的用例图

数据发送用例是无线传感器节点的重要工作,这里以数据发送用例为例,其用例描述如表 20-1 所示。

表 20-1 数据发送用例描述

名称	数据发送用例
标识	UC0102
描述	1. 产生感知火情信息和温度信息,形成数据。 2. 如果自己是簇成员,则把数据发给簇头,结束处理。 3. 如果自己是簇头,并且获得了火情数据,则需要立即转发该数据给汇聚节点进程。 4. 收集其他节点进程发来的温度数据,直到所有节点的温度数据都收集完毕,或者等待时间超过了 2s。 5. 进行数据的清洗(超过温度范围的需要去除)和融合(区域号和时间相同的需要取平均值)。 6. 将数据发送给汇聚节点进程
前提	定时器到时,采集外界事件(温度、火情)
结果	数据发给簇头或者汇聚节点
注意	由于无线传感器网络的特性,无须太在意地址问题(无线传感器网络路由算法的特性之一是不关心地址)。但是在编程的时候,为了能够将数据发送给指定的角色,不得不关注地址。温度数据和火情数据的发送过程需要相互独立。 这个用例的相关工作实际上需要两个线程完成,一个需要定期产生数据并发送,另一个监听其他簇成员节点进程发来的数据

2. 汇聚节点汇聚进程用例分析

汇聚节点进程(B)承担着网关的作用,其主要工作包括以下几项:接收来自无线传感器节点进程(当前承担簇头角色的节点进程)的信息、进行合并后转发给数据服务器进程。为了能够及时、并行地收取每一个簇头节点进程发来的信息,这些任务应该以多线程的机制进行工作。

汇聚节点进程的用例图如图 20-4 所示。可见工作不是太多。

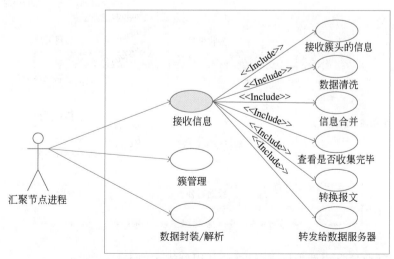

图 20-4 汇聚节点进程的用例图

这里以接收信息用例为例进行讲解,其用例描述如表 20-2 所示。

表 20-2　接收信息用例描述

名称	接收信息用例
标识	UC0201
描述	1. 接收来自簇头的环境信息。 2. 如果是火情信息,则转换报文(从无线传感器网络的报文转换为 IP 报文)后立即发给数据服务器,结束。 3. 进行错误数据的清洗(超过温度范围的数据需要清除)。 4. 收集完所有簇头进程的温度数据,或者超过 2s 后认为已经收集完毕。 5. 进行信息的合并。 6. 转换报文并最终转发给数据服务器
前提	已经收到簇头进程发来的信息
结果	数据收集完毕后发给数据服务器
注意	1. 簇头是会变化的,不能因为簇头变化就导致异常。 2. 虽然在实验中汇聚节点的数据清洗功能的作用不大,但是在野外或者工厂、农场等环境下感知错误或者进行低功率无线传输的时候,对于数据出错的情况不得不加以考虑。 3. 因为需要进行是否收齐的判断,所以汇聚节点进程需要知道自己管理了哪些簇

3. 数据服务器进程用例分析

数据服务器进程(A)完成数据的收集和保存,并进行展示。该进程工作较少。为了能够及时地收取汇聚节点进程的数据,这里应采用多线程机制完成。数据服务器进程的用例图如图 20-5 所示。

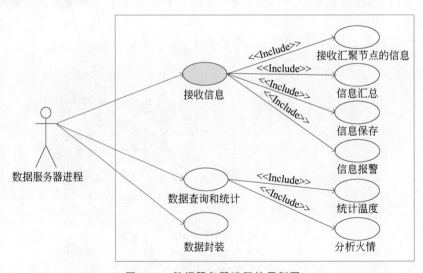

图 20-5　数据服务器进程的用例图

这里以接收信息用例为例进行讲解,其用例描述如表 20-3 所示。

表 20-3 接收信息用例描述

名称	接收信息用例
标识	UC0301
描述	1. 接收到来自汇聚节点的信息。 2. 进行信息汇总和保存。 3. 进行展示或者报警
前提	已经收到汇聚节点进程发来的信息
结果	信息保存和处理完毕,进行展示或报警
注意	应借助于数据库技术完成保存、查询和统计的相关工作,需要读者自己学习如何使用数据库

20.2.2 时序图

本实验的时序图如图 20-6 所示。由于在实验中涉及的进程太多,这里仅以部分节点进程为代表、以发送温度数据为例进行描述。对于火情数据,相关节点进程无须进行等待、收集和处理的工作。

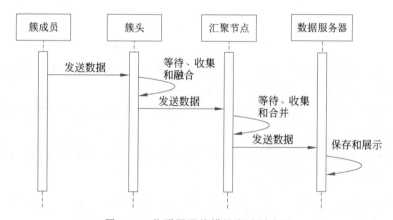

图 20-6 物联网通信模拟实验时序图

20.2.3 部署图

在本实验中,多个进程可以部署在多台计算机上,也可以部署在同一台计算机上。这里假设实验是部署在多台计算机上的,这样,各个进程可以具有随意的端口号。如果因为实验条件所限,确实需要把所有的进程部署在同一台计算机上,因为各个进程所需的 IP 地址相同,所以需要为这些进程设置不同的端口号,以防止冲突。

本实验的部署图如图 20-7 所示。因为进程太多,这里只能以部分节点进程进行展示,并且这个部署图会因为簇头节点的轮转而进行变化。

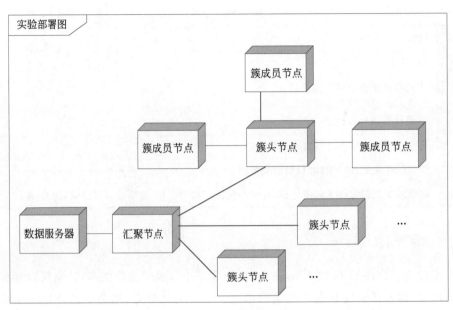

图 20-7　实验部署图

20.2.4　系统体系结构设计

针对本实验,系统总体上可以分为 3 部分,分别是数据服务器进程、汇聚节点进程和无线传感器节点进程,系统体系结构如图 20-8 所示。

其中,发送模块将从上层收到的数据发送给指定的接收者,接收模块从下层接收数据并提交给上层。

数据封装模块将用户数据封装成报文。数据解析模块将报文进行解析,得到用户需要的数据以及一些必要的控制信息。

1. 数据服务器进程

数据服务器进程的功能较少,主要是进行数据的接收,并将数据保存到数据库中,这个工作由数据接收模块完成。

另外,数据分析是物联网数据的价值所在,所以在用户需要的时候,数据服务器进程应该提供数据汇总、统计和图表展示的功能。

2. 汇聚节点进程

汇聚节点进程主要承担了网关的作用,负责收集来自簇头节点进程的相关数据,在清洗和合并(由数据处理模块完成)后发送给数据服务器进程。这些任务都可以归纳到数据接收控制模块中进行。

另外,为了让汇聚节点进程知道自己是否已经收集完毕温度数据,汇聚节点进程应该知道关于系统内分簇的信息以及各个簇所管理区域的信息。

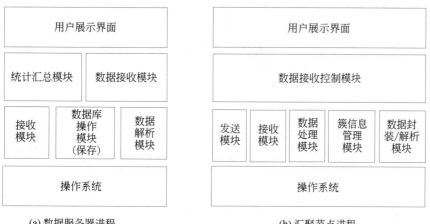

（a）数据服务器进程　　　　　　　　　　　　　　（b）汇聚节点进程

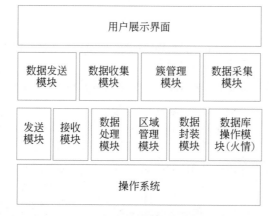

（c）无线传感器节点进程

图 20-8　系统体系结构

3. 无线传感器节点进程

无线传感器节点进程是系统工作的启动者，也是本实验的一个重点。

数据采集模块负责采集温度和感知火情等事件信息。其中火情信息需要借助数据库操作模块完成。

数据发送模块根据环境数据类型、节点角色的不同而具有不同的处理：对于簇成员节点进程，将感知到的环境数据直接发送给簇头节点进程即可；对于簇头节点进程，如果获得了火情数据就直接发送给汇聚节点进程，而产生的温度数据则需要暂存在本地，和其他节点的数据统一处理（清洗和融合，由数据处理模块完成）后再发送给汇聚节点进程。数据发送模块的工作需要一个线程定期执行。

数据收集模块是针对簇头节点进程的，负责收集其他节点进程发来的环境数据。对于火情数据，需要立即发送给汇聚节点进程；对于温度数据，暂存本地即可。这个工作需要由一个专门的线程监听端口。

簇管理模块通过接收其他传感器节点进程发来的簇管理报文完成簇的管理,主要是簇头的轮换。该动作需要避免和数据收集过程的冲突,即不能在数据收集的过程中改变簇头的角色。例如,可以在某一次数据收集完毕之后再执行轮换。

区域管理模块负责维护本节点进程监视区域的信息。

20.2.5　报文格式设计

本实验涉及多个角色进程之间的交互,为了规范各个角色进程之间的通信处理,特定义了报文类型字段,它包含的报文类型如表 20-4 所示。针对这些报文类型以及后面定义的报文格式,读者可以根据自己的设计需要进行修改和完善。

表 20-4　报文类型

类型号	类　　型	应 用 场 景
0	簇头指定报文	当前簇头发送给簇内其他节点的报文,告知下一个簇头是哪一个节点
1	温度数据报文	簇成员节点发给簇头节点、簇头节点发给汇聚节点的温度数据报文
2	温度数据 IP 报文	汇聚节点发给数据服务器的温度数据报文,需要符合 IP 报文格式,有 IP 地址
3	火情数据报文	簇成员发给簇头节点、簇头节点发给汇聚节点的火情数据报文
4	火情数据 IP 报文	汇聚节点发给数据服务器的火情数据报文,需要符合 IP 报文格式,有 IP 地址

本实验是模拟实验,不必遵循 IP 的报文格式,知道原理即可。

1. 簇头指定报文

簇头指定报文的格式如图 20-9 所示。该报文由簇头节点进程广播给本簇内所有其他节点进程。

报文类型:如表 20-4 所示。这里固定为 0。

发起者标识:本轮簇头的标识。

发起时间:是方便各个节点进程知道这是什么时间发起的,在实验中意义不大,但是现实情况中可以很好地避免报文的乱序。

下一轮簇头:本轮簇头进程指定的、下一个时间段内担任簇头的节点标识。

报文类型	发起者标识	发起时间	下一轮簇头
1字节	1字节	2字节	1字节

图 20-9　簇头指定报文的格式

2. 温度数据报文

温度数据报文的格式如图 20-10 所示。

报文类型	簇标识	数据个数	监视区域标识	感知时间	温度	其他温度信息
1字节	1字节	1字节	4字节	2字节	1字节	

图 20-10　温度数据报文的格式

报文类型：这里固定为1。

簇标识：本节点所属簇的标识。

数据个数：本次发送报文中含有多少个关于温度的数据。每一个温度数据包括3个信息，即区域标识、时间、温度。

监视区域标识：被监视的区域的标识。

感知时间：本次收集数据的时刻。

温度：本次测量的温度。

3. 温度数据 IP 报文

温度数据 IP 报文的格式如图 20-11 所示。该报文因为要在互联网上发送，所以应该遵守 IP 的报文规范。

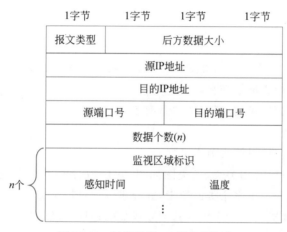

图 20-11　温度数据 IP 报文的格式

报文类型：这里固定为2。

后方数据大小：方便程序进行数据的接收。

源 IP 地址和目的 IP 地址：源节点（汇聚节点进程）和目的节点（数据服务器进程）的IP 地址（实验用，非编程用）。

源端口号和目的端口号：源和目的节点上的程序使用的端口号（实验用，非编程用）。

数据个数、监视区域标识、感知时间和温度的含义同上。

4. 火情数据报文

火情数据报文的格式如图 20-12 所示。因为只要有火情，就需要立即上报，所以不需要数据融合和汇集等操作。而且因为只要有数据就代表有火情，所以报文非常简单。

报文类型：这里固定为3。

监视区域标识：被监视的区域的标识。

感知时间：本次收集数据的时刻。

图 20-12　火情数据报文的格式

5. 火情数据 IP 报文

火情数据 IP 报文的格式如图 20-13 所示。

报文类型	源IP地址	目的IP地址	源端口号	目的端口号	监视区域标识	感知时间
1字节	4字节	4字节	2字节	2字节	4字节	2字节

图 20-13　火情数据报文 2 的格式

报文类型：这里固定为 4。
其他字段的含义同上。

20.2.6　类图

1. 无线传感器节点进程的相关类图

无线传感器节点进程（C0～C3、D0～D3、E0～E3）主要完成以下几个工作：
- 簇管理，包括簇成员管理和簇头轮换管理。
- 环境数据获取/生成，包括火情和温度数据。
- 环境数据发送。
- 环境数据收集（针对簇头节点进程）。

为此可以产生对应的相关类，其类图如图 20-14 所示。其中无线传感器节点进程类是本程序的主类，也充当了多个类的纽带，并提供了信息展示的方法。

这里假设每个簇成员知道本簇内其他簇成员的地址信息（包括 IP 地址和端口号），这些信息保存在簇管理类的簇成员列表中。

无线传感器节点进程的核心工作由两个线程类完成：一个是数据接收处理线程类（根据端口的监听情况，该线程随时被生成并执行）；另一个是数据发送线程类（该线程将长期存在，定期执行）。

数据接收处理线程类负责接收以下报文和数据：
- 簇头指定报文，获得簇头标识，调用簇管理类，设置当前最新簇头。
- 簇头接收簇成员的温度和火情数据，将火情数据立即发送，将温度数据保存到本进程类的温度数据收集队列中。

数据发送线程类的主要工作是定期启动（10s 执行一次），执行的第一步工作是调用环境数据产生类产生温度数据和获得火情数据。针对簇成员节点进程，把这些数据发送给簇头节点进程即可；针对簇头节点进程，如果有火情数据，则需要立即发送给汇聚节点进程，而温度数据则需要等待其他节点进程的温度数据都到达后才能进行统一处理（数据融合）并发送给汇聚节点进程。

2. 汇聚节点进程的相关类图

汇聚节点进程（B）相当于网关，主要完成以下 4 个工作：

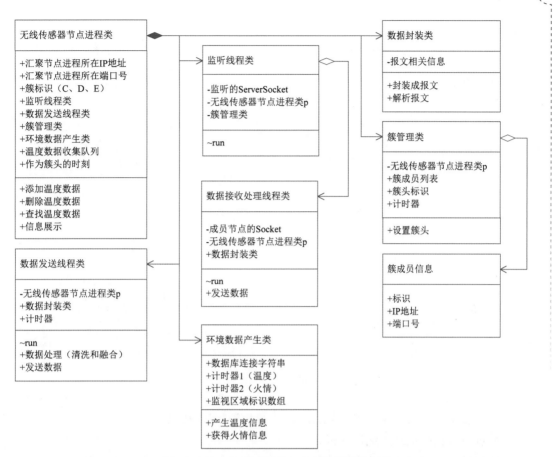

图 20-14　无线传感器节点进程的相关类图

- 接收来自簇头节点进程的数据。
- 数据清洗和合并。
- 报文转换。
- 发送给数据服务器。

这些工作都可以在一个方法中完成。由此,汇聚节点进程(B)的相关类图如图 20-15 所示。其中汇聚节点进程类是本程序的主类,也充当了多个类的纽带,并提供了信息展示的方法。主要工作由数据接收处理线程类完成。

汇聚节点进程在接收某个时刻的温度数据时,第一个启动(由数据接收处理线程中"本时刻第一次启动线程?"判别)的数据接收处理线程负责等待其他节点进程发来的温度数据,在收齐/等待超时后,进行报文转换并最终转发给汇聚节点进程。针对火情数据(只发一份即可)需进行过滤。

3. 数据服务器进程的相关类图

数据服务器进程(A)功能较为简单,其相关类主要完成以下工作:

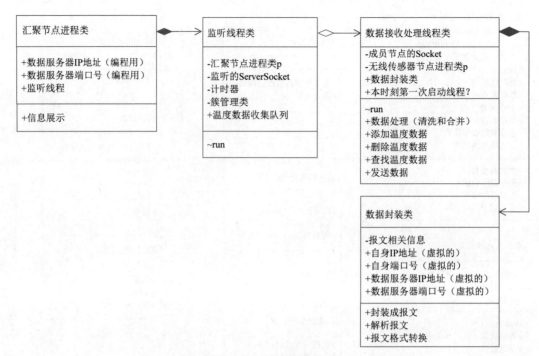

图 20-15　汇聚节点进程的相关类图

- 接收来自汇聚节点进程（B）的报文，执行报警、保存功能。
- 进行数据的汇总和统计分析。

数据服务器进程的相关类图如图 20-16 所示。其中数据服务器进程类是本程序的主类，也充当了多个类的纽带，并提供了信息展示的方法。

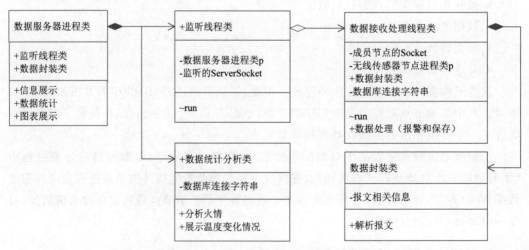

图 20-16　数据服务器进程的相关类图

20.2.7　数据表格设计

在本实验中,明确地引入了数据库的使用,在此建立了两个极为简单的数据表格进行抛砖引玉,读者可以根据自己的需要加以丰富和完善。有必要的话,读者还可以建立一些关于统计结果的表格。下面给出的是遵循 MySQL 语法的 SQL 语句。

1. 建立保存温度数据的表格

```
create table t_sy_temp                    #本书以 t_作为表格的前缀,sy 表示实验
(
    c_id int not null primary key,        #关键字
    c_time datetime,                      #时间
    c_area char(4),                       #监视区域标识
    c_temp int                            #温度
)
```

2. 建立保存火情数据的表格

```
create table t_sy_fire
(
    c_id int not null primary key,        #关键字
    c_time datetime,                      #时间
    c_area char(4)                        #监视区域标识
)
```

◈ 20.3　实　验　实　现

20.3.1　无线传感器节点进程处理流程

在本实验中,无线传感器节点进程是整个流程的发起方,主要工作体现在数据发送、数据接收处理这两个过程中。下面先介绍数据接收处理过程。

1. 数据接收处理流程

数据接收处理流程要完成两个工作:轮换簇头、簇头收取簇成员的数据。

工作步骤如下:

(1) 收到报文,解析报文。

(2) 如果是簇头指定报文,则调用簇管理类,设置新的簇头,转(5);否则转(3)。

(3) 如果是火情信息,则立即转发给汇聚节点进程,转(5);否则转(4)。

(4) 产生数据接收处理线程并启动,该线程对温度信息进行解析后,调用无线传感器节点进程类的添加温度数据方法,保存温度信息。

(5) 调用界面展示函数进行展示。

该算法较为简单,这里不再给出活动图。

2. 数据发送流程

数据发送线程在每分钟的 0,10,20,…,50s 启动一次(如果超过则消去零头)。数据发送流程算法步骤如下:

(1) 获得时间。

(2) 连接数据库,查看是否有属于自己监视区域内的、当前时刻的火情。如果有,则转向(3)。否则,如果时刻不是每分钟的 0 或 30s,转向(18);否则转向(6)。

(3) 生成火情报文。

(4) 如果进程自身的角色是簇成员节点,则将火情报文发给簇头节点进程,否则(自身是簇头节点进程)发给汇聚节点进程。

(5) 进行火情信息展示。

(6) 针对自身监视的 3 个区域,每一个区域选择一个 31~37 的随机数(取整数)作为自身当前时刻感知的温度。

(7) 形成温度数据。

(8) 如果自身角色是簇成员节点,则形成报文发给簇头节点进程,转向(18);否则把温度数据存入温度数据收集队列备查,转向(9)。

(9) 根据温度数据收集队列,检测当前时刻是否所有区域的温度信息都已经收集完毕。如果是,则转向(12);否则转向(10)。

(10) 查看超时计时器是否超过 2s。如果是,则转向(12);否则转向(11)。

(11) 等待 100ms 后转向(9)。

(12) 数据清洗,去除超出正常范围(32℃~36℃)的温度。

(13) 数据融合,对相同监视区域的温度取平均值。

(14) 形成温度数据报文。

(15) 将温度数据报文发给汇聚节点进程。

(16) 删除温度数据收集队列中的这批数据。

(17) 如果进程自身作为簇头角色已经工作了超过 10min,则将簇头角色交给下一个簇成员节点进程。

(18) 调用界面展示函数进行展示。

对于这个流程需要注意,算法可能会发送两个报文给汇聚节点:火情数据和温度数据,其中第二个是必然存在的。这里发送的过程需要和 20.3.2 节的汇聚节点进程的接收过程相互配合,否则可能出现数据接收失败的情况。可以有以下两个配合方案:

- 无线传感器节点进程每次发送一个报文的时候都建立一个连接,这样汇聚节点进程处理方便。但是建立连接的过程会耗费一些网络资源和时间。
- 汇聚节点进程每次接收时利用一个连接准备接收两个报文,但是如果第一个就是温度报文,可以不必接收第二个报文。

本实验中采用第一种方案。

无线传感器节点进程数据发送流程的活动图见图 20-17。

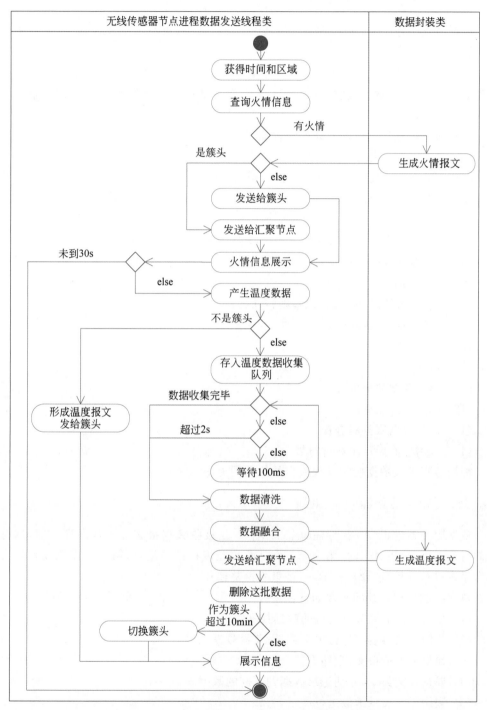

图 20-17　无线传感器节点进程数据发送流程活动图

20.3.2 汇聚节点进程处理流程

汇聚节点进程(B)主要有两个工作:一是接收数据,进行清洗和合并;二是发送数据给数据服务器进程。

这两个工作可以在一个方法内完成。针对 3 个簇,监听线程应该启动 3 个数据接收处理线程,其中一个数据接收处理线程负责收集其他两个线程收到的数据,完成最终的处理和发送。

汇聚节点进程接收数据的处理流程如下:

(1) 收到簇头发来的数据报文。

(2) 如果是火情数据报文,转向(13);否则转向(3)。

(3) 获得当前时间。

(4) 将数据保存到温度数据收集队列中。

(5) 如果自己是本时刻启动的第一个线程,则转向(6);否则转向(14)。

(6) 查看温度数据收集队列,检查是否每一个簇都已经发来了温度数据。如果是,则转向(9);否则转向(7)。

(7) 查看是否超过 2s。如果是,则转向(9);否则转向(8)。

(8) 等待 100ms,转向(6)。

(9) 数据清洗。

(10) 数据合并。

(11) 形成温度数据报文。

(12) 删除这批数据。

(13) 发给数据服务器进程。

(14) 调用界面展示函数进行展示。

汇聚节点进程数据接收处理流程的活动图见图 20-18。

20.3.3 数据服务器进程处理流程

数据服务器进程(A)主要有两个工作:一是接收数据报文并进行保存;二是进行数据的后期查询、分析、统计。第一个工作是此实验流程的关注点,第二个需要读者学会利用数据库进行统计,读者自行学习,这里不再赘述。

数据接收处理流程的步骤如下:

(1) 收到来自汇聚节点进程的数据报文。

(2) 调用数据封装类进行报文解析,获得数据。

(3) 如果是火情报文,立即报警。

(4) 根据报文类型,分别记录数据到不同的数据表中。

(5) 调用界面展示函数进行展示。

数据服务器进程数据接收处理流程的活动图见图 20-19。

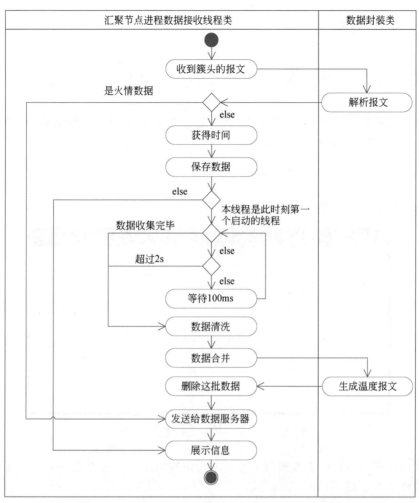

图 20-18 汇聚节点进程数据接收处理流程的活动图

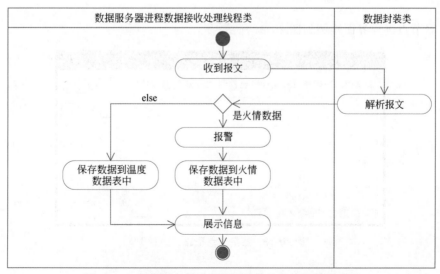

图 20-19 数据服务器进程数据接收处理流程的活动图

20.3.4　界面样例

下面假设：

- 所有簇成员节点进程（包括簇头）都知道本簇内其他节点成员进程的 IP 地址和端口号。
- 所有簇成员节点进程（包括簇头）都知道汇聚节点进程的 IP 地址和端口号。
- 汇聚节点进程知道数据服务器进程的 IP 地址和端口号。

1. 无线传感器节点进程界面样例

无线传感器节点进程界面样例如图 20-20 所示。

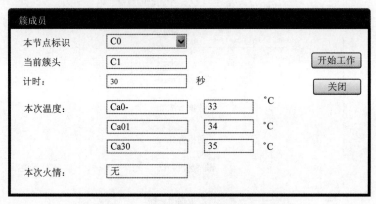

图 20-20　无线传感器节点进程界面样例

无线传感器节点进程需要根据本节点的标识判断出自己属于哪一个簇（C、D、E）以及自己监视哪 3 个区域。

2. 汇聚节点进程界面样例

汇聚节点进程界面样例如图 20-21 所示。

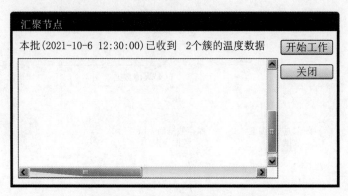

图 20-21　汇聚节点进程界面样例

3. 数据服务器进程界面样例

数据服务器进程界面样例如图 20-22 所示。在该界面中,火警灯在收到火警信息后闪烁 5 次表示报警。单击"统计分析"按钮,可以打开数据统计分析窗口,在此窗口中可以对环境数据进行各种统计分析。

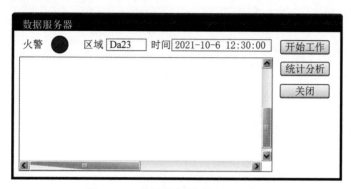

图 20-22　数据服务器进程界面样例